"十五"国家重点图书

过程设备机械设计

GUOCHENG SHEBEI JIXIE SHEJI

潘红良 郝俊文 主编

華東理工大學出版社
EAST CHINA UNIVERSITY OF SCIENCE AND TECHNOLOGY PRESS

内 容 提 要

本书是“十五”国家重点图书，主要介绍了过程设备图样表达的特点、SW6软件的使用方法、过程设备中的搅拌釜式反应设备、塔设备和列管式换热器等三种典型设备的设计方法。书中还摘录了过程设备设计中所用到的相关标准。本书主要用作“过程设备机械基础”课程设计时的指导书，同时也可供其他相关专业人员参考。

前　言

本书为《过程设备机械基础》的姐妹书，编写该书的目的是为学生经过机械基础知识的学习后提供机械设计的技术指导。

机械是一门与工程实践密切相关的课程，仅通过书本知识的学习很难做到真正体会知识的内涵，而要真正学会设计则需要相对较长时间的工程实践，为此在进行书本知识学习的同时进行一次综合的设计训练，对领会所学知识的内涵具有重要的意义。过程设备种类繁多，结构型式有一定的相似性，这为过程设备采用通用的零部件创造了条件，同时考虑到设备的制作质量和生产成本，也促使了过程设备尽量采用通用的零部件，而这些零部件大多已建立了国家和行业标准，为此通过一次综合的设计训练，目的是初步学会运用过程设备设计的相关标准，为日后从事相关的工作创造条件。

过程设备的概念是在化工设备的基础上发展起来的。这一发展大大拓展了化工设备的内涵和外延，但对绝大多数工艺过程而言，化学工程中的“三传一反”依然是最为常见的工艺过程，而完成这些工艺过程的设备依然是塔器、换热器和反应器，为此本书依然选择该三类设备进行设计讲解。计算机技术的发展为过程设备的设计提供了许多新的技术，进行数字化的过程设备设计是时代发展的必然，我国自行编制的 SW6 软件是这些优异设计方法中的典范，至今全国已有数百家设计单位采用该软件进行过程设备的设计，作为高级技术人员的后备军，掌握该软件的使用方法是十分必要的，为此本书将该内容进行了简单介绍。

本书主要用于指导学生进行过程设备的设计，由于学时数的限制，一般用于课程设计的时间仅一周左右，设计的内容通常选择三种典型设备中的一种，这种做法要使学生综合了解过程设备还存在一定的差距，因此建议在进行过程设备设计以前进行 4～6 学时的过程设备讲解。设备是为工艺服务的，它与工艺过程是相辅相成的，因此在过程设备的设计前，最好经过工艺设计的训练，并采用工艺设计和设备设计一条龙的训练模式，将工艺设计的结果作为设备设计的条件，学生在经过这种训练后可建立系统和全局的观念。

本书第 1 章由钱卓群编写，第 2 章由潘红良编写，第 3 章由郝俊文编写，第 4 章由潘红良编写，第 5 章由潘红良编写，附录部分由陈珏负责整理。

在本书的编写过程中，华东理工大学提供了编写经费的支持，书中的许多插图由本研究室的研究生协助完成，在此向这些为本书编写提供过帮助的单位和个人致以深深的谢意。

由于编者才疏学浅，参加设备设计的实践经验有限，对新标准和新规范的掌握不一定准确，书中难免有错误和遗漏之处，敬请读者提出宝贵意见，以便再版时更正。

编者

2006 年 4 月于上海

目　录

第一篇　过程设备结构与设计

第二篇 过程设备常用零部件标准

第一篇

过程设备结构与设计

1 过程设备结构和图示表达特点

任何一种过程设备均是为满足某一工艺过程而设置的，要实现一种工艺过程必须经过一定的时间，满足一定的条件，如温度、压力和流量等，工艺条件对设备的苛刻要求，决定了过程设备必须具有某些特殊的结构，从而给过程设备的图示表达方面带来相应的特殊要求。

1.1 过程设备结构特点

为满足不同的工艺过程，过程设备的种类繁多，其结构、形状、大小各不相同，但过程设备的制造大多以钢板卷焊而成，设备的长度采用筒节拼焊的方法来实现，设备制造中大量采用标准的零部件，这就决定了过程设备具有许多共性的内容，导致其结构上具有如下共同的特点：

(1) 过程设备大多具有承压的外壳，该外壳一般由钢板卷制而成，其主体和零部件的结构形状大部分以回转体(柱、锥、球)为主；

(2) 过程设备的结构尺寸大至几十米，小至几毫米，相差悬殊，如塔设备的总高有几十米，甚至上百米，直径则比高度要小一个数量级，而壳体壁厚仅为毫米级；

(3) 为满足工艺过程的需要，在设备壳体的轴向和周向位置上有较多的开孔和管口，用以连接管路和安装各种零部件；

(4) 设备壳体和许多零部件大都是焊接成形，零部件间的连接也广泛采用焊接方法，过程设备焊接结构多是一个突出的特点；

(5) 过程设备上常用的零部件大多已标准化、系列化，因此设计中广泛采用标准零部件和通用零部件。

1.2 过程设备图示表达的主要特点

由于过程设备的结构具有某些特殊性，因此在绘制设备图时除了应按照《机械制图》国家标准外，还应结合过程设备图的特点，根据有关规定加以表达。

1.2.1 基本视图的设置

过程设备的基本形体多为回转体，故常用两个基本视图，再配以局部视图来表达细部结构。立式设备常用主、俯两个视图表达设备的主体结构，卧式设备一般以主、左(右)视图表达。对特别高大或狭长的设备，如果视图难以按投影位置放置时，允许将俯视图或左(右)视图绘制在图纸的其他空白处，但必须标注“俯(左，右)视图”或“X 向”等字样；当其形状或结构相同或按规律变化时，可采用断开表达方法(图 1-1)。当设备需较多视图才能表达完整时，将主视图及明细表、技术要求、技术特性表、管口表等安排在同一张图纸上，可将部分视图分画在数张图纸上，但需在每张图上说明各视图间的关系。

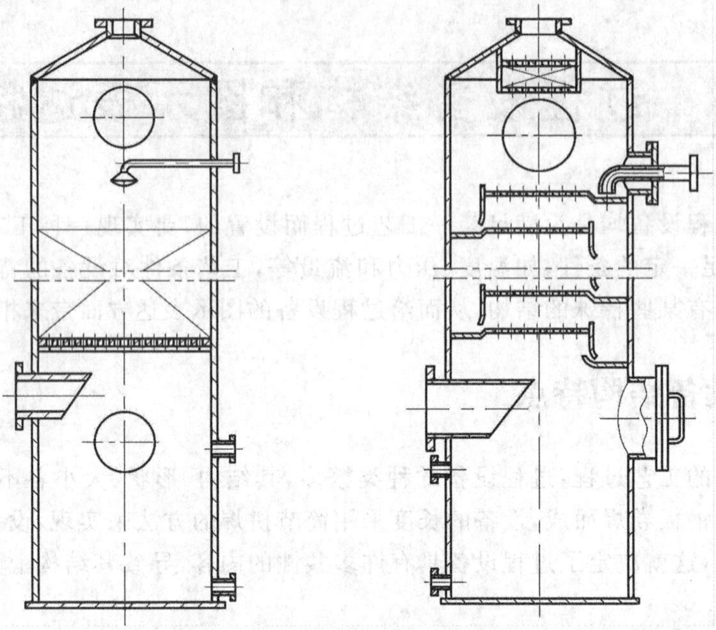

图 1－1　基本视图的断开表达

1.2.2　多次旋转表达

为了在同一主视图上表达布置于设备不同周向方位的管口和零部件的真实形状和位置，可采用多次旋转表达画法。旋转表达允许不作标注，其周向方位以管口方位图或俯(左)视图为准，如图 1－2 所示。当旋转后出现图形重叠时，应改用局部视图等方法另行画出。

1.2.3　局部放大表达

按总体尺寸选定的绘图比例，设备上某些细部结构如焊接结构在基本视图上无法表达清楚，常用局部放大图(又称节点放大图)来表达。局部放大图一般用剖视、剖面来表达，其画法和标注与机械制图相同，如图 1－3 所示。

1.2.4　夸大画法

某些零部件，例如设备的壁厚和垫片，按总体设备所选定的比例绘制则表达不清晰，此时可采用不按比例的夸大画法，用双线夸大画出其厚度，剖面线符号无法画出则用涂色代替。

1.2.5　简化画法

根据过程设备结构的特点和设计、生产制造的要求，绘制过程设备图时可采用一些简化画法。

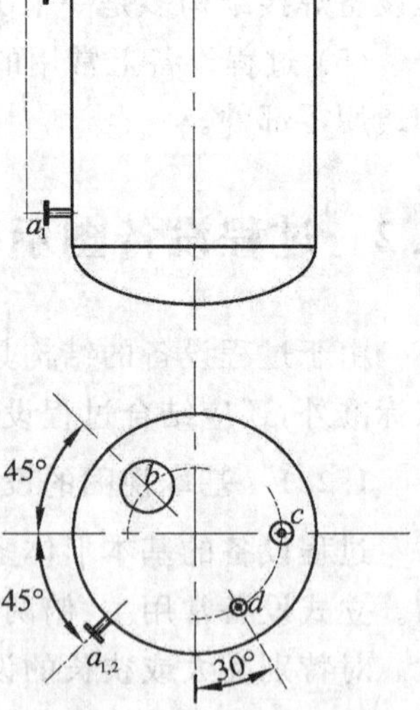

图 1－2　多次旋转表达

(1) 零部件的简化画法。

一些标准化的零部件和外购件在设备图中不必详细画出，可按比例用粗实线画出其外

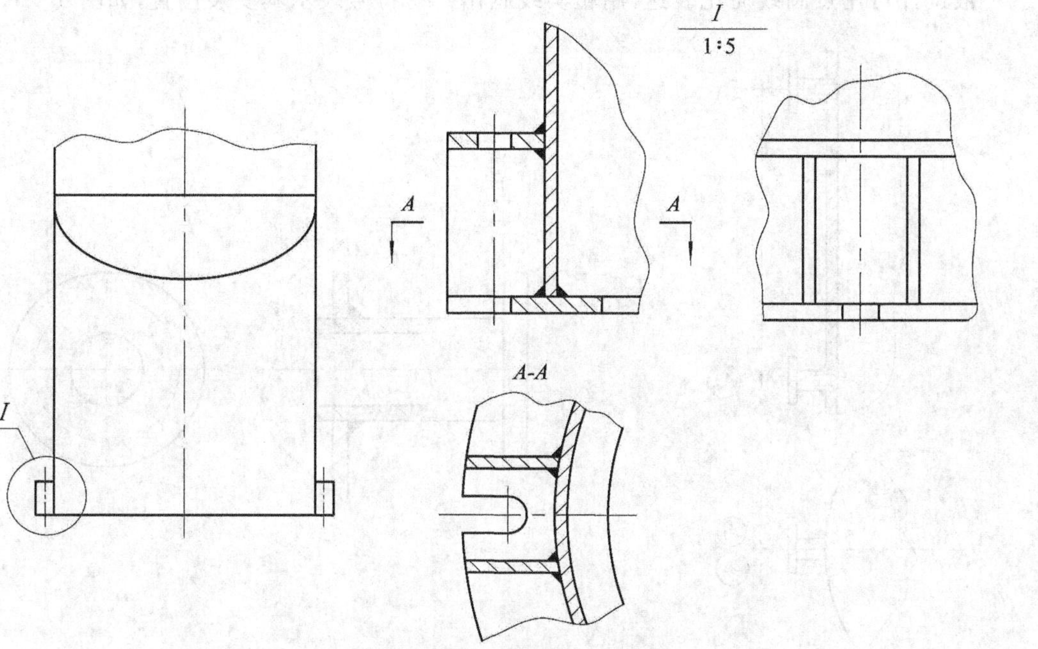

图 1-3 细部结构的局部放大表达方法

形特征,并在明细栏中注写其名称、规格、标准号。图 1-4 是几种标准零部件和外购件的简化画法。

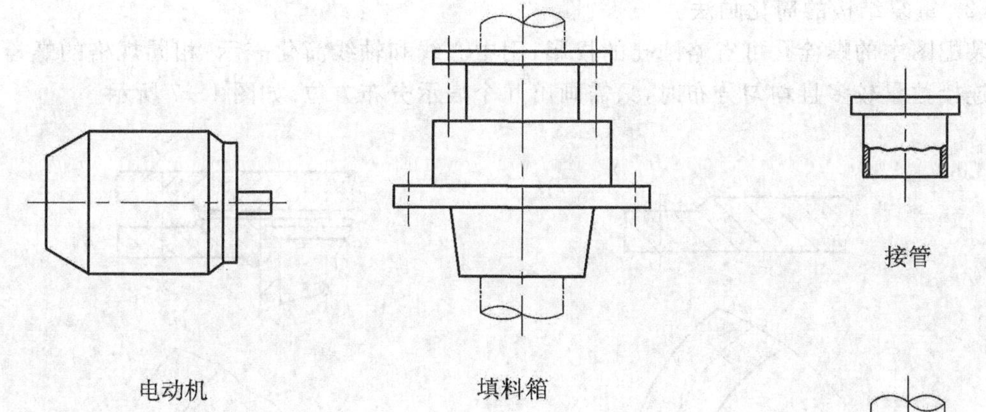

图 1-4 标准件和外购件的简化画法示例

液位计可用点画线简化表达，用粗实线画出“＋”符号表示其安装位置，如图 1－5。

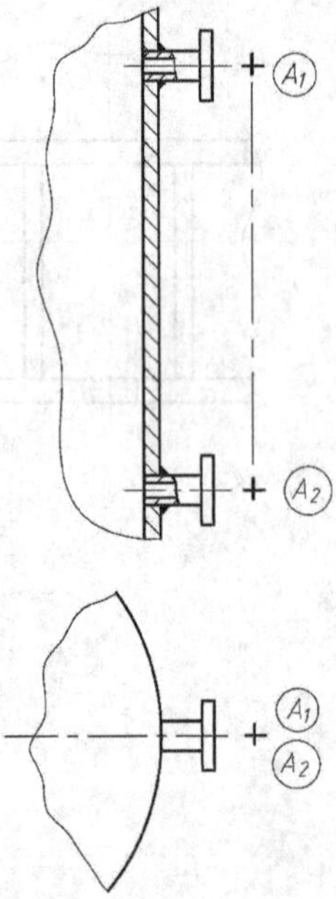

图 1－5 玻璃管液面计的简化画法

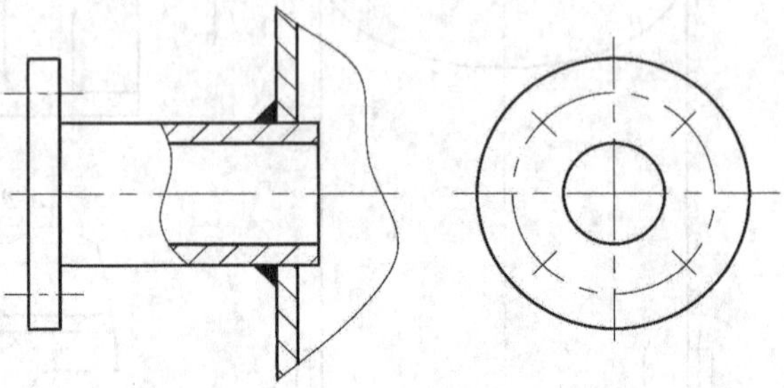

图 1－6 管法兰的简化画法

管法兰可简化成图 1－6 所示，其类型、密封面型式、焊接型式等均应标注在明细表和管口表中。特殊结构的管法兰，需用局部剖视图表达。

(2) 重复结构的简化画法。

装配图中的螺栓孔可省略圆孔的投影，用中心线和轴线简化表示；相同规格的螺栓孔和螺栓连接数量较多且均匀分布时，只需画出几个表示分布方位，如图 1－7 所示。

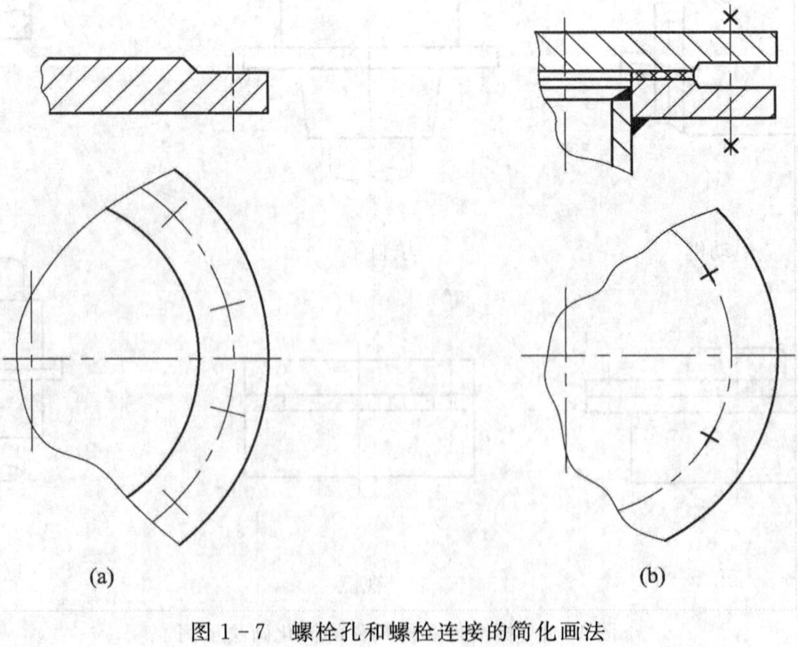

(a) (b)

图 1－7 螺栓孔和螺栓连接的简化画法

按一定规律排列且孔径相同的多孔板可按图 1－8 中的方法简化表达。孔按一定角度分布时，用细实线绘制交错网格表示孔的中心位置，用粗实线表示钻孔范围，其上画出若干孔并标注孔径及数量，如图 1－8(a)所示；图 1－8(b)是以同心圆方式排列的多孔板的简化画法；图 1－8(c)是对孔眼数要求不严格的多孔板的简化画法，用细实线画出钻孔范围线，用局部放大图表示孔眼的大小、排列方式和间距；图 1－8(d)是多孔板剖视表达的简化画法，可省略孔眼的投影，仅画出孔的中心线。

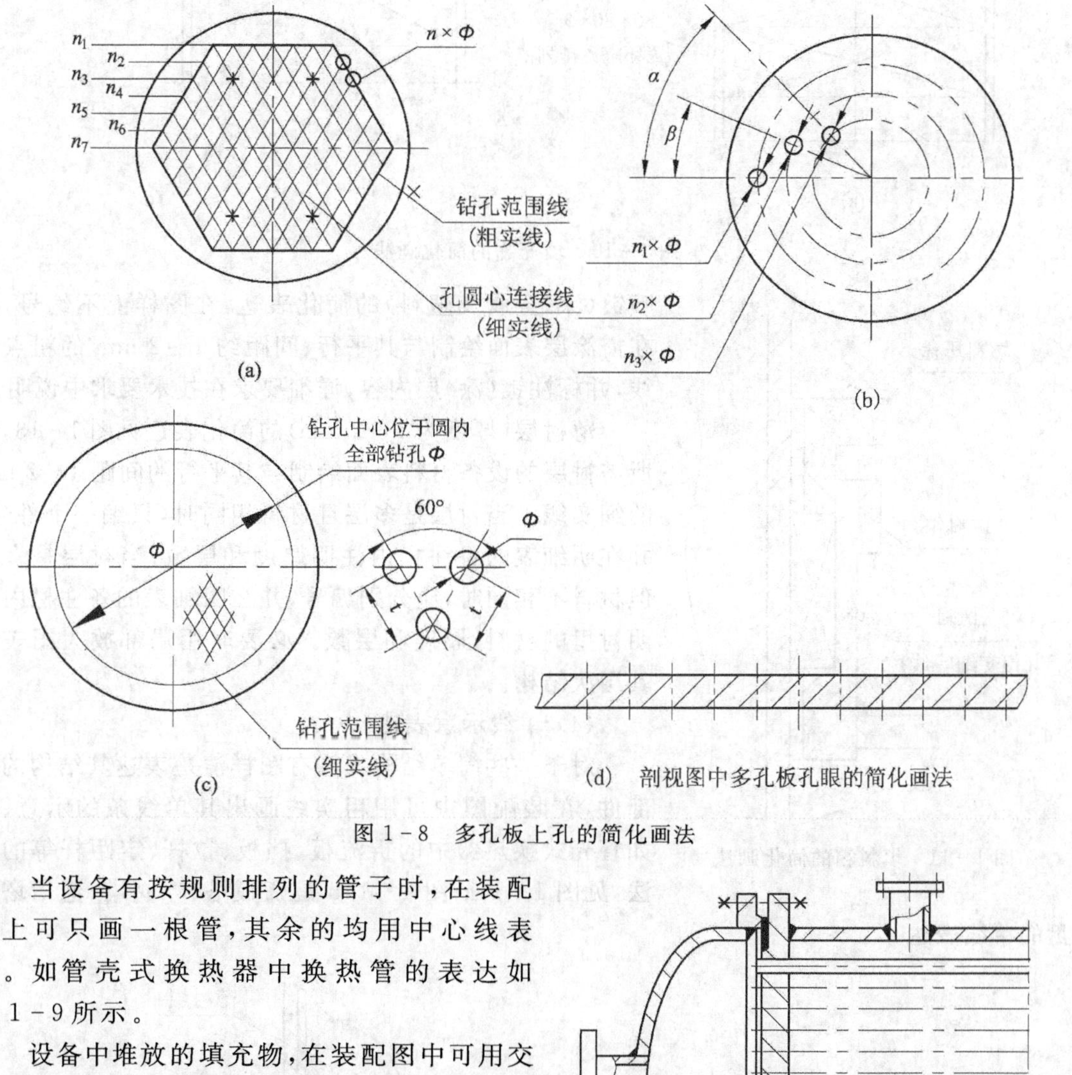

图 1－8　多孔板上孔的简化画法

当设备有按规则排列的管子时，在装配图上可只画一根管，其余的均用中心线表示。如管壳式换热器中换热管的表达如图 1－9 所示。

设备中堆放的填充物，在装配图中可用交叉的细直线及有关的尺寸和文字简化表达。图 1－10 和图 1－11 分别为填充物和填料的简化表达。

(3) 设备衬里和涂层的简化画法。

设备剖视图中对厚、薄涂层和衬层的表达有所区别。图 1－12 为薄涂层(如搪瓷、涂漆、

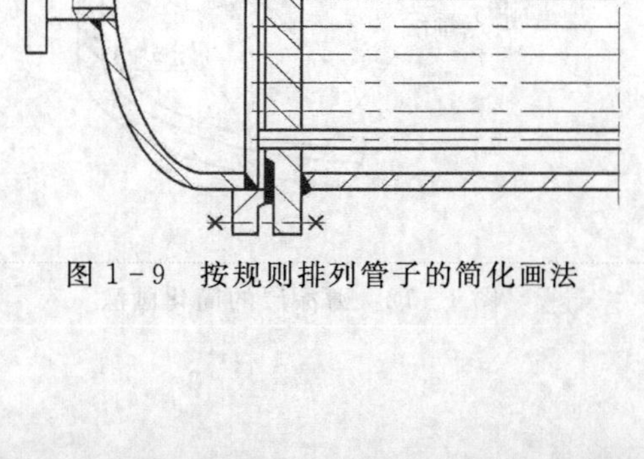

图 1－9　按规则排列管子的简化画法

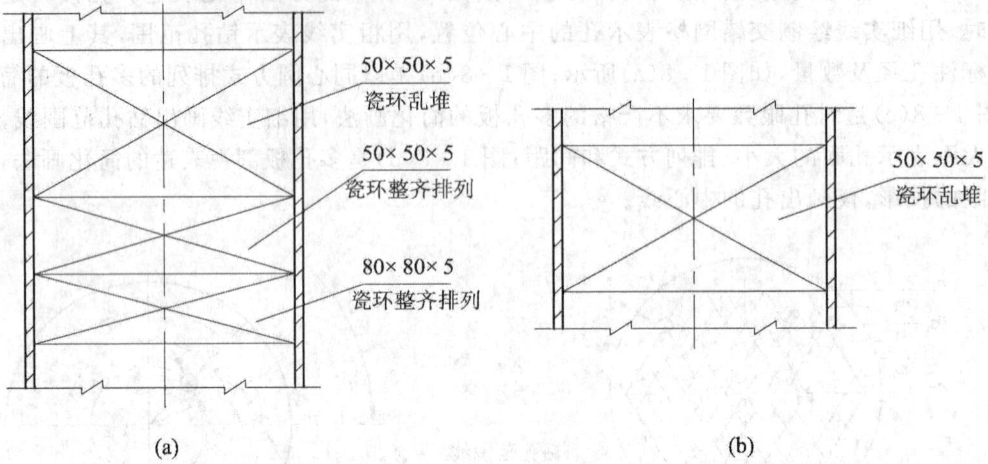

图 1-10 填充物的简化画法

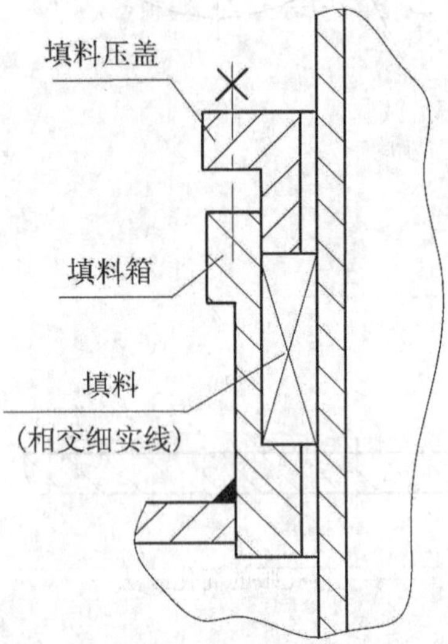

图 1-11 填料箱的简化画法

喷镀(涂)金属及塑料)的简化表达,在图样上不编号,只在需涂层表面绘制与其平行、间距约 1～2 mm 的粗点画线,并标注镀(涂)层内容,详细要求在技术要求中说明。

薄衬层(厚度为 1～2 mm)的简化表达见图 1-13,在所需衬层的设备材料表面绘制与其平行的间距 1～2 mm 的细实线。当衬层是多层且材料相同时,只编一个件号,并在明细表的备注栏内注明厚度和层数;当衬层是多层但材料不相同时,应分别编号,并在明细表的备注栏内注明衬里的材料、厚度和层数。必要时用局部放大图表示其层次结构。

(4) 单线示意表达。

对于一些简单结构或已有图样清楚表达其结构的零部件,在装配图中可用粗实线画出其单线条的示意图。如管壳式换热器中的折流板、挡板、拉杆、定距杆等的画法,见图 1-14a;图 1-14b 是筛板塔、浮阀塔、泡罩塔塔盘的单线表达。

图 1-12 薄涂层的简化画法

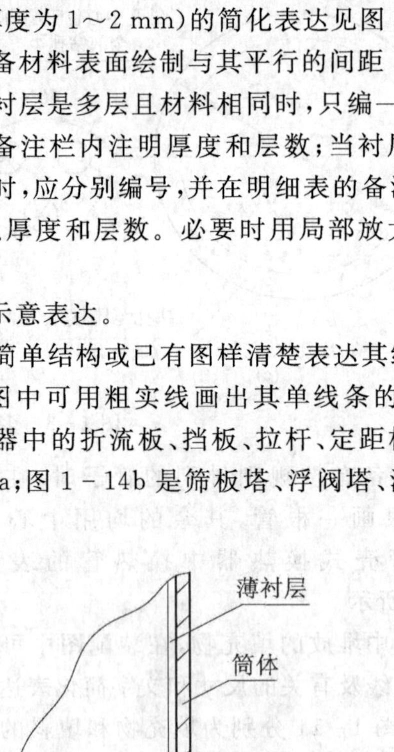

图 1-13 薄衬层的简化画法

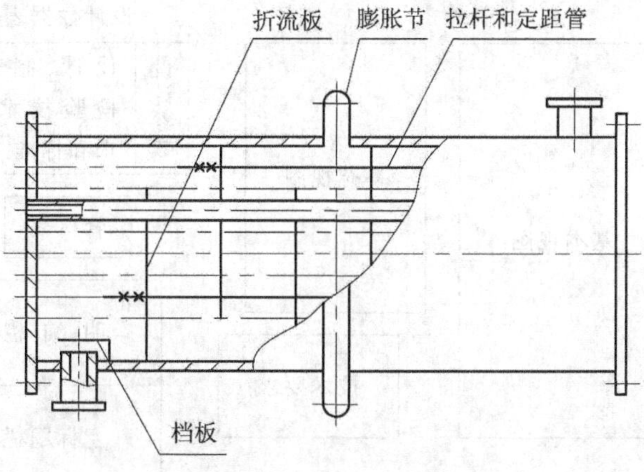

图 1-14a 折流板等的单线示意表达

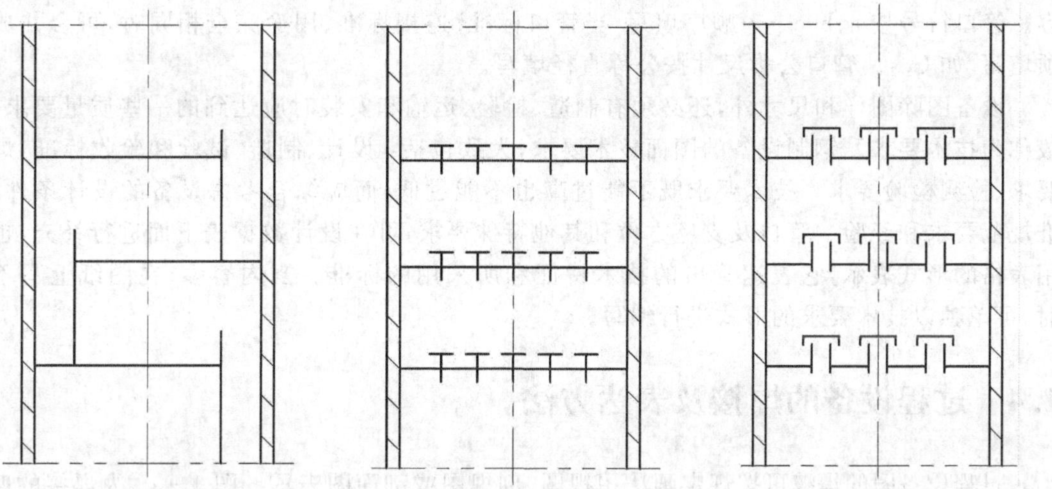

(a) 筛板塔盘　(b) 浮阀塔盘　(c) 泡罩塔盘

图 1-14b 塔盘的单线示意画法

1.3 过程设备图的主要内容

过程设备图包括设备装配图、部件图和零件图。过程设备总装配图是指导过程设备的制造、装配、安装和检验等工作的主要图样。它的内容包括：基本视图及补充视图、尺寸标注、管口符号及管口表、技术特性表及技术要求、明细栏及标题栏等，各部分内容在图面上通常均按规定的位置布置。

总装配图中设计参数表是表示设备设计依据及特征参数的一览表，一般表示设计压力、工作压力、设计温度、工作温度、焊接接头系数、腐蚀裕量、全容积及容器类别。此外，还应根据设备类型的不同填写各自的特有内容。如：换热器的换热面积、搅拌器的搅拌轴转速、电机功率等；塔器的设计风压值、地震设防烈度等。

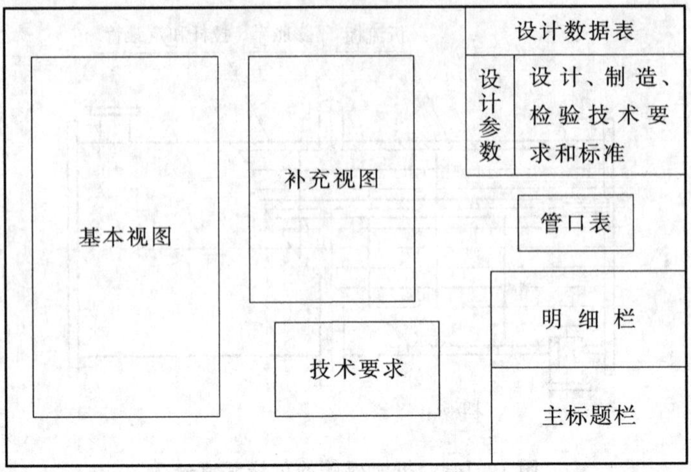

管口表应包括管口符号、公称尺寸、连接尺寸、连接尺寸标准、连接面形式和用途等内容。管口符号按 a、b、c……顺序填写，当管口标准、连接标准、用途完全相同时，可合并成一项填写，如 C_{1-2}。管口公称尺寸按公称直径填写。

设备图除图样和尺寸外，还必须有制造、检验、运输和安装时应达到的一些质量要求，一般称为技术要求。钢制设备的图面技术要求，大致包括：设计、制造、试验和验收标准，焊接要求、检测检验要求。技术要求既不能过高也不能过低，而应综合考虑设备的设计条件、标准规范要求和经验。管口及支座方位和其他特殊要求，可在设计数据表下面进行补充，也可用表格的形式表示，它表达管口的技术特征和所采用的标准。当内容多、在图纸上写不下时，可单独以技术要求的形式进行编写。

1.4　过程设备的焊接及表达方法

过程设备图的焊缝可按规定画法用视图、剖视图或剖面图表示。图 1－15 为焊接的四种基本接头型式。图 1－16 为焊缝的规定画法，图样中焊缝可见面用栅线或波纹线表示，焊缝不可见面用粗实线表示，焊缝的断面应按真实形状画出，剖面线可用交叉的细实线或涂黑表示。

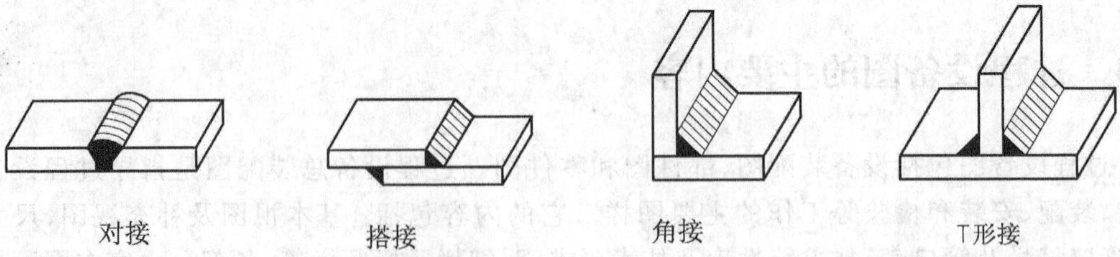

图 1－15　焊接接头的型式

过程设备的焊缝按重要程度有两种不同的表达方式。对于Ⅰ类压力容器及其他常、低压设备，一般可直接在剖视图中采用涂黑表示焊缝的剖面，图中可不标注，但需在技术要求中对焊接接头的设计标准、焊条型号、焊缝质量要求作出说明。对于Ⅱ、Ⅲ类压力容器及其他中、高压设备上重要的或非标准形式的焊缝，需用局部放大的剖视图表达结构形状，并标

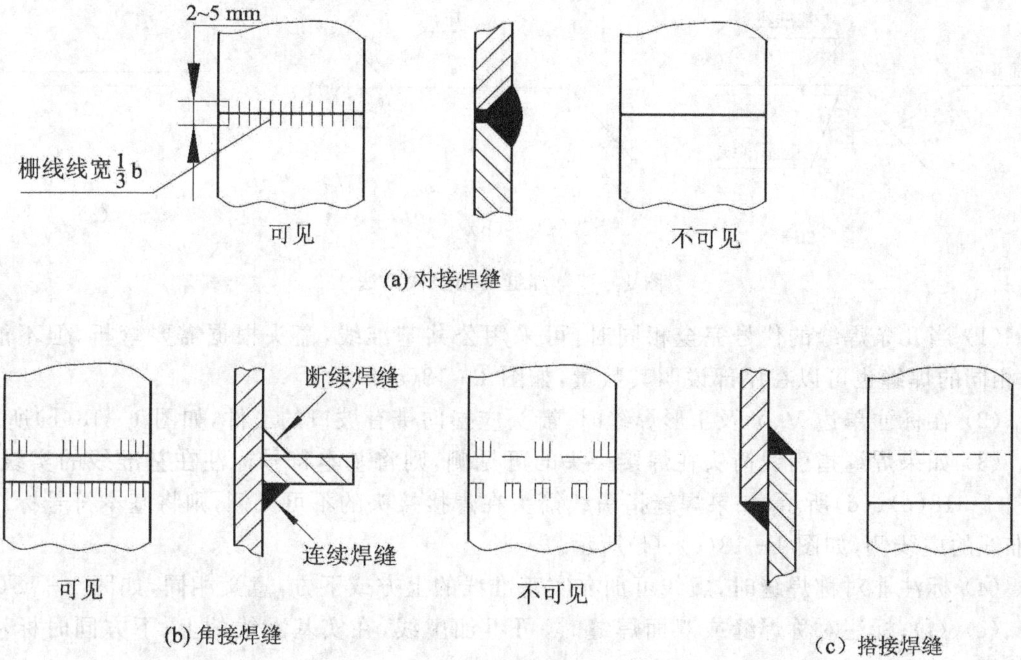

图 1-16　焊缝画法

注尺寸。筒体与封头、补强圈与筒体或封头、筒体与管板、筒体与裙座等处焊缝一般应画出局部放大图。当过程设备中某些焊缝结构的要求和尺寸未能包括在统一说明中，或有特殊需要必须单独注明时，可在画出的焊缝结构处予以标注。

焊缝标注要按照标准《焊缝符号表示法》(GB/T324—1988)中的规定，采用焊缝符号标注。焊缝符号由基本符号和指引线组成，必要时可加上辅助符号、补充符号、焊接方法代号和焊缝尺寸代号。焊缝基本符号表示焊缝横截面形状，用粗实线绘制。辅助符号画于基本符号的上侧，是表示焊缝表面形状特征的符号，用粗实线绘制；当不需要说明焊缝表面形状时，辅助符号可以不用。补充符号是为了补充说明焊缝的某些特征而采用的符号，用粗实线绘制。表 1-1 为常用焊缝的基本符号、辅助符号和补充符号的名称、示例及说明。

表 1-1　常用焊接方法及数字代号（摘自 GB/T5185—1985）

焊接方法	手工电弧焊	埋弧焊	等离子弧焊	电渣焊	氧乙炔焊
代　号	111	12	15	71	311

表 1-1 为用数字代号表示的各种焊接方法，标注在箭头线尾部。焊缝尺寸一般不标注，当要求标注时，按照 GB/T324—1988 规定的焊缝尺寸符号来标注。焊缝的指引线用细实线绘制，由指向焊缝的箭头线和两条基准线组成，如图 1-17(a)所示。当箭头线的位置受限制时，允许将箭头线弯折一次，如图 1-17(b)所示。基准线应与主标题栏平行，一条为实线，一条为虚线，焊缝符号注在基准线的上方或下方，必要时可在基准线的末端加一尾部，以标注其他附加内容（如说明焊接方法），如图 1-17(c)所示。焊缝指引线的使用应注意以下几点：

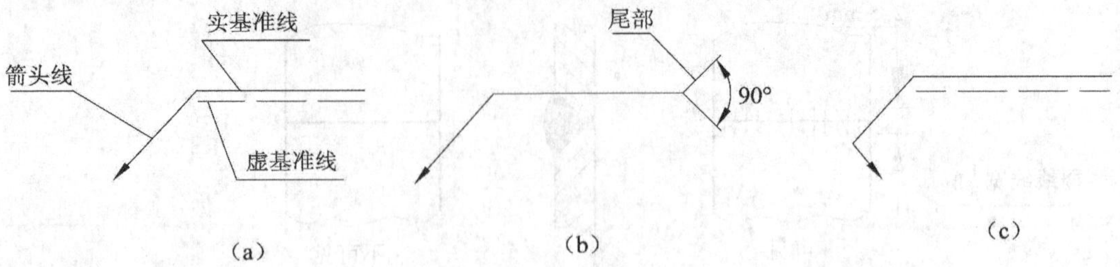

图 1-17　焊缝的指引线画法

(1) 当几条焊缝的代号完全相同时，可采用公共基准线，箭头根据需要弯折，但不能交叉，相同的焊缝也可以在尾部说明其数量，如图 1-18(a)所示。

(2) 在标注单边 V、Y 及 J 形焊缝时，箭头应指向带有坡口的工件，如图 1-18(b)所示。

(3) 如果焊缝指引线箭头在焊接接头的可见侧，则将基本符号标注在基准线的实线侧，如图 1-18(c)、(d)所示；如果焊缝指引线箭头在焊接接头的不可见侧，则将基本符号标注在基准线的虚线侧，如图 1-18(e)、(f)所示。

(4) 标注非对称焊缝时，虚线可加在实基准线的上方或下方，意义相同，如图 1-18(c)、(d)、(e)、(f)；标注对称焊缝或双面焊缝时，可不加虚线，在实基准线的上、下方同时标注基本符号，如图 1-18(g)、(h)、(i)所示。

1.5　过程设备图的尺寸标注

过程设备图的尺寸标注除遵守《机械制图》GB4458.4—1984 中的规定外，应结合过程设备的特点，正确、完整、清晰、合理地标注，以满足过程设备制造、检验、安装的需要。过程设备图中需要标注的尺寸有以下五类。

1. 特性尺寸

特性尺寸反映过程设备的规格、性能及特征，如反映设备容积的尺寸——筒体的内径和长度，反映换热器传热面积的尺寸——换热管长度、直径和数量。

2. 装配尺寸

装配尺寸反映零部件间的相对位置，是制造过程设备的重要依据。如接管间的定位尺寸，接管的伸出长度尺寸，筒体与支座的定位尺寸，塔器的塔板间距，换热器的折流板、管板的定位尺寸。

3. 外形尺寸

外形尺寸反映设备的总长、总高和总宽，以方便设备的包装、运输、安装及厂房设计。

4. 安装尺寸

安装尺寸是过程设备安装在基础上或其他设备和部件上所需的尺寸，如支座、裙座地脚螺栓间的定位尺寸及孔径。

5. 其他尺寸

(1) 零部件的规格尺寸，如接管尺寸应注写："外径×壁厚"，瓷环尺寸应注写："外径×高×壁厚"；

(2) 不另行绘制图样的零部件的结构尺寸或某些重要尺寸；

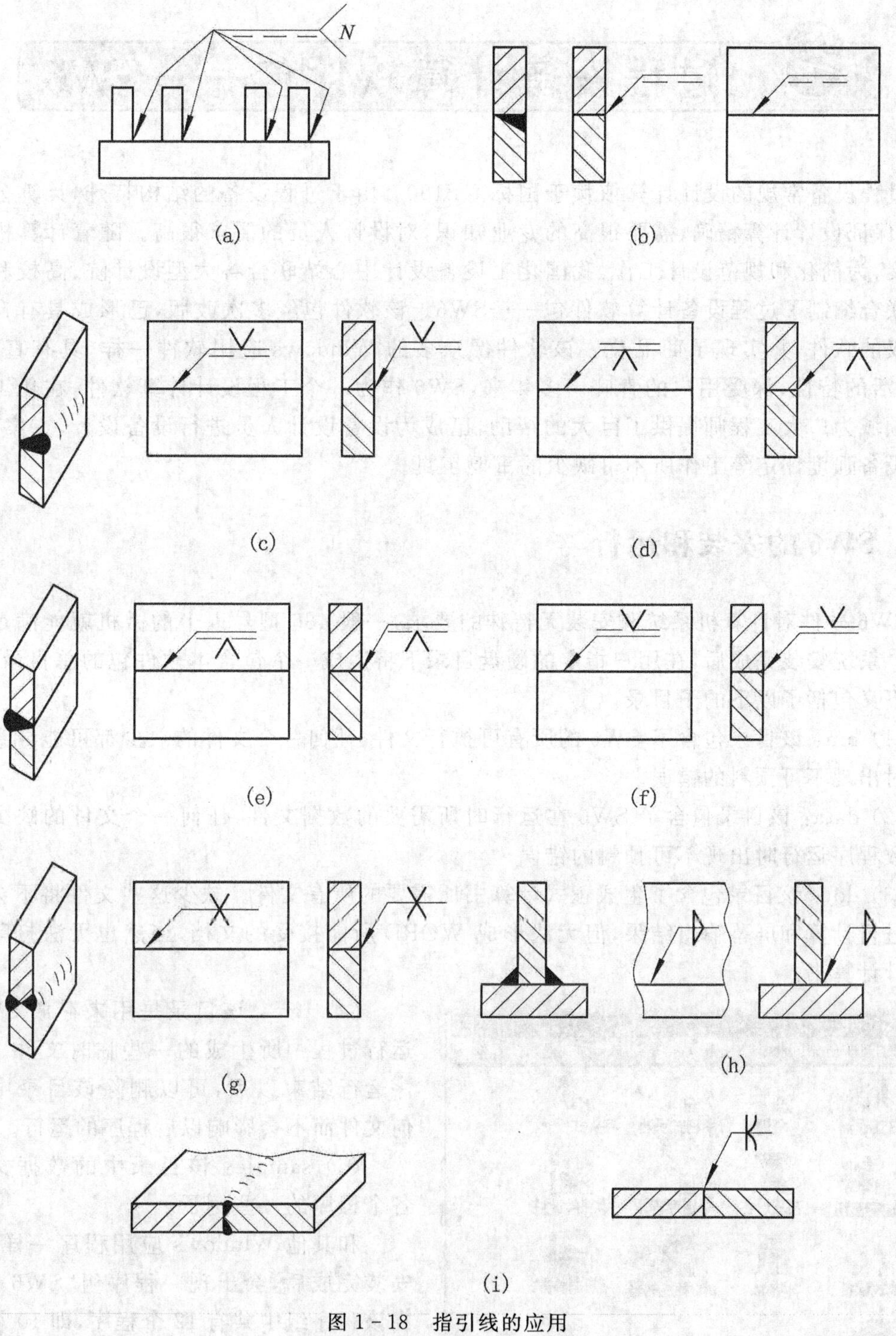

图 1-18　指引线的应用

(3) 设计计算确定的尺寸，如筒体的壁厚、搅拌轴的轴径；

(4) 焊缝的结构形式尺寸，一些重要焊缝在其局部放大图中应标注横截面的形状尺寸。

2 过程设备计算软件包——SW6

过程设备常规的设计计算依赖于国标 GB150。由于过程设备的结构特殊，计算公式复杂，要保证设计计算精确，需要很高的专业知识，对设计人员的要求很高。随着计算机技术的发展，为简化和规范设计工作，我国化工设备设计中心站联合各大型设计院、高校和科研院所联合编制了过程设备计算软件包——SW6。该软件包经多次改版，已形成具有自主知识产权的软件，并实现了商品化。该软件像众多的 Windows 应用软件一样，具有直观、方便、灵活的特性，深受用户的青睐。多年来，SW6 作为一个工程设计计算软件，在化工设备设计领域为广大工程师提供了巨大的帮助，已成为设备设计人员进行设备设计、方案比较、在役设备强度评定等工作所不可缺少的重要工具。

2.1 SW6 的安装和运行

SW6 软件对计算机系统和安装无特殊的要求，一般 486 型号以上的微机就能满足使用要求。系统安装完成后，在用户指定的硬盘目录下将生成一个包含本软件包的总目录，该总目录下又包括了以下的子目录。

(1) bin：该目录包含了 SW6 的所有可执行文件，任何一个文件的缺少都可能导致程序运行时出现不可预料的错误。

(2) data：该目录包含了 SW6 在运行时所需要的数据文件，任何一个文件的缺少都可能导致程序运行时出现不可预料的错误。

(3) dot：该目录包含了生成正式计算书所需要的所有文件。缺少这些文件将不会影响程序进行计算和屏幕输出结果，但无法形成 WORD 所能接受的文档，当然也无法打印正式的设计计算书。

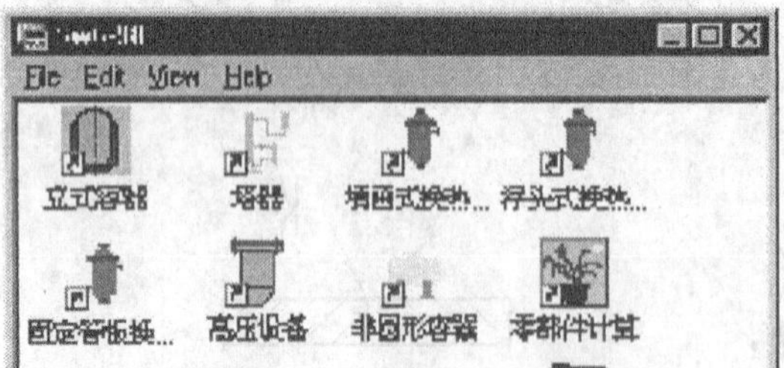

图 2-1　SW6 应用程序组

(4) tem：该目录是用来存放 SW6 在运行过程中所生成的一些临时文件。在程序运行结束以后，可以删除该目录中的任何文件而不会影响以后程序的运行。

(5) sample：该目录中的数据文件是各个程序的一些例子。

和其他 Windows 应用程序一样，系统安装完成后，会出现一程序组“SW6—98”。在该程序组中共有 12 个程序，即 10 个设备级计算程序，一个零部件计算程序和一个用户材料数据库管理程序，如图 2-1 所示。除了用户材料数据库管理程序，其他的 11 个程序都将以相同的方式开始运行，用户只要点击图标就能使某个程序运行。为了便于用户保存管理文档，输入数据的文件主名由用户指定，该主名将包括存放路径。SW6 对每一种设备的输入数据文件都规定了一个后缀名。10 个设备计算程序和一个零部件计算程序及其输入数据文件的后缀名列表如表 2-1。

表 2-1 SW6 中的功能模块

程序计算内容	输入数据文件名后缀名	程序计算内容	输入数据文件名后缀名
塔 设 备	.col	浮头式换热器	.efe
带夹套立式容器（带或不带搅拌）	.rec	填函式换热器	.efe
		高 压 设 备	.hpv
卧式容器	.htk	球 形 储 罐	.sph
固定管板换热器	.fix	非圆形容器	.ncv
U 形管换热器	.uex	零 部 件	.par

在程序运行时会形成一些结果数据文件，这些文件将被用来生成 WORD 文档以打印输出。这些结果数据文件的主名将同用户指定的输入数据文件同名，但后缀名将由程序按一定的规则确定。实际上，结果数据文件的后缀名是按照零部件分类来指定的。虽然不同类型的设备允许取相同的文件主名，但如在同一个目录下，则不同设备上的相同零部件（如卧式容器和固定管板换热器上的筒体）的结果数据文件将由于同名而会相互覆盖，而可能输出错误的结果。因此，建议用户为每一个设备指定一个目录，以便于管理。

在每一个设备计算程序中包含着该设备所常见的零部件计算。如立式容器计算程序中包含了筒体、各种封头、夹套、设备法兰、开孔补强及搅拌轴的计算。而如果设计人员想要知道卧式支座的应力及其所引起的筒体应力，则应运行卧式容器计算程序来进行计算得到。同理，如要进行膨胀节的刚度和强度校核，应运行固定管板换热器计算程序。

由于 SW6 的结构是以不同的设备为基础，又能够对设备中的零部件进行单独计算。因此，在数据输入时，各零部件输入数据中有关设备的设计数据值是一致的。例如，在筒体计算时，需要输入设计压力和液柱静压力；在法兰计算时，也需输入设计压力和液柱静压力。如在筒体数据输入时已输入了这两个值，则在法兰数据输入时，这两个值会自动显示在数据输入框内。同样地，如在法兰数据输入时，修改了这两个值，则包括筒体在内的其他零部件的设计压力和液柱静压力都会随之改变。因此，建议用户在数据输入或零部件计算时，应从最基本的零部件开始，如筒体、封头等，以方便操作。

SW6 的计算结果是采用 Micro-office 中的 Word 格式输出，用户在第一次运行时，系统将会自动在用户所用的电脑硬盘中搜索 WORD 软件。如果搜索成功，程序便会在启动 WORD 形成计算书的同时，将 WORD 的完整路径写入 DATA 目录下的文件 wordpath.txt 中，使得以后启动 WORD 时可提高速度。

设计计算书可以通过菜单栏中的“形成计算书”来得到。“形成计算书”中包括“设备计算书”以及该设备各部件计算书几个子菜单项，用户单击其中任何一项之后，首先出现如图 2-2 所示的对话框。在该对话框中有 3 个单选按钮，用户可选择用中文或英文来形成计算书以及中文简明格式计算书。在该对话框中的另一按钮让用户确定是否要打印封面。用户在按了“确认”按钮后，程序将自动启动WORD，并使WORD打开已形成好的计算书文档。但这时，WORD所打开的文档名为“document1. doc”。用户如要存放该文件，请改名后存放，以免以后形成的计算书文档将该文档覆盖掉。用户如要打印计算书，可按照WORD的打印方法进行打印（如图2－2）。

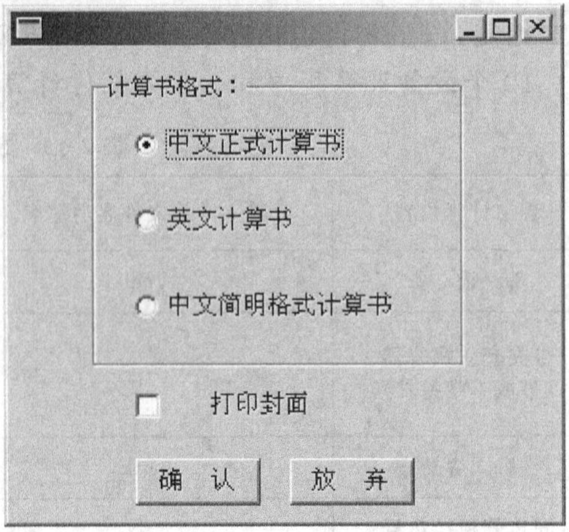

图2－2 设计计算书的打印

2.2 材料性能及其数据库

SW6软件中的标准材料库按照GB150—1998《钢制压力容器》，“附录A材料的补充规定”以及“附录F钢材高温性能”所提供的数据编制而成。库内提供的数据包括有：材料在常温下的抗拉强度和屈服强度、密度，指定温度下的许用应力、屈服强度、弹性模量、平均线膨胀系数以及低合金钢（包括碳素钢）的持久强度或高合金钢的高温抗拉强度等。

使用该材料库中的材料性能应注意以下几点：

（1）当材料的使用温度低于20℃时，材料的屈服强度按20℃取值。

（2）当材料的使用温度低于GB150—1998附录A中表Ⅰ－5“钢材弹性模量”或表Ⅰ－6“钢材平均线膨胀系数”所列的最低温度时，弹性模量及平均线膨胀系数一律按表列的最低温度取值。

（3）当同钢种且力学性能相同，唯有钢材的标准号不同时，SW6材料库中仅列入规格最多的材料标准号。例如10号钢管，仅列入标准号GB6479—1986。

（4）某些钢材因热处理状态不同或壁厚不同时，使用温度的下限会不同，用户在选钢号时注意。例如10号钢管，正火状态最低使用温度为－30℃，热轧状态最低使用温度为－19℃。

为满足用户选用GB150—1998中没有列入而用户单位又需经常使用的某些材料，该软件提供了由用户自己建立的数据库，该库称用户自定义材料数据库，库中的数据可由用户在进行强度计算前或在设备计算过程中进行输入或修改。

2.3 四个基本受压元件计算

筒体、封头、法兰和开孔补强是构成过程设备的四个基本单元，为此SW6将该四个元件设置成基本模块。这四个模块编制的依据为GB150—1998、HG20582—1998（原HGJ16—1989）和JB4732—1995。

2.3.1 筒体

在筒体计算模块中，可进行中、低压设备筒体在承受内、外压时的强度和刚度计算。对于受内压筒体，用户利用本模块可进行强度校核或壁厚设计。当输入筒体名义厚度及所有其他参数时，本模块将进行校核计算。校核计算的结果显示除了给出筒体中的应力及结论之外，在校核合格的情况下，还将给出在输入的那组参数下所允许的筒体最小名义厚度。当不输入筒体名义厚度时，本模块将为用户设计出所需的最小名义厚度，并给出在此厚度下的计算应力值。

对于受外压筒体，本模块将可以完成以下计算内容：

(1) 当用户输入了筒体计算长度、名义厚度和所有其他参数时，本模块将能进行筒体刚度校核。同时，在结果显示中，还将给出在输入的厚度下所允许的最大计算长度以及在输入的计算长度下所允许的最小名义厚度。

(2) 当用户输入了筒体计算长度和其他参数，但没有输入名义厚度时，本模块将设计出在输入的参数下所允许的最小名义厚度。

(3) 当用户输入了筒体名义厚度和其他参数，但没有输入计算长度时，本模块将设计出在输入的参数下所允许的最大计算长度。

(4) 当用户指定设置加强圈时，可对加强圈进行校核和设计。如用户输入加强圈的所有参数，则程序将对该加强圈进行校核。在这种情况下，在结果显示中除了给出所需组合惯性矩和实际组合惯性矩等校核结果之外，程序还将给出在所选定的加强圈型钢类型下所允许的最小型钢尺寸。本模块还允许用户仅选定加强圈型钢类型，但不选型钢规格，这时，程序会给出所允许的最小规格。

无论进行校核还是设计，在屏幕上的结果显示中，程序都将给出筒体许用外压和压力试验校核结果。

鉴于在 GB150—1998 中对试验压力的规定，受内压筒体的试验压力值将不能以设计压力和筒体材料的许用应力来唯一地确定。因此，一般要求用户输入试验压力的值。当单独进行筒体计算，而又没有输入试验压力值时，程序将仅以筒体材料在常温和设计温度下许用应力的比值和设计压力来确定试验压力，然后进行应力校核。当进行设备级运算时，设备计算程序将根据用户输入的各受压元件的许用应力来确定试验压力。

图 2-3 为筒体数据输入对话框。在筒体数据输入时，液柱静压、腐蚀裕量和试验压力可不予输入，凡在数据输入框中为空白的数据，如该数据为数字型，则程序都将看作为 0；如

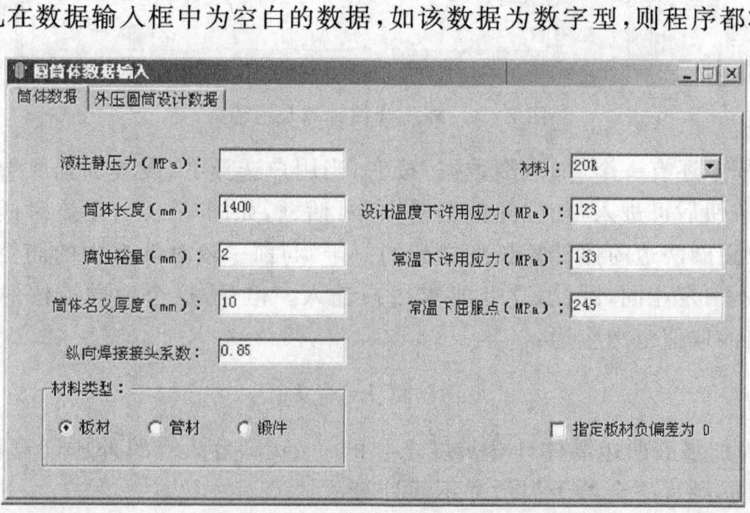

图 2-3　筒体数据输入和计算

该数据为字符型，则程序将看作为空。受内压筒体的筒体长度不予输入不会影响其强度计算，但筒体的质量将为 0。如用户选择了“指定钢板负偏差为 0”，则不管什么材料和尺寸，在计算中负偏差将都取值为 0。材料名的输入可以通过单击下拉框中列出的标准材料，也可直接用键盘键入非标材料名。当用户通过下拉框选择材料时，材料的许用应力和屈服点将会自动在对话框中显示。而用户如键入非标准材料，则许用应力和屈服点都将要求用户自己输入。

设计压力值应以代数值输入。当用户输入的设计压力为负值时，“外压圆筒设计数据”按钮才会亮起来，这时，用户可单击该按钮进入下一对话框以输入计算所必需的参数。如设计压力为正值，用户在输入了本对话框的参数后便可单击“筒体计算”按钮进行计算或单击“出计算书”按钮形成正式计算书。

对于外压圆筒，单击“外压圆筒设计数据”按钮后将出现如图 2-4 所示的对话框。该对话框只要求输入一个参数，即外压圆筒计算长度。注意该对话框中的四幅图示。从左往右第二幅图表示由变径段连接的两个不等直径筒体，变径段与两筒体的连接处没有足够的刚度，因此将不作为刚度支承，两个筒体的一部分与变径段将一起作为一个圆筒进行计算。从左往右第三幅图表示圆筒与锥壳连接处具有足够的刚度，故可以作为支承。

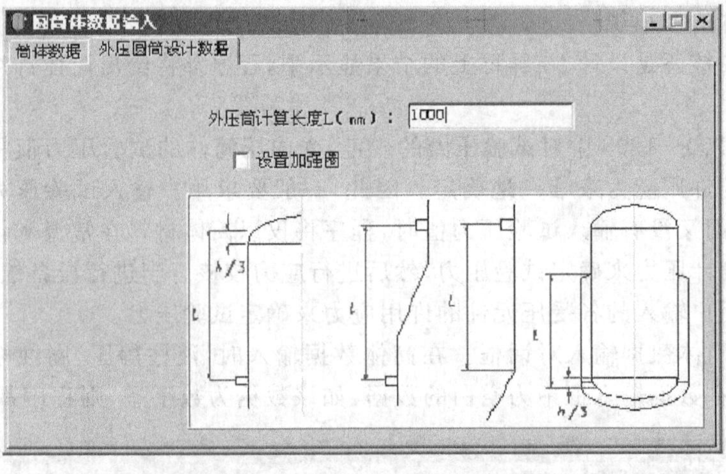

图 2-4　外压圆筒计算长度输入

在该对话框中还有一个“加强圈数据”按钮，当用户选择了“设置加强圈”后，该按钮就亮了。在单击该按钮后可进入“加强圈数据输入”对话框，如图 2-5。在该对话框中的第一个输入参数“该加强圈两边筒体计算长度之和的一半”与前一幅对话框中的筒体计算长度的值在工程设计中不一定相同，因此，这儿要求用户输入。但是，这个值同筒体的计算长度又是有关的，这个值的取值范围应为：

$$0.5L \leqslant Ls \leqslant L;$$

其中，Ls 为加强圈两边筒体计算长度之和的一半，L 为圆筒的外压计算长度。如 Ls 的值超出这个范围，则程序会给予提示并不予计算。

加强圈的型钢类型应首先选定，然后再选择型钢规格，因型钢规格下拉框中的内容是由型钢类型决定的。从型钢规格下拉框中选择某一规格后，该型钢规格的截面积、惯性矩和形

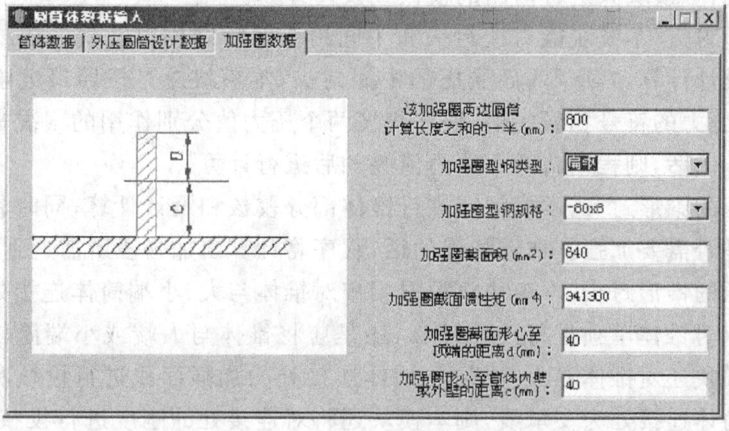

图 2-5　加强圈数据输入

心位置便会自动显示在数据输入编辑框内。

用户如选择标准以外的型钢用作加强圈，则应在“加强圈型钢类型”下拉框中选择“用户自定义”，此时，型钢规格下拉框中将为空白，所有的参数都需用户自行输入。

用户如仅选择了加强圈的型钢类型，而其他参数都不输入，则程序会按照所输入的型钢类型为用户设计出所允许的最小规格。

2.3.2　封头

本模块可进行计算的封头类型包括：椭圆封头、球形封头、碟形封头、平盖、带折边或不带折边的锥形封头、斜锥壳、球冠形封头。其数据输入界面如图 2-6 所示。

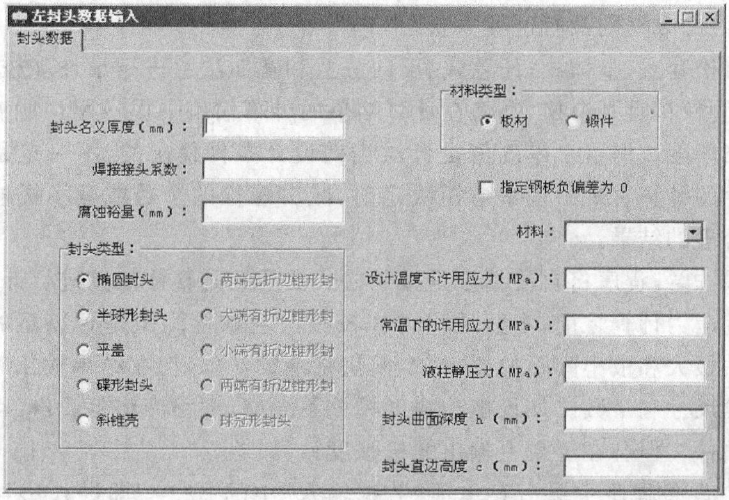

图 2-6　封头数据输入

对于受内、外压的椭圆形、球形或碟形封头，本模块可进行壁厚校核和设计计算。如进行校核计算，除给出校核计算结果外，结果的屏幕显示还将给出满足强度或刚度要求的最小名义厚度。

对于斜锥壳,本模块只进行内压的校核或设计计算。

对于球冠形封头,本模块能对端封头和中间封头两种结构以及受内压或外压的不同情况进行校核或设计计算。对于两面受压的中间封头,本模块总是按照最危险的工况进行计算,即如果两面压力的符号相同的话,程序将按两个压力值分别作用的工况进行计算。如果两面压力是异号的话,则程序将两面压力值叠加后进行计算。

对于受内压的锥形封头,本模块能进行锥体部分校核和设计计算,同时将检查锥壳与筒体的连接部位是否需要加强。如需加强的话,程序将计算出加强段所需达到的长度和厚度。

对于受外压的锥形封头,本模块将根据用户对锥体与大、小端筒体连接处是否作为支承线来判定是可以对锥体单独进行外压计算,还是应将锥体与大端或小端筒体连成一体进行外压计算。本模块还对锥体在大、小端与筒体连接处的加强面积进行校核和设计。如用户指定了锥体与筒体连接处为支承线,则本模块还将对连接处的刚度进行校核。这时,用户如选择在连接处安装加强圈,则本模块除了可校核组合惯性矩之外,还能对用户指定的加强圈型钢类型设计出最小的型钢规格。

除了平盖大开孔结构只能进行校核计算之外,其他平盖结构和其他类型封头都可进行设计和校核计算。校核计算不但将输出合格或不合格的信息,还将输出满足设计条件的最小封头名义厚度。

2.3.3 法兰

由于工程上需要进行设计计算的多为设备法兰,而对管法兰通常按设计压力直接按标准选用,因此,在 SW6 中,所有设备计算程序中的法兰计算都是指用以筒体间连接或筒体与封头连接的设备法兰,唯有零部件计算程序中的法兰计算包括管法兰。这两个计算模块的差别主要表现在数据输入方面,设备法兰数据中的法兰结构尺寸是同筒体的结构尺寸相关联的,而接管法兰的数据则没有这种关联。

本模块能对松套式、整体式、任意式、反向法兰和宽面法兰进行设计和校核计算,如进行校核计算,则不管校核是否合格,都将在计算结果的屏幕输出中提示用户能满足设计条件的法兰的最小合格厚度。但这个厚度值是针对当前设计条件得出的,不一定是一个较合理的值。特别当法兰的计算弯矩由预紧弯矩决定时,减少螺栓的个数或减小螺栓的公称直径可能会得到更为合理的结果。

对于任意式法兰,程序将自动判定是按照松式法兰还是整体法兰进行计算。

在进行法兰应力计算之前,本模块将首先校核法兰螺栓间距是否满足的要求。如不满足这一节中有关最大和最小间距的要求,本模块将继续计算,但在结果输出时会在屏幕上提示用户修改螺栓尺寸和个数。如果螺栓强度校核不合格,则程序将停止继续计算,并不会形成计算书数据文件。但会在屏幕上输出螺栓强度计算结果。

在任何一个设备程序中单击菜单项“数据输入”中的“法兰”即进入法兰数据输入和计算页面,如图 2-7 所示。该对话框中,前三项数据如在其他零部件数据输入界面中已进行输入,则会自动显示在数据输入框内。如在法兰数据输入前已进行过筒体数据输入,则有关筒体的结构尺寸和材料性能数据也会自动显示在数据输入框内。但是,“筒体壁厚减薄量”这一项只有当筒体强度或刚度已计算过以后才会自动显示,因这个值同壁厚附加量有关。

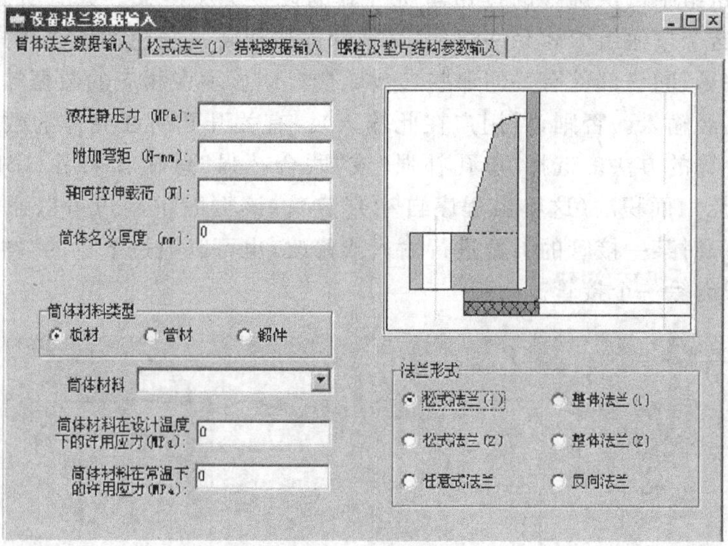

图 2－7　筒体法兰数据输入和计算

2.3.4　开孔补强

对在筒体和各种封头上的开孔，本模块能按 GB150—1998 中的等面积补强法、HG20582—1998 中关于大开孔的压力面积法和 JB4732—1995 中的另一补强方法进行补强计算。

本模块既可对单孔结构进行补强计算，也可对两孔结构进行联合补强计算。如用户选择了单孔结构补强，则程序能根据用户输入的孔径与筒体内径之比值自动判定是采用 GB150 中的等面积法还是用 HG20582 中的压力面积法进行补强计算。

本模块可在一个设备上最多一次进行十个开孔补强计算。

所有开孔补强计算都是校核计算。当校核不合格时，除了给出计算结果之外，程序会根据用户指定的开孔位置、开孔结构和补强计算方法提出若干改进方案。

如果用户没有选择用另一补强方法，则程序提出的改进方案可包括增厚壳体厚度、增厚接管厚度和加补强圈或增厚补强圈厚度。对于用户原来没有用补强圈时，程序所提出的加补强圈方案中，补强圈的厚度将取为与壳体厚度相同。如果用户输入的接管材料为管材，则程序提出的接管壁厚增厚方案仅是向内增厚。如果接管材料为板材，则程序提出的方案将包括向内和向外增厚接管壁厚。

如果用户选择使用另一补强方法进行计算，则程序仅给出计算结果。由于整锻件补强结构的几个参数都会对计算结果产生影响，故当补强不合格时，用户需自行修改调整结构参数，然后重新计算。

当用户单独进行开孔补强计算时，每计算完一个开孔，如计算不合格，程序就会将方案显示给用户，让用户进行选择。如在整个设备一起运算时，针对开孔补强计算不合格的方案会在全部计算完成之后，同其他零部件的计算结果一起，在屏幕上显示。

用户单击“数据输入”菜单中的“接管开孔补强数据”后会出现如图 2－8 所示的对话框。该对话框中的第一项“管口符号”是必须要输入的，程序将据此判断是否要计算该管口。“开孔位置”单选按钮组中可供选择的按钮与所计算的设备类型有关。只有所要计算设备中存在壳体部件，在这个按钮组中才允许选择，其他部件按钮将是灰色的。当用户选择了开孔所在的某一个部件后，同该部件有关的那些参数就会自动显示在相应的数据输入框内（如果这些参数在此前已经输入。否则，需用户在此输入）。有关开孔所在壳体的数据输入完以后，还要选定补强计算的方法。选择“单孔补强”或“联合补强”意味着采用 GB150 的等面积法或 HG20582 的压力面积法（这将由程序自动判定）。该页面中用户可以通过选择“管口符号”下所列的管口对某一接管的参数进行输入或修改，也可以通过下方的“增加”和“删除”两个按钮来增加或删除一个接管。

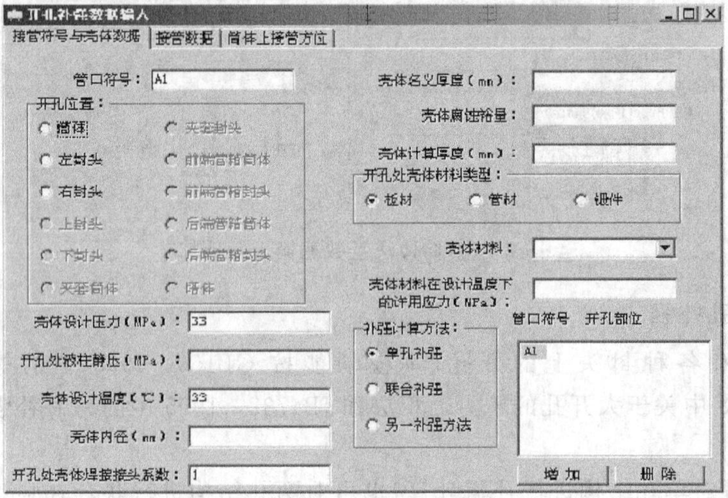

图 2-8　开孔处壳体数据输入

在接管数据输入页面中（如图 2-9），接管焊接接头系数将同接管材料类型和接管材料牌号有关。如用户选择材料类型为管材和材料牌号为无缝钢管，则接管焊接接头系数将自动取值为 1.0。

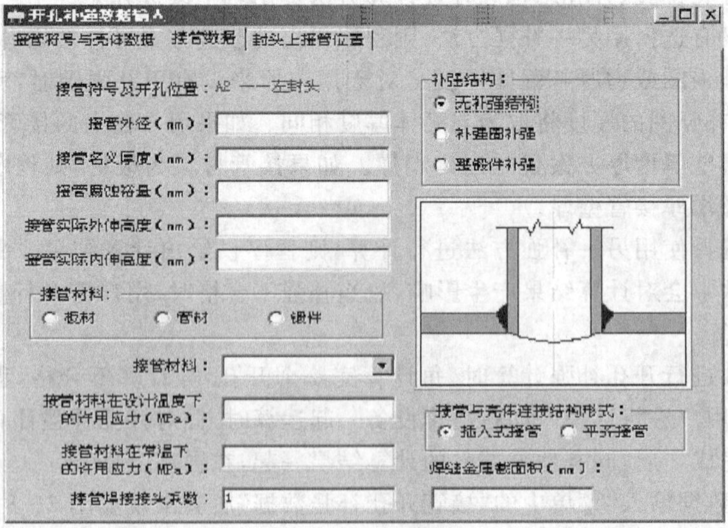

图 2-9　接管数据输入

如用户选择材料类型为管材，而材料牌号为有缝管时，则接管焊接接头系数将按 GB150 的规定自动取为 0.85。如用户选择其他材料类型，则接管焊接接头系数需用户自行输入。该对话框中“补强结构”单选按钮组中可供选择的按钮同前一页中用户对补强计算方法的选择有关。如补强计算方法选择为单孔补强或联合补强，则补强结构可选“无补强结构”或“补强圈补强”。如补强计算方法选择为另一计算方法，则补强结构可选“无补强结构”或“整锻件补强”。在单击了“接管与壳体连接结构型式”的两个单选按钮之一时，将有相应的图形提示所选结构型式。“焊缝金属截面积”数据可以不填，这时，程序将取壳体和接管壁厚的小值的平方作为焊缝金属截面积进行补强计算。

如选择了“补强圈补强”，将出现如图 2-10 所示的对话框。该对话框数据主要是补强圈的尺寸和材料数据。

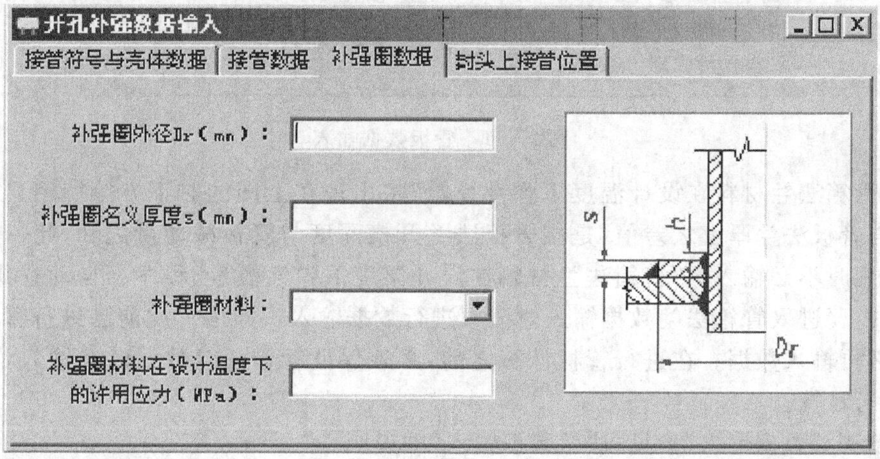

图 2-10 加强圈数据输入

2.4 固定管板式换热器的设计

本模块适用于管板延长兼作法兰和不带法兰固定式管板的设计和校核。管板的计算按照《GB150—1998》及《GB151—1998》中的内容进行。当用户不输入管板厚度时，本模块能对管板进行设计计算；反之程序能对管板强度进行校核。本模块考虑“只有壳程压力作用”、“壳程压力和温差同时作用”、“只有管程压力作用”、“管程压力和温差同时作用”四种工况；有一侧为负压时还考虑“管壳程压力同时作用”及“管壳程压力和温差同时作用”的两种工况。计算管板弯曲应力和剪应力，换热管和壳体应力，以及管板法兰应力和拉脱力。

2.4.1 管板数据输入

管板数据输入对话框见图 2-11。

当“壳程侧结构开槽深度”、“管程侧分层隔板槽深度”及“管板腐蚀裕量”不输入值时，程序默认为 0。当用户输入“管板腐蚀裕量”时，应同时考虑管程及壳程的腐蚀裕量。

“管板形式”分为“b 型”、“c 型”及“e 型”三种，当用户选择“管板形式”为“e 型”时，程序会提示用户在管板计算前，需输入与该管板连接的法兰数据，同时“管板与管板法兰厚度之

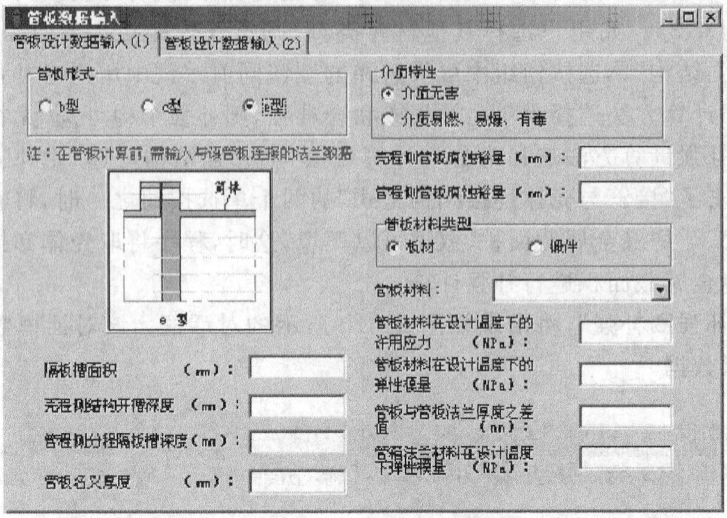

图 2-11　管板数据输入

差值”和“管箱法兰材料在设计温度下弹性模量”将出现在上图的右下方等待用户输入。其中“管板与管板法兰厚度之差值”是指管板法兰开槽深度与管板减薄量之和，此一参数在校核管板厚度时不必输入。“管箱法兰材料在设计温度下弹性模量”程序会自动查找并显示。此时用户需要进入管箱法兰数据输入对话框进行数据输入。如用户此前已进行管箱法兰计算，则不必再输入数据。在进行管板计算之前，必须保证管箱法兰数据已经输入，否则程序将不能进行计算。

“管箱法兰数据输入”参见“法兰数据输入”的说明。

“管板设计数据输入(1)”中的其他参数如“壳程设计压力”、“管程设计压力”、“壳程设计温度”、“管程设计温度”、“管板材料”、“管板材料在设计温度下的许用应力”、“管板材料在设计温度下弹性模量”等参数的输入类似于筒体的参数输入。如用户此前已进行了“筒体”和“管箱”的计算，那么管、壳程的设计压力及设计温度等参数会自动显示。

换热管设计数据以及与管板的连接数据的输入在下一页进行，换热管数据输入对话框见图 2-12。

“换热管受压失稳当量长度”按 GB151—1998 中的规定输入。

“换热管材料”的选择参照筒体设计中的材料选择。

换热管材料在设计温度下的许用应力、屈服点、弹性模量及其在平均温度下的弹性模量和线胀系数，这些参数的选取类似于筒体设计中“材料在设计温度下许用应力”等参数的选取。

“换热管与管板连接形式”默认为开槽胀接，用户可选择其他的连接形式。如用户选择“由程序确定”，则程序将根据操作工况选择一种合适的连接方式。

2.4.2　膨胀节数据输入

如用户在换热管设计数据输入中选择了“设置膨胀节”，程序会提示用户在计算管板前先输入膨胀节数据。固定管板换热器膨胀节的计算按照《GB151—1998》及《GB16749—1997》中的内容进行，适用于受内压和外压单层或多层波形膨胀节厚度的设计和校核。计算

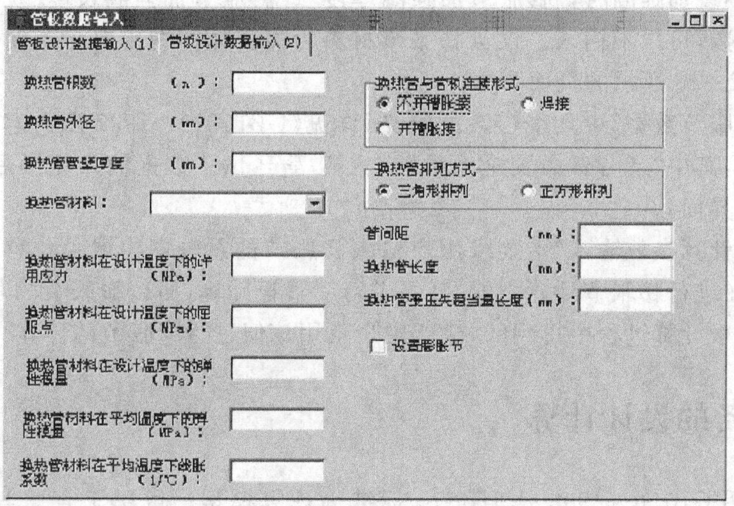

图 2－12　换热管的数据输入

由压力和轴向位移引起的应力以及平面失稳极限设计压力，在 σ_p、σ_d、σ_R 的计算中取膜应力和弯曲应力各种组合的最大值，进行强度和疲劳寿命(不锈钢)校核。

膨胀节设计参数输入见图 2－13。

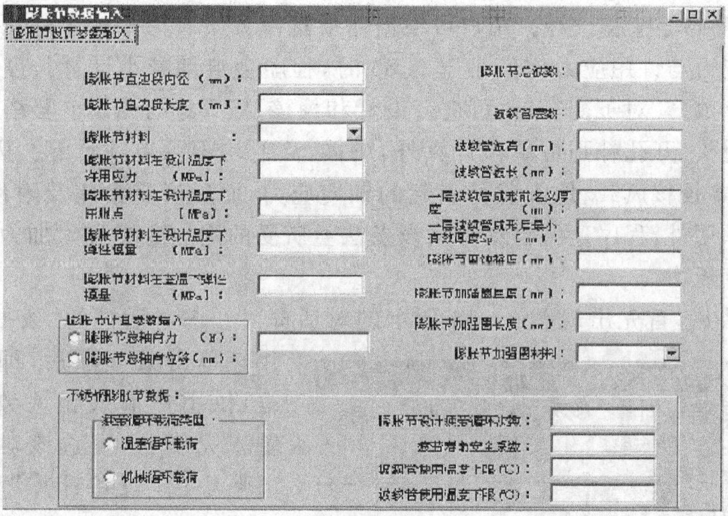

图 2－13　膨胀节数据输入

“壳程设计压力”、“壳程设计温度”、“膨胀节材”、“膨胀节腐蚀裕量”等参数的输入与筒体参数输入类同。如用户此前已进行了“筒体”的计算，那么壳程的设计压力及设计温度会自动显示。

“膨胀节直边段外径”、“膨胀节直边段长度”、“膨胀节总波数”、“波纹管层数”、“波纹管波高”、“波纹管波长”及“一层波纹管成形前名义厚度”这些参数的定义详见《GB16749—1997 压力容器波形膨胀节》中的有关规定。其中只有“一层波纹管成形前名义厚度”可以不输入，此时程序对其进行设计计算；如输入数值，则对其进行校核。

当膨胀节不设加强圈时,"膨胀节加强圈厚度"、"膨胀节加强圈长度"及"膨胀节加强圈材料"这一组参数,可以不输入。仅当膨胀节材料为奥氏体不锈钢时,"不锈钢膨胀节数据"将会显示在图 2-13 所示的页面下方。

"不锈钢膨胀节数据"中几个参数的定义,详见《GB16749—1997 压力容器波形膨胀节》中的有关规定。其中"疲劳寿命安全系数"应大于等于 15。数据输入完毕后单击"确认"按钮,返回上一级界面。

在"膨胀节计算参数输入"中要求用户输入膨胀节的总轴向力或总位移,然后才可以进行计算。如果在进行膨胀节计算之前,已经进行了管板计算,那么膨胀节的总轴向力会有一默认值,这是管板计算过程中得到的,建议用户就用该值进行膨胀节的计算。

2.5　塔设备的设计计算

本模块采用 GB150—1998 及 JB4710 标准为计算模型。可用于直立容器的设计与校核,适用条件为:高径比 $H/D_i > 5$,且高度大于 10 m 的自支承式直立容器,容器的结构类型包括板式塔、填料塔、塔板和填料混合内件的等截面或变截面塔,以及基础环板固定在框架结构上的塔等。本模块还可进行裙座和基础环板、地脚螺栓的计算。

具体来说,对于等径塔可进行设计和校核计算,其中等径塔设计,程序能给出两种方案,方案一:自动设计成分段变壁厚形式并给出每段壁厚及长度,按工程实际情况最多分成 5 段;方案二:按整体等壁厚设计。用户可根据需要选择方案。另外对于外压等径塔设计,当所有截面计算应力与许用应力比值小于 0.85 时,程序会自动减小计算长度(即塔体结构上需增加加强圈个数)。对于变径塔,可进行设计和校核,但只进行内压变径塔的设计。

本模块除封头、开孔补强可单独计算外,塔体、法兰均不可单独计算。因为塔体除校核周向应力外,还要校核风载、地震载荷引起的轴向应力,而后者受裙座及附件影响。法兰计算除考虑压力作用外,程序还将自动算出设备法兰所受的附加弯矩和附加力,并将它们折合算出法兰的计算压力。

进入本模块后,首先出现图 2-14 所示的对话框。在该对话框的"数据输入"菜单中,用户单击某一项后,即进入相应对话框,供用户输入相关数据。全部数据输入完毕后,可选该对话框的"计算"菜单中的"设备计算"程序进行计算,并将计算结果显示在弹出窗口中。计算完成后,可选该对话框的"形成计算书"菜单,程序进入 WORD 软件并形成完整的计算书。全部工作完成后,可按该对话框的"文件"菜单中的"退出"来退出本模块。

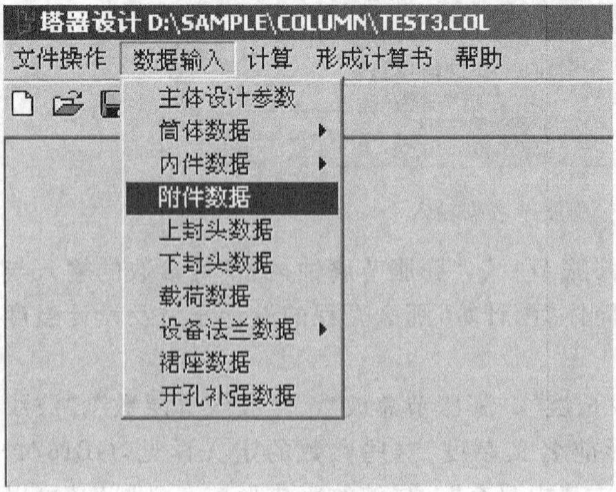

图 2-14　塔设备计算

以下对塔体、风载及地震载荷、裙座数据输入做详细说明,封头、法兰、裙座数据输入参见相关章节。

2.5.1　塔体数据输入

在图 2-14 所示的对话框中选中“数据输入”菜单中的“主体设计参数”后进入图 2-15 所示的对话框。用户可按提示输入数据。

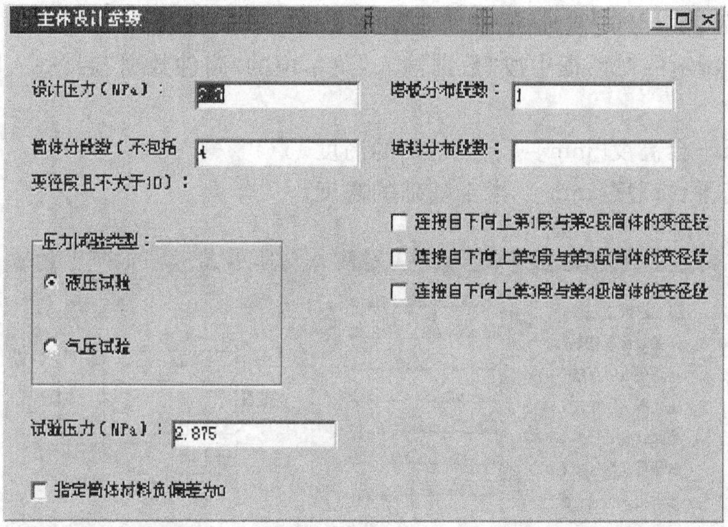

图 2-15　塔主体设计参数输入

设计压力：当设计压力为内压时输正值；设计压力为外压时输负值。设计压力针对整个塔。

筒体分段数：不同直径的筒体分别记为一段，同直径一段筒体，若壁厚不同也应分别记段。变径段不记入分段数。程序将自下而上对筒体编号，最多 10 段。对于等径塔设计，此项可填 1，程序运行中会根据情况将整个塔分成壁厚不等的若干段，运行结束后会根据运行结果自动修改筒体分段数。

在图 2-14 所示的对话框中按“数据输入”菜单中“筒体数据”的“自上而下第 1 段筒体”后，进入图 2-16 所示的对话框。在图 2-16 所示的对话框中，用户输入某段筒体的有关参

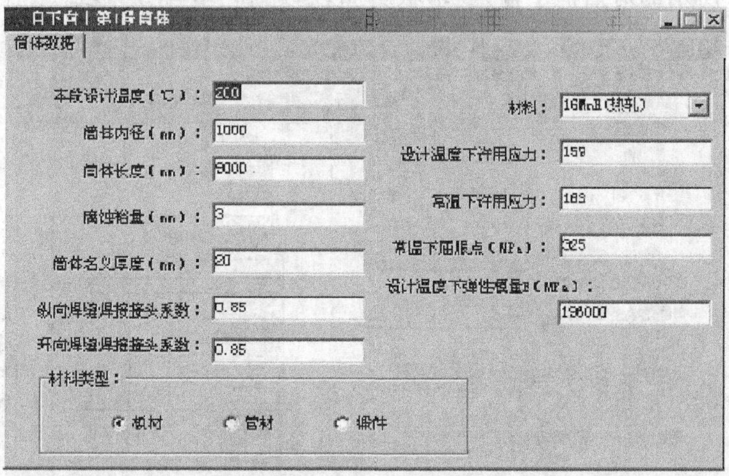

图 2-16　塔体设计参数输入

数。当设计压力为负值即外压时，用户需在下一页继续输入“外压圆筒设计数据”；当设计压力为正值即内压时，无需输入。若筒体分段数大于1，用户可以按以上步骤继续输入其他筒体段数据。若筒体分段数大于1，且用户如果在图2－14的“主体设计参数”窗口中设置了连接某段筒体的变径段后。用户可以在单击“数据输入”菜单中“筒体数据”中的相应变径段，这时将弹出变径段数据输入对话框供用户输入变径段有关参数。

在图2－14所示的对话框中按“数据输入”菜单中的“附件数据”后，进入图2－17所示的对话框。

塔体上最低平台高度[mm]：指至基础的高度。

塔体上最高平台高度[mm]：指至基础的高度。

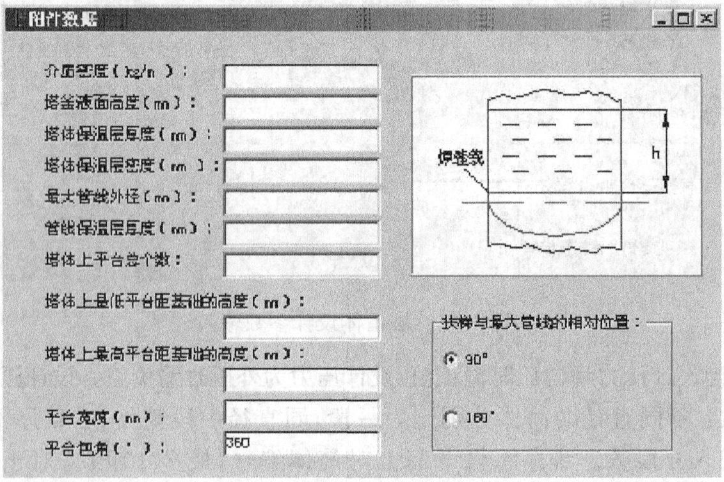

图 2－17　附件数据输入

筒体名义厚度：用户做设计计算时，此项可输0，程序运行结束后会自动填入结果。

设计温度：本程序中，允许各分段的设计温度不同。

在图2－14所示的对话框中输入“塔板分布段数”和“填料分布段数”后，用户可以分别

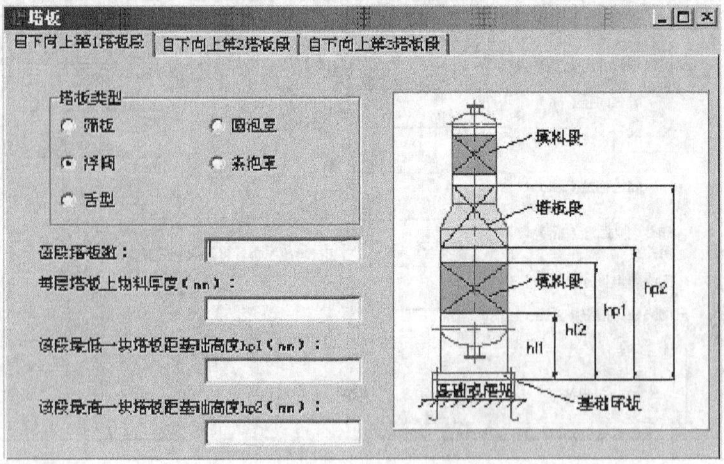

图 2－18　塔板数据输入

点击图 2－14 的“数据输入”菜单中的“内件数据”中“塔板”和“填料”后，即进入图 2－18 所示的对话框和图 2－19 所示的对话框。

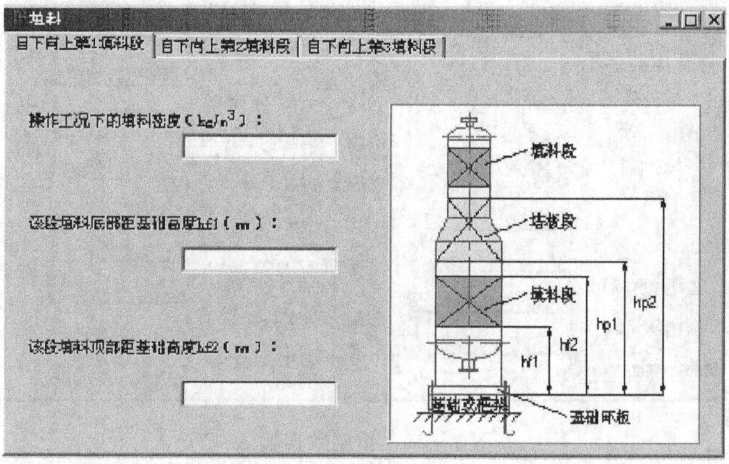

图 2－19　填料数据输入

2.5.2　风载、地震载荷数据输入

在图 2－14 所示的对话框的“数据输入”菜单中选择“载荷数据”进入图 2－20 所示的对话框。

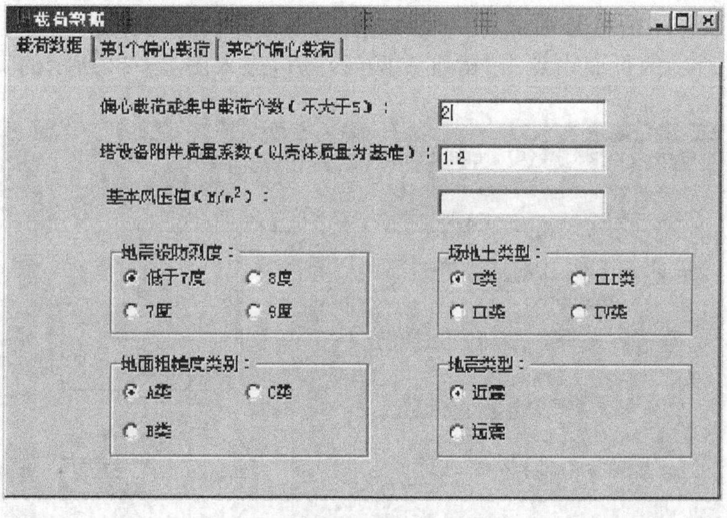

图 2－20　地震载荷数据输入

偏心集中载荷个数：当输入个数大于 0，用户需在下面页中输入有关偏心集中载荷的数据。

地震烈度、场地土类型、粗糙度、地震类型等参数请用户参见 JB4710 有关说明。

2.5.3　裙座数据输入

在图 2－14“数据输入”菜单中选择“裙座”进入图 2－21 所示的对话框。

(1) 基础类型：“有框架”系指塔设备支承在框架上，并将框架看作是结构上均匀的直立

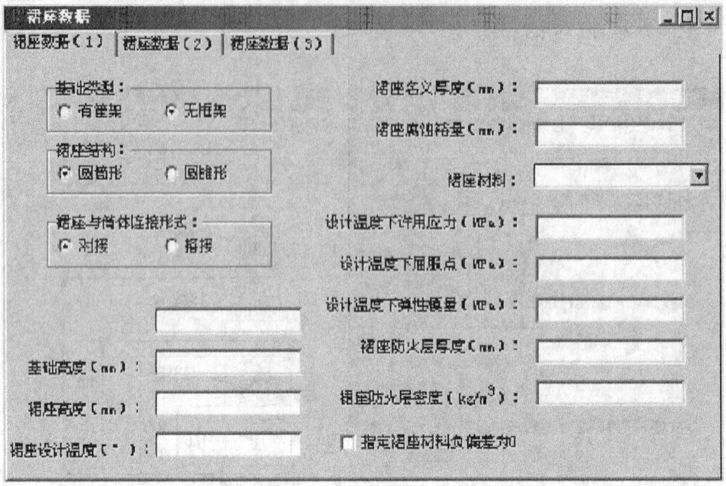

图 2-21　裙座数据输入

设备的一部分,作为分段计算中的一段。确定支承框架横截面惯性矩的方法为:

① 对于环形分布柱的框架,可折算成等横截面的圆筒。

② 对于一般形式的椽架和框架,可折算成等刚度的等截面杆。

"无框架"系指塔设备直接安装在基础上。

(2) 裙座结构:选择锥形裙座后,会弹出对话框让用户输入底截面内径。

(3) 裙座高度:系指从基础至下封头与筒体焊接焊缝处的高度。

在图 2-21 所示的页面中点击"裙座数据(2)"后,进入图 2-22 所示的页面。

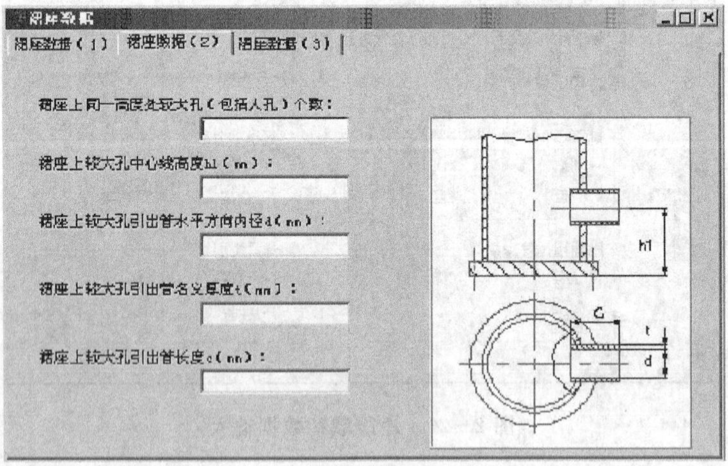

图 2-22　裙座上开孔数据输入

裙座上同一高度处较大孔(包括人孔)个数:此处较大孔系指裙座上孔径最大的孔,一般是人孔。

裙座上较大孔引出管水平方向内径 d:此处较大孔系指裙座上孔径最大的孔,与上一项相同。若上一项是人孔,此处亦是人孔。

在图 2-21 所示的页面中点击"裙座数据(3)"后,进入图 2-23 所示的页面。

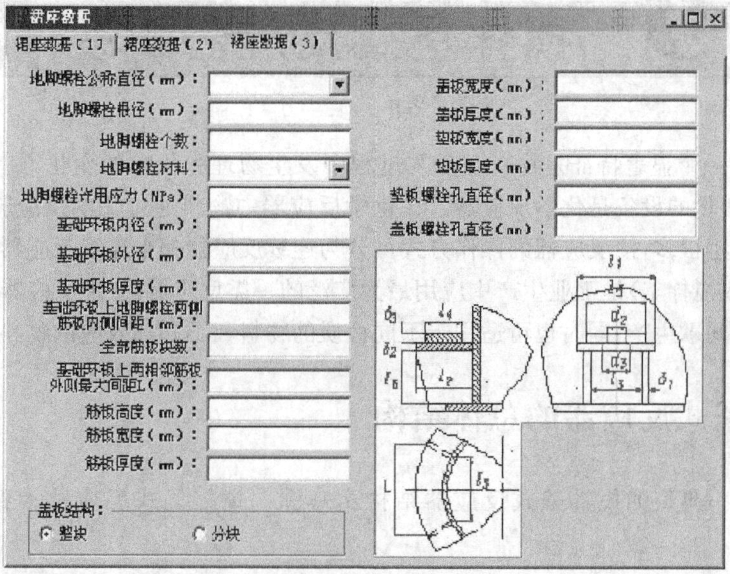

图 2-23　裙座结构参数输入

在图 2-23 所示的对话框中,当进行校核计算时,用户只需在下拉框中选择地脚螺栓公称直径,相应的筋板及盖板的尺寸将由程序自动显示在数据输入框内。当进行设计计算时,请用户根据 JB4710 输入基础环板内、外径,程序将给出关于地脚螺栓公称直径及个数的若干方案,由用户选择,并根据所选方案确定筋板及盖板的尺寸。

盖板宽度:仅当盖板结构选择分块时此项有意义,选择整块时此项将自动变灰。

3 搅拌釜式反应器的设计

过程工业的一个显著特征是物料在工艺过程中发生物理和化学的变化，其中以化学变化为主，而实现这一变化的设备是化学反应器。在化学反应器中物料通过化学反应转变为反应产物。工业反应器的类型很多，按反应器的操作方式可分为连续反应器和半连续反应器。搅拌釜式反应器（简称反应釜或搅拌釜）是工业生产中应用最为广泛的一类反应器，这种反应器不仅适用于连续生产也可适用于间歇生产，同时也可适用于不同性质的物料和不同热效应的物料。

3.1 搅拌釜式反应器的总体结构

图 3-1 是一典型的搅拌釜式反应器结构示意图。搅拌釜式反应器大致是由釜体部分

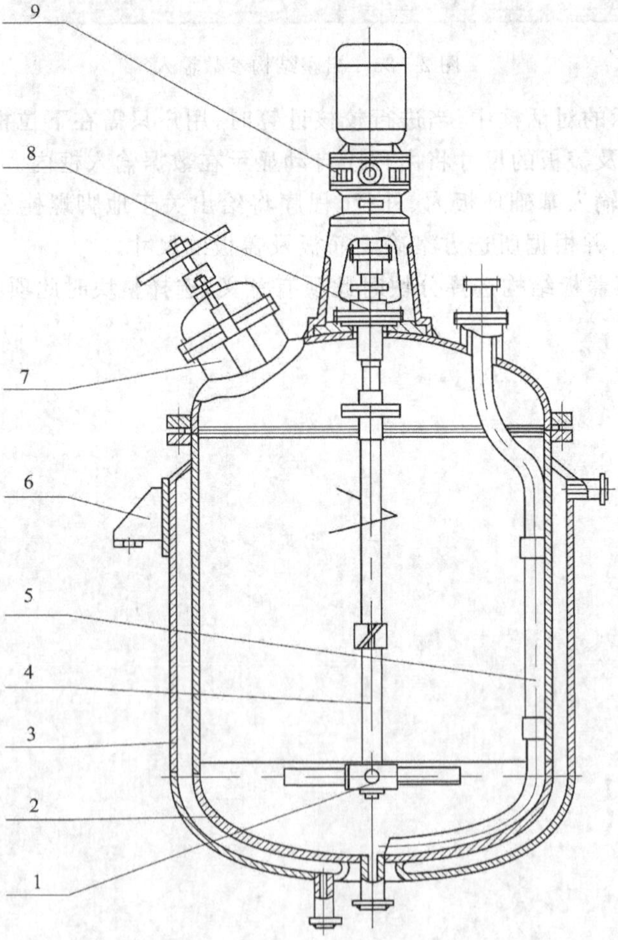

图 3-1 搅拌式反应器结构示意图

1—搅拌器；2—罐体；3—夹套；4—搅拌轴；5—压料管；6—支座；7—人孔；8—轴封；9—传动装置

(搅拌罐)、传动装置、搅拌装置和密封等几部分组成。釜体部分有包容物料反应的空间,通常由筒体及上下封头组成。反应器中的物料在工作过程中存在吸热和放热的现象,为此需设置传热装置,用以送入或带走热量,其中夹套和蛇管为最常用的传热装置。搅拌装置由搅拌器及搅拌轴组成,为使搅拌器转动,还要有动力和传动装置,传动装置与搅拌轴之间通过联轴器连接。轴封的作用是防止反应器内物料通过搅拌轴泄漏到设备的外边。密封装置有两类,即动密封和静密封。静密封是指管法兰或设备法兰处的密封,动密封是指转轴处的机械密封和填料密封等。此外为使反应器能正常工作还需根据工艺要求在反应釜上设置有各种接管(口)、人孔、手孔、视镜和支座等附件。

3.2 搅拌釜式反应器机械设计的内容和步骤

搅拌釜式反应器的机械设计是在工艺设计完成后进行的。工艺上给出的条件一般包括:釜体容积、最大工作压力、工作温度、介质腐蚀性、传热面积、搅拌形式、转速和功率、工艺接管尺寸、方位等。这些条件通常以表格或示意图的形式反映到机械设计任务书中。机械设计过程就是设计者根据给定的工艺条件提出的要求和条件,对搅拌釜式反应器的容器、搅拌轴、传动装置和轴封结构进行合理的选型、设计和计算。

搅拌釜式反应器的机械设计大体上按以下步骤进行。

(1) 总体结构设计:根据工艺要求考虑制造、安装和使用维修方便等,确定各部分结构型式和尺寸,如封头、传热面、传动类型、轴封和各种附件的结构型式和连接形式等;

(2) 材料选择:根据压力、温度、介质等情况经济合理选择材料;

(3) 强度和稳定性的计算:对釜体封头、夹套、搅拌轴等进行强度计算和必要的稳定性计算校核;

(4) 零部件设计和选用:包括电动机、减速机、联轴器、轴封类型以及机架、底座等有关零部件的选用和设计;

(5) 图样绘制:包括总装图、零部件图,标准零件在装配图上应注明标准号,必要时应注明生产厂家;

(6) 提出技术要求:提出制造、装配、检验和试车等方面的要求;

(7) 编写计算说明书:包括设备设计重要问题的论证,受压元件的主要零部件的设计计算,主要零部件设计选用依据说明等。

3.3 釜体、夹套及附件的结构设计

3.3.1 釜体设计

釜体是反应物料的工作场所,它是由封头和筒体组成的容器。筒体一般为圆柱形,封头常用椭圆形、球形、锥形或平板形,其中椭圆形封头应用最为广泛。下封头与筒体一般为焊接连接,上封头与筒体也可采用焊接连接,但在筒体直径 $DN \leqslant 1\,500$ mm 的场合多采用法兰连接。

筒体的直径和高度是釜体设计的基本尺寸。工艺条件通常给出设备容积 V 或操作容积

V_0，有时也给出筒体内径 D_i，或者筒体高度 H_1 和筒体内径 D_i 之比（称为长径比），其中 $V_0=\eta V$，η 为装料系数，表明反应釜操作时所允许的装满程度，根据不同反应状态，η 可以取 0.6～0.85。反应状态平稳，η 可以取较大值，否则要取较小值。

选择筒体的长径比应考虑三个方面的因素，即长径比对搅拌功率的影响，对传热的影响以及物料搅拌特性对长径比的要求。

一定结构型式搅拌器的叶轮直径和与罐体内径有一定的比例关系和取值范围。在釜体容积不变的情况下，长径比减小就意味着筒体直径增加而高度减小，这时往往要求搅拌器桨叶直径也随之增大。根据流体力学的基本原理，在搅拌轴转速不变的条件下，搅拌器的功率与搅拌轴桨叶直径的 5 次方成正比。所以，长径比减小同时也意味着搅拌器功率的大幅增加，使搅拌装置的质量和投资大幅增加，增大设备的投资。

筒体长径比对夹套传热有显著的影响。容积一定时，长径比越大，则筒体盛料部分表面积越大，相应的夹套的传热面积也就越大，有利于夹套界面的传热，同时直径减小在一定程度上降低了物料的温度梯度，有利于提高传热效果。因此，如果仅仅考虑夹套传热，那么长径比大一点无疑是有益的。

物料特性对筒体的长径比也有特殊的要求。例如发酵罐之类，为了使通入罐内的空气与发酵罐的液体有充分的接触时间，需要有足够的液位高度，也就是希望长径比大一些。

如果工艺条件给出了 H/D_i，可以根据式(4－1)估算筒体内径 D_i：

$$D_i \approx \sqrt[3]{\frac{4V}{\pi H/D_i}} \tag{3-1}$$

如果没有给出 H/D_i，那么通常可以根据物料类型来选择，如液-液和液-固相，取 $H/D_i=1\sim1.3$，如气-液相，取 $H/D_i=1.0\sim2.0$，对于发酵罐类可以取 $H/D_i=1.7\sim2.5$。

对直立式反应釜，其容积通常取筒体和下封头两部分容积之和来计算。

筒体部分的高度为

$$H=\frac{V-V_h}{V_1} \tag{3-2}$$

式中　V_h——封头容积；

　　　V_1——1 米高筒体的容积。

将计算后经过圆整所得的筒体直径 D_i 及筒体高度 H 代入 H/D_i 校核，大体符合原定范围即可。

釜体的壁厚根据釜体的受载情况计算确定。若釜体操作压力使得釜体受内压作用，筒体和封头的壁厚应按内压容器计算；若带有夹套，则反应釜的筒体和下封头因受外压的作用，应同时按内压和外压分别计算，并取两种计算所得的壁厚的较大值。按内压计算时，最大压力差为釜内工作压力；按外压计算时，最大压力差为夹套内的工作压力（釜内为常压或尚未升压时）或夹套内工作压力加 0.1 MPa（当釜内为真空时）。为了便于焊接，封头常与筒体壁厚相同，釜体的上封头如不包括在夹套内，则不承受外压的作用，只按内压计算，但考虑到顶上有许多开孔，削弱了上封头的强度，故仍取与筒体壁厚相同，这样也便于制造。

3.3.2　传热装置及夹套设计

对有传热要求的反应釜可设置传热装置。常用的传热装置有蛇管和夹套，其结构形式也有多种。

蛇管是搅拌釜式反应器常用的换热结构（图 3－1）。蛇管的操作压力系列为 0.4 MPa、0.6 MPa、1.0 MPa、1.6 MPa，温度范围为－30℃～250℃。常用蛇管结构有：无集管的单组单列蛇管、无集管的单组双列蛇管和有集管的八组蛇管。蛇管尺寸与搅拌釜式反应器容积有关，设计时可以参考相关资料。

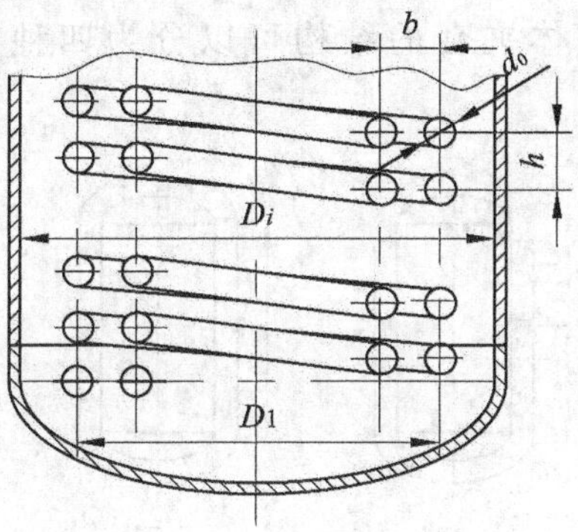

图 3－1　蛇管换热装置

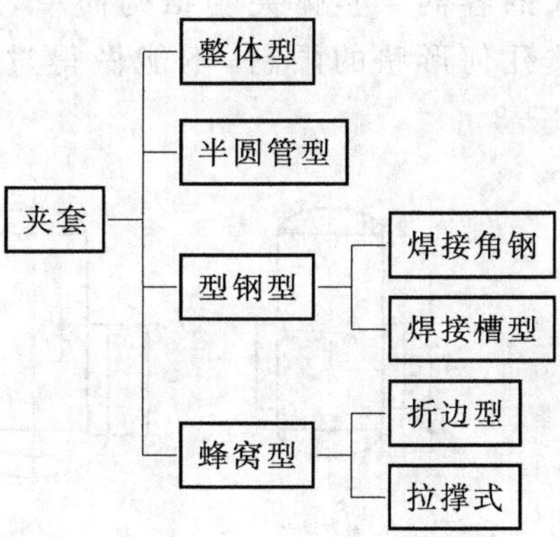

图 3－2　夹套分类图

夹套以焊接连接或者法兰连接的方法装设在罐体的外面，与罐体外壁形成密闭空间，在此空间内通入传热介质，以加热或冷却物料，维持物料的温度在预定的范围内。根据夹套结构形式的不同，可以分为多种类型。如图 3－2 所示。

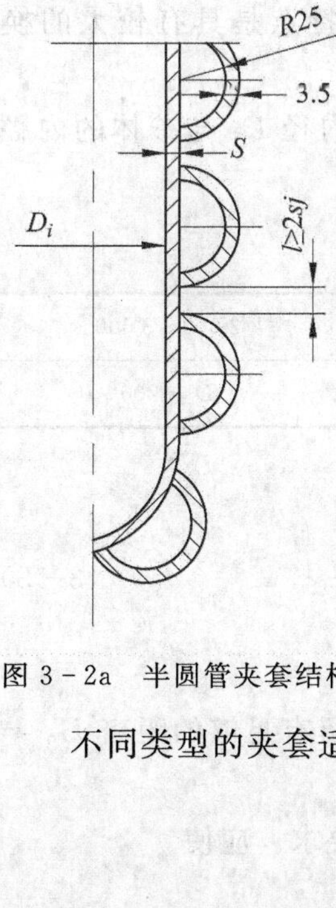

图 3－2a　半圆管夹套结构

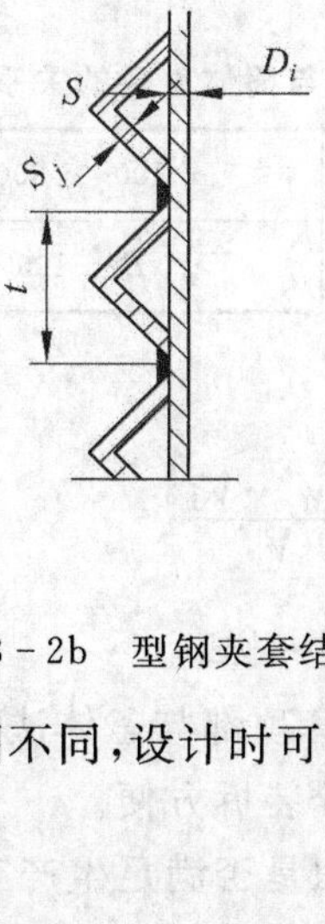

图 3－2b　型钢夹套结构

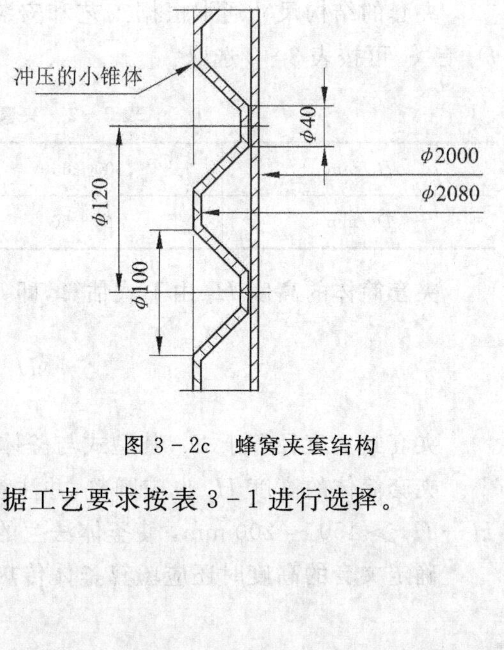

图 3－2c　蜂窝夹套结构

不同类型的夹套适用范围不同，设计时可以根据工艺要求按表 3－1 进行选择。

表 3-1　各种类型夹套的适用范围

夹套型式	温　度/℃	压力/MPa	夹套型式	温　度/℃	压力/MPa
整体夹套	350	0.6	型钢夹套	225	0.6～2.5
	300	1.6	蜂窝夹套	250	2.5～4.0
半圆管夹套	280	1.0～6.3			

在工程实际中，应用最多的是整体夹套。这种夹套是在罐体的外面再套上一个直径较大的容器。整体夹套结构简单，制造方便，基本上不用维修。缺点是换热面积受到罐体几何形状的限制，不能做得过大。整体夹套的结构可以分为四种类型。结构见图 3-3。

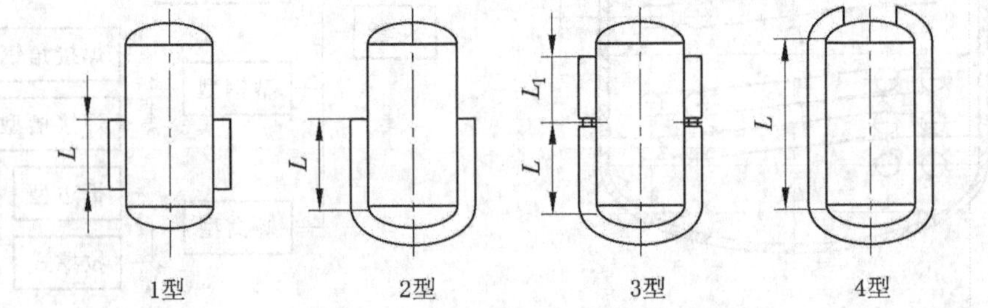

图 3-3　整体夹套的结构

1 型夹套中，仅圆筒的一部分有夹套，用在需要加热面积不大的场合。2 型为圆筒的一部分和下封头包有夹套。这种夹套型式较为常用。3 型夹套沿轴向分为两段。这样设计的目的主要有两点：首先，可以减小罐体的外压设计长度，提高筒体的稳定性；其次，可以实现罐体沿轴向的分段控温。4 型为全包覆式夹套，其特点是具有较大的换热面积。

夹套的结构尺寸通常根据工艺和安装两方面的要求而定，夹套内径 D_j 与釜体的内径 D_i 有关，可按表 3-2 选取：

表 3-2　夹套直径与筒体直径的关系

D_i/mm	500～600	700～1 800	2 000～3 000
D_j/mm	D_i+50	D_i+100	D_i+200

夹套筒体的高度 H_j 由下式估算，即

$$H_j \approx \frac{\eta V - V_h}{V_1} \tag{3-3}$$

夹套封头直径等于 D_j，其型式与釜体封头一样。

夹套筒体的高度 H_j 也应圆整，并注意夹套顶部与釜体法兰间应留有足够的距离 $H_0 = H - H_j > 150 \sim 200$ mm，使釜体法兰的螺栓装拆方便。

确定夹套的高度时还应验算釜体传热面积是否满足生产工艺的要求。应使

$$F_1 H_j + F_h \geqslant F \qquad (3-4)$$

式中　F_1——每一米高的筒体内表面积；

F_h——筒体封头的内表面积；

F——生产工艺要求的传热面积。

夹套筒体及夹套封头以夹套内的最大工作压力按内压容器设计计算，真空时按外压进行设计。夹套筒体与封头一般取相同的厚度。当反应器的的支承安装在夹套上时，夹套厚度的确定还应考虑容器和所装物料的质量。

由于水压试验压力大于设计压力，在对夹套进行水压试验时可能会使釜体的工作外压力大于设计压力，造成釜体在夹套水压试验的压力作用下产生外压失稳，因此应该考虑在釜体内适当充压，以降低釜体内外的工作压力差，防止失稳，这个充压值应在装配图的技术要求上标明。

3.3.3　选取釜体容器法兰和接管法兰

法兰是根据公称直径、公称压力来选取的。其中公称直径应该与相配的设备釜体或管子的公称直径相一致；而公称压力则根据法兰材料和工作温度从“压力容器法兰”或“管法兰”标准中查取。

容器法兰采用 JB4700～JB4703—2000(《压力容器法兰与技术条件》、《甲型平焊法兰》、《乙型平焊法兰》、《长颈对焊法兰》等相关标准)，容器上连接管道的法兰应采用管法兰相关标准，如 GB/T9112～9124—2000《钢制管法兰》标准、HG20592～20635—1997《钢制管法兰、垫片、紧固件》标准、SH3406—1996《石油化工钢制管法兰》标准、JB/T4700～4707—2000《压力容器法兰》标准、GB/T17241.1～17241.7—1998《铸铁管法兰》标准、GB/T15530.1～15530.8—1995《铜合金及复合法兰》标准等，同时查得法兰的各部尺寸以备绘图时使用。

由于容器法兰和管法兰的公称直径及公称压力所规定的具体数值是不同的，所以相同公称直径、公称压力的容器法兰和管法兰是不能互相通用的。

法兰密封面形式和垫片材料可以按照反应物料的性质和操作条件按表 3-3、表 3-4 来选择。

表 3-3　法兰密封面型式选用表

	介质特性	密封面型式
	一般介质	平面
	易燃，易爆，有毒介质	凹凸面
	剧毒介质	榫槽面或法兰焊唇的焊死结构
真空系统	真空度低于 666 mmHg(0.008 MPa)	平面
	真空度 666～759 mmHg(0.008～0.1 MPa)	凹凸面，榫槽面
	高真空严格的场合	法兰焊唇的焊死结构

表 3-4　垫片材料选用表

材料		压力/MPa	温度/℃	介质
高压	橡胶石棉板	≤6.27	450	水、空气、蒸汽、惰性气体、变换气、氨、氟利昂、普通酸、碱、盐等一般介质
中压		≤3.92	350	
低压		≤1.57	250	
耐油橡胶石棉板		≤3.92	400	各种油品、油气、溶剂、醇、醛等(不宜用于苯等)
金属缠绕垫片	08钢	≤6.27	450	对金属无腐蚀性的介质。例如水、饱和或过热蒸汽、石油产品等
	0Cr13、1Cr13、0Cr18Ni9		600	
塑料垫片	软聚氯乙烯,聚乙烯	≤1.57	60	硝酸、氢氟酸、王水、浓碱等
	聚四氟乙烯	≤2.54	250	
金属包石棉垫片	0Cr18Ni9Ti,和镀锌铁皮	≤6.27	450	对金属无腐蚀性的介质

3.3.4　釜体上的接管口

釜体上的接管口按照作用不同,分为进料管口和出料管口。

进料管口常见的三种形式如图 3-4 所示。接管伸进设备内并制成 45°斜口,这样可以避免物料沿釜体内壁流动,减少物料对壁面的磨损和腐蚀。图 3-4(b)为可拆卸式连接,适用于易腐蚀、易磨损堵塞的物料,使清洗检修方便。图 3-4(c)所示结构的进料管插入料液中,以减少冲击液面而产生泡沫,管上部液面以上部分开 $\phi 5$ 小孔,以防止物料虹吸。

(a)　　(b)　　(c)

图 3-4　进料管结构图

出料管有上出料(进料管)和下出料两种,常用的下出料管结构如图 3-5 所示。当釜壁温度等于夹套壁温度时采用图 3-5(b)结构,否则采用 3-5(c)结构,其结构尺寸可以参照表 3-5。

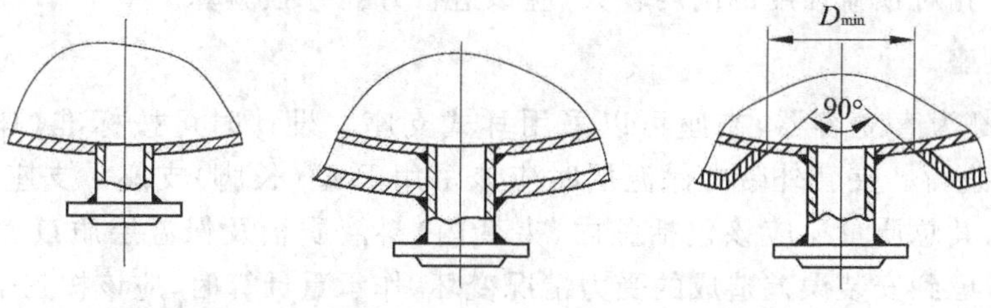

(a)　(b)　(c)

图 3－5　出料管结构图

表 3－5　夹套底部及管口尺寸

管口公称直径 *DN*	50	70	100	125	150
D_{min}/mm	130	160	210	260	290

仪表接管与釜体的安装都用插入式，处于常低压条件下采用单面或双面角焊接，否则采用开坡口的单面或双面焊。常用的几种仪表接口结构见表 3－6。

表 3－6　常见典型仪表接口管结构尺寸

类　别	压力计	液　面　计		温　度　计	
		玻璃板面	玻璃管型	热电型	玻璃管型
开口尺寸	15 mm	20 mm	20 mm	40 mm	M27×2
连接形式	*PN* ≤ 1.6 Ma，螺纹 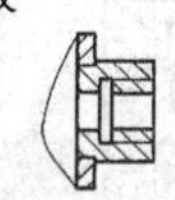 *PN*≥1.6 Ma，法兰 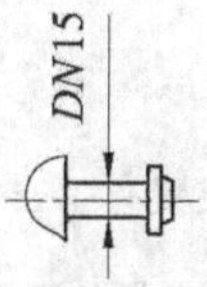	法兰 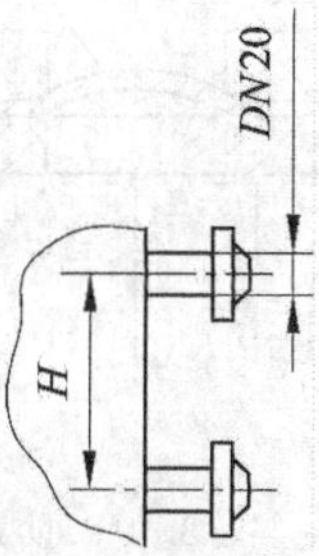	螺纹 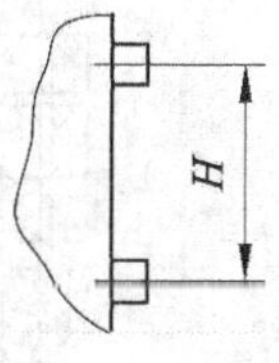	*PN*≤1.6 Ma，平焊法兰 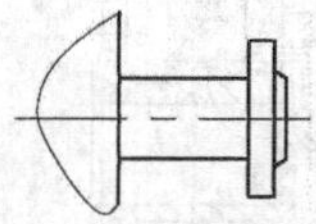 *PN*≥2.5 Ma，凹凸面对焊法兰 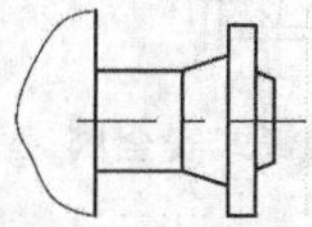	螺纹 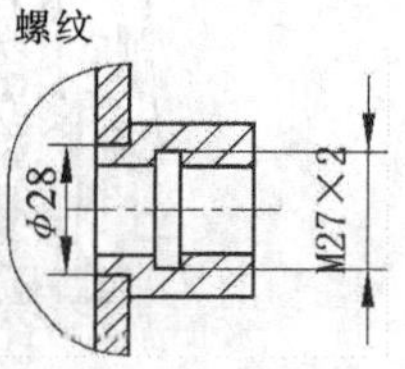

温度计必须伸入到料液中，此时会受到料液的冲击，为此常采用多层套管加强保护，其结构尺寸可按生产厂家提供的产品样本进行设计。

3.3.5　视镜、人孔、手孔及开孔补强

为了观察釜内反应情况，常在釜顶上设置两个视镜口，一个供观察用，另一个供照明用。因为釜内有搅拌轴，两个视镜不安装在对角线上。视镜结构或尺寸可按标准 HG/T21619—1986《压力容器视镜》或者 HG21505—1992《组合式视镜》，也可按制造厂家提供的样品选用。当视镜不能直接焊于设备上或容器外部有保温层时应采用带颈视镜。釜体直径大于 900 mm 时可以开设人孔，若直径较小则应该开设手孔。釜顶上开孔很多，有的直径较大，它们的开设位置应合理地布置在以封头回转轴为中心的 $0.8D_i$ 范围内以避开封头上的应力集

中区,较大的开孔对顶盖强度的削弱较大,应该进行开孔补强验算。

3.3.6　支座

反应釜大都为直立容器,支座可以采用耳式支座。设计时可按标准《耳式支座》(JB/T4725—1992)进行。夹套外带有保温层时应该采用B型(长脚)支座。支座型号按反应釜的总质量选择,其总质量还应该包括釜内(夹套内)料液质量及保温层质量。每台釜常用4个支座,但是考虑到安装误差造成的受力情况变坏,作承重计算时,应该按三个支座计算。

其他支座形式可以参照标准JB/T4713—1992《支腿式支座》、JB/T4724—1992《支承式支座》等。

3.3.7　安全装置

搅拌釜式反应器内往往发生物理、化学反应等过程。如果反应器工作过程可能产生超压时,则必须设置安全装置。安全装置一般采用安全阀,当釜内工作介质黏度高、腐蚀性强,安全阀难以可靠工作时,则应该选用防爆膜,或采用防爆膜与安全阀共用的重叠式结构。

常用的安全阀与防爆膜结构如图3-6、3-7所示。

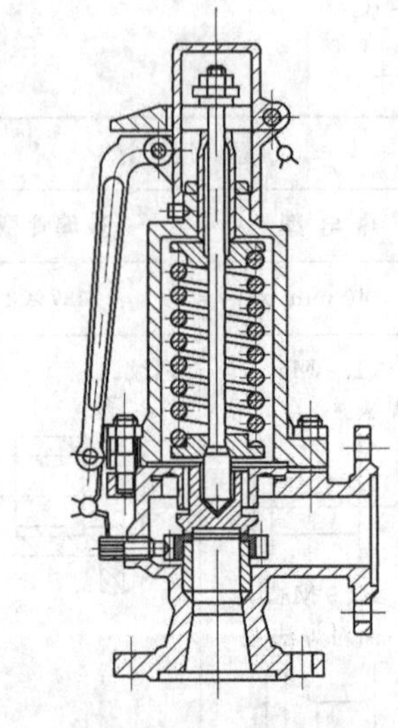

图3-6　弹簧式安全阀

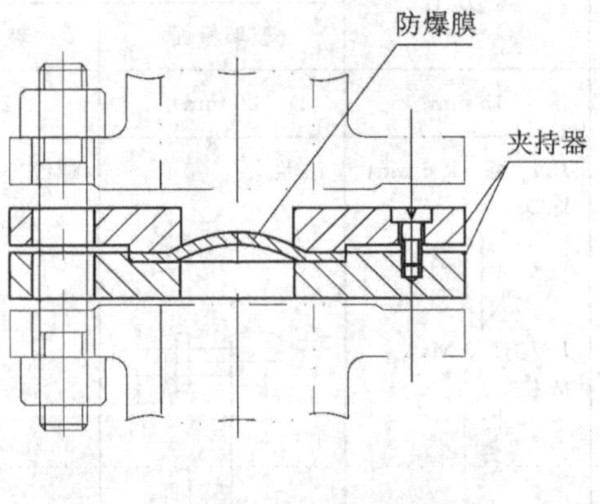

图3-7　防爆膜装置

安全阀与防爆膜的排放口必须装设放空导管,将易燃、有毒的介质排空或引送到安全地点。

有关搅拌设备上的安全阀及防爆破的计算和选用,可以参考国家劳动总局颁布的《压力容器安全监测规程》和遵循GB150—1998《钢制压力容器》要求。

3.4　反应釜的搅拌装置

搅拌装置由搅拌器、搅拌轴及其支承组成。

搅拌器是标准件,首先根据工艺设计选择搅拌器的类型,然后,由反应釜的内径 D_i 来确定搅拌器的外径 D,确定搅拌器与搅拌轴的连接结构,进行搅拌轴的设计,选择轴的支承结构。

当料液较深或物料黏度较大时,可以设置一层或多层搅拌器,相邻两搅拌器的间距一般不小于搅拌器的外径,最下层搅拌器一般在下封头焊缝线高度上或以上处。最上层搅拌器离液面也必须保持一段距离，以防止搅拌时液滴下陷而使桨叶外露。桨式搅拌器最上一层装于液面下 200 mm 处，涡轮式搅拌器离液面的高度不小于搅拌器外径的 1.5 倍。

搅拌轴的机械设计内容同一般传动轴一样，主要是结构设计、强度和刚度校核，对于转速高于 200 r/min 的搅拌轴，还要考虑轴的振动问题，进行临界转速的校核。

根据轴上安装零件及其他结构上的要求计算所得的轴径还需要适当增大 5%～15%，通常还得再增加 2～4 mm 的腐蚀裕度，最后把确定的直径尺寸再圆整到搅拌轴的标准直径系列(表 3-7)。

表 3-7　搅拌轴标准直径系列

10*	11	12*	13	14	15	16*	17	18	19	20*	21	22
24	25*	26	28	30	32*	34	36	38	40*	42	45	48
50*	53	56	60*	63	67	71	75	80*	85	90	95	100*
105	110	112	125*	130	140	150	160*	170	180	190	200*	210
220	240	250*	260	280	300	320*	340	360	380	400*	420	450
480	500*											

注：表中数字有 * 者，应优先选用。

搅拌轴采用空心轴时，则须将实际传递的功率 P 除以 b 值后，得一较大的 P 值代入轴径估算式 $\left(d \geqslant A\sqrt[3]{\frac{P}{n}}\right)$。$b$ 值可以按表 3-8 查取。

表 3-8　b 的取值系列

轴内径/轴外径	1/4	1/3	1/2	1/1.6	1/1.4	1/1.25
b	0.996 1	0.987 7	0.937 5	0.847	0.78	0.59

较长的搅拌轴可以分段制造后用联轴器连接起来，以便于进行加工和安装。与凸缘、夹壳式或弹性块等联轴器配合的轴头结构或联轴搅拌器的轴头结构按相应的联轴要求而定。

搅拌轴有时可以利用减速器内的一对轴承支承，但是当搅拌轴较长时，轴的刚度较差，为保证搅拌轴悬臂稳定性，轴的悬臂长度 L_1、轴径 d 和二轴承间距 B(图 3-8)还需要满足下述条件：

$$L_1/B \leqslant 4 \sim 5;$$

$$L_1/d \leqslant 40 \sim 50$$

若轴封处能起到支承作用，上式中 B 算至轴封处，当 d 的裕量较大、搅拌器经过平衡的或者轴的转速较低时，L_1/B 及 L_1/d 取偏大值，否则取偏小值。当不满足上述条件时，可以增大 d 和 B，或增设中间轴承或底轴承。但是因为釜内轴承的工作条件差，检修也困难，因此，一般条件下不主张在釜内设置轴承。

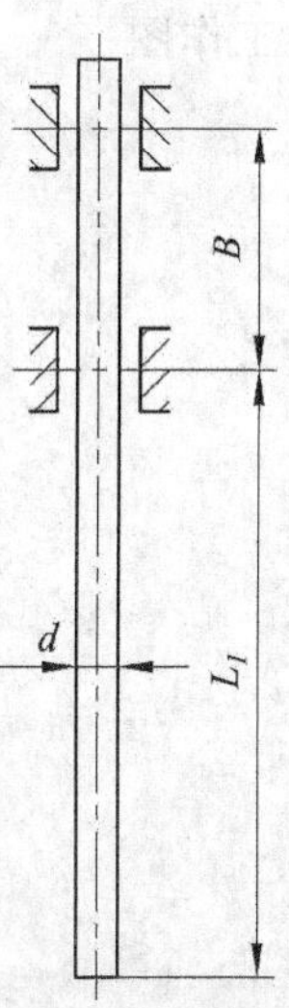

图 3-8　搅拌轴支撑尺寸

3.5　反应釜的传动装置及轴封装置

3.5.1　反应釜的传动装置

反应釜传动装置的设计包括减速机的选型，选择联轴器，选用或设计机座和底座。

常用的釜用立式减速机类型有谐波减速机、摆线针齿行星减速机、两级齿轮减速机和三角带减速机等，并已经标准化。按照 HG/T3139.1—2001《釜用立式减速机型式和基本参数》，根据搅拌功率和转速选择电机和减速机，使得减速机的输出功率不小于搅拌功率。减速机的输出功率等于电动机的额定功率乘以减速机的效率，常用的摆线针轮或圆柱齿轮减速机的传动效率大于 0.9。

选择电动机和减速机的型号后，再由标准或手册查得各项尺寸。注意搅拌器轴径应尽量与减速机输出轴的直径相同，以便联轴器的选择，并验算联轴器的许可扭矩值。有关计算可以参阅本章设计举例。

机架用于安放减速机，通常要求与减速机底座尺寸相匹配，机架上一般还需要有容纳联轴器、轴封装置等部件及其安装操作所需要的空间。有时机架中间还要安装内置轴承，以改善搅拌轴的支撑条件。选用机架时首先要考虑上述要求，然后根据所选择减速机的输出轴径及其安装定位面的结构尺寸选配合适的机架。V 带减速机自带机架。有些制造厂配套生产机架和减速机。用户可以免去设计制造或者选型购买的麻烦。釜用传动装置的机架可以按标准 HG21563—1995《搅拌传动装置系统组合》中提供的系列来选取。

上述标准系列机座如果不合适使用时，也可以自行设计，其结构可以参照标准结构按实际需要设计。

按机座下端尺寸配置的底座焊在反应釜的顶部封头上，因轴封装置的定位安装面可以放在底座上，所以底座的设置保证了机座与减速机轴、轴封装置的同心要求。

底座的结构相当于设备的凸缘，底座与封头的焊接结构如图 3 - 9 所示。底座应该另出零件工作图。

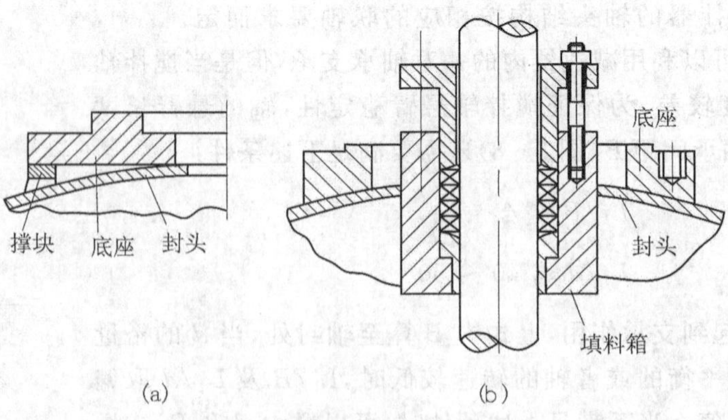

图 3 - 9　底座与封头的焊接形式

3.5.2　反应釜的轴封装置

反应釜的轴封装置属于动密封装置，主要有填料箱密封和机械密封两种类型，它们都有标准系列，设计时直接选用即可。对无毒、非易燃易爆介质常选用结构简单的填料箱密封。

填料箱标准系列可见 HG21537.1—1992 碳钢填料箱，HG21537.2—1992 不锈钢填料箱，HG21537.3—1992 常压碳钢填料箱，HG21537.4—1992 常压不锈钢填料箱，HG21537.5—1992 管用碳钢填料箱，HG21537.6—1992 管用不锈钢填料箱，HG/T21537—1992 填料箱。其主要类型如图 3-10 所示。对于搅拌轴较长，或搅拌轴虽短但上部支承不很稳定的，可以选用带衬套的填料箱（可以起到支承的作用）。否则，可以选用油环填料箱，为防止润滑油漏入料液中，常在填料箱底部和搅拌轴上设置储油杯，如图 3-11 所示，以承接顺轴漏下的润滑油，然后靠釜内压力将油排出釜外。对于操作温度 $t>100$℃或轴的线速度 $v>1$ m/s 时，常采用带冷却水套的填料箱，其工作温度由填料材质而定。一般不超过 300℃。

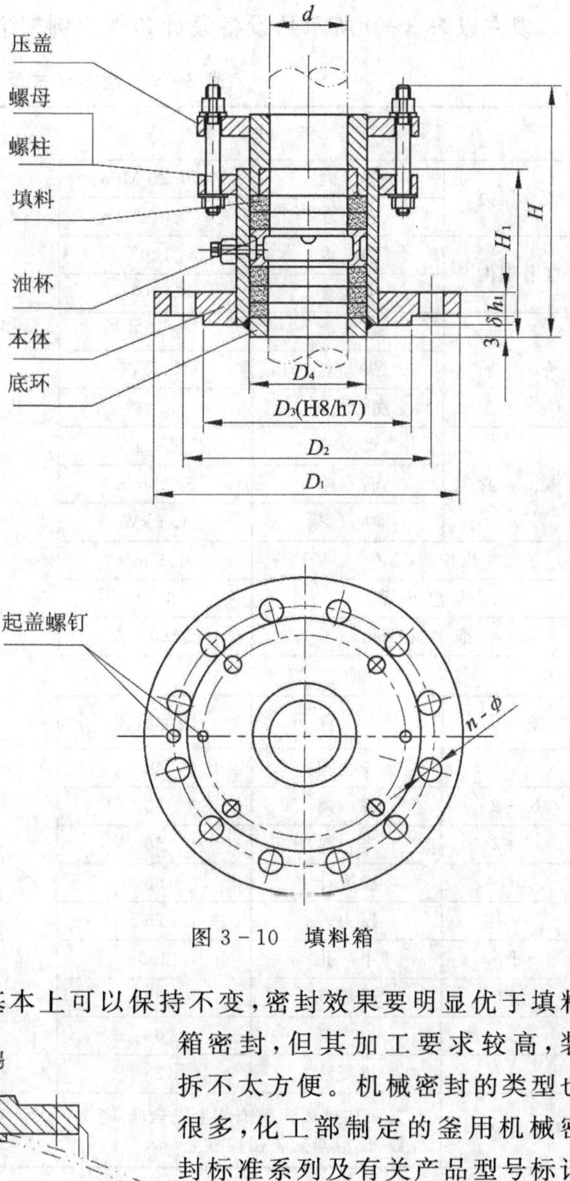

图 3-10　填料箱

机械密封被广泛应用于转轴的动密封上，它的密封压力是依靠弹簧压紧动环和静环而产生的，因其密封压力基本上可以保持不变，密封效果要明显优于填料箱密封，但其加工要求较高，装拆不太方便。机械密封的类型也很多，化工部制定的釜用机械密封标准系列及有关产品型号标记可以参见标准 HG21571—1995《搅拌传动装置——机械密封》，对于常低压情况可以直接向厂家订购。

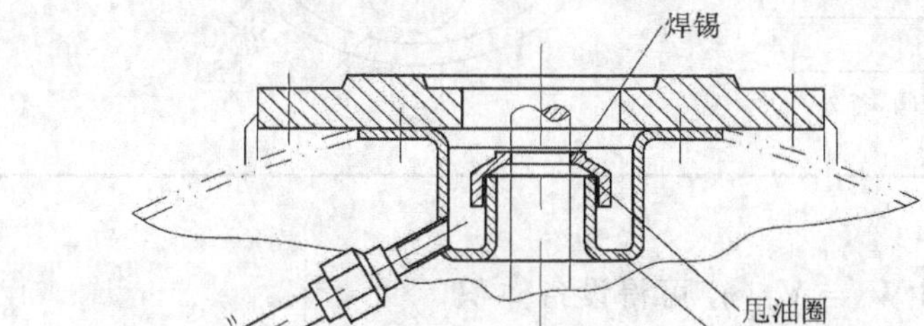

图 3-11　贮油环

3.6 搅拌釜式反应器机械设计举例

现在以表 3-9 所示的设备设计条件为例来进行搅拌釜式反应器的设计。

表 3-9　搅拌釜式反应器设计条件

工艺条件		
工作压力	釜内	≤0.30 MPa
	夹套	≤0.40 MPa
工作温度	釜内	≤120℃
	夹套	≤150℃
介质	釜内	溶液
	夹套	水、蒸汽
	腐蚀情况	轻微
搅拌	型式	桨式
	转速	50 r/min
	功率	1.4 kW
操作容积 V_0		1.5 m^3
传热面积		6 m^2
推荐材料		Q235-A
管口		
编号	名称	公称直径
a	安全阀	40
b1-2	视镜	80
c1-2	进料	50
d	温度计	65
e	压力表	25
f	手孔	250
g	进蒸汽	32
h	出料	65
i	排凝液	25
注	夹套加热蒸汽系统装上安全阀，釜外保温，反应釜安装在楼板上	

工艺条件图

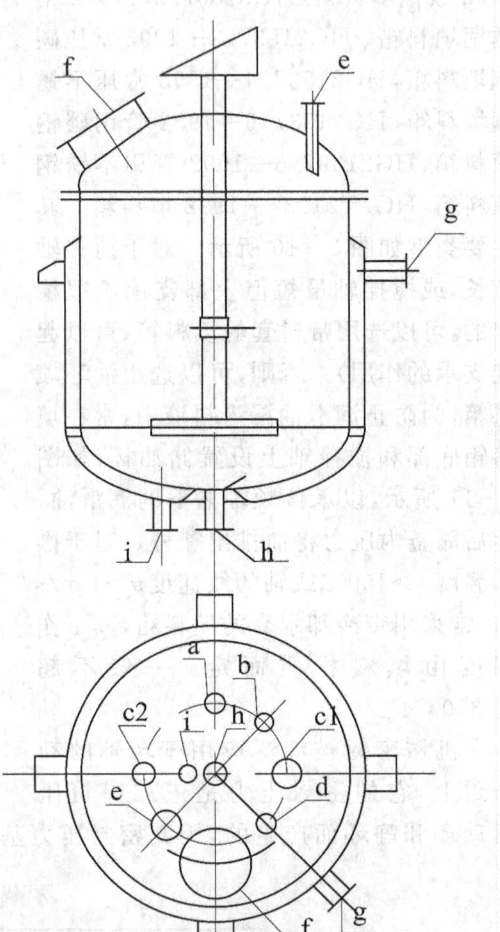

1. 确定筒体的直径和高度

选取反应釜装料系数 $\eta = 0.8$，由 $V = V_0/\eta$，可得设备体积

$$V = \frac{V_0}{\eta} = \frac{1.5}{0.8} = 1.875\ m^3$$

对于液-液相类型选取 $H/D_i = 1.2$，由式(3-1)，估算筒体的内径为

$$D_i = \sqrt[3]{\frac{4V}{\pi \frac{H}{D_i}}} = \sqrt[3]{\frac{4 \times 1.875}{\pi \times 1.2}} = 1.258 \text{ m}$$

将计算结果圆整至公称直径标准系列，选取筒体直径 $D_i = 1\,200$ mm，查附录，$DN = 1\,200$ mm时的标准椭圆封头曲面高度 $h_1 = 300$ mm，直边高度 $h_2 = 40$ mm，封头容积 $V_h = 0.272\ \text{m}^3$，表面积 $F_h = 1.71\ \text{m}^2$。由手册或计算得每一米高的筒体容积为 $V_1 = 1.131\ \text{m}^3$，表面积 $F_1 = 3.77\ \text{m}^2$。

$$H = \frac{V - V_h}{V_1} = \frac{1.875 - 0.272}{1.131} = 1.417 \text{ m}$$

筒体高度圆整为 $H = 1\,400$ mm。

于是 $H/D = 1\,400/1\,200 = 1.16$，复核结果基本符合原定范围。

2. 确定夹套的直径和高度

对于筒体内径 $D_i = 700 \sim 1\,800$ mm(参看表 3 - 2)，夹套的内径 $D_j = D_i + 100$，因此 $D_j = 1\,200 + 100 = 1\,300$ mm，符合压力容器公称直径系列。

按式(3 - 3)估算夹套的高度为

$$H_j = \frac{\eta V - V_h}{V_1} = \frac{V_0 - V_h}{\frac{\pi}{4} \times D_i^2} = \frac{1.5 - 0.272}{\frac{3.14}{4} \times 1.2^2} = 1.086 \text{ m}$$

选取夹套高度 $H_j = 1\,200$ mm，则 $H_0 = H - H_j = 200$ mm，这样是便于筒体法兰螺栓装拆的。

验算夹套传热面积为

$$F = F_1 H_j + F_h = 3.77 \times 1.2 + 1.71 \approx 6.23\ \text{m}^2 > 6\ \text{m}^2$$

夹套传热面积符合设计要求。

3. 确定夹套的材料和壁厚

由于夹套内的介质为水或蒸汽，介质对材料的腐蚀轻微，故选用 Q235 - A 为夹套材料，查手册，知道板厚为 4.5～16 mm，设计温度为 150℃时，Q235 - A 的许用应力 $[\sigma]^t = 113$ MPa，夹套加热蒸汽系统装有安全阀，选取夹套设计压力 $p = 1.1p_w$，即 $p = 0.44$ MPa，夹套筒体与内筒的环焊缝因无法双面焊和作相应的探伤检查，从安全考虑，夹套上所有焊缝均取焊缝系数 $\phi = 0.60$，取壁厚附加量中的钢板厚度负偏差 $c_1 = 0.6$ mm，单面腐蚀取腐蚀余量 $c_2 = 1$ mm。

夹套的壁厚计算如下：

$$t_d = \frac{pD_j}{2[\sigma]^t \phi - p} + c = \frac{0.44 \times 1\,300}{2 \times 113 \times 0.6 - 0.44} + 1.6 = 5.83 \text{ mm}$$

凸形封头的壁厚附加量也只考虑 c_1 和 c_2，加工成型的减薄量由制造厂根据加工条件来确定，以保证壁厚符合图纸要求，设计计算时可以不作考虑。取 $c_1 = 0.6$ mm，$c_2 = 1$ mm，标准椭圆形夹套封头的壁厚为

$$t=\frac{pD_j}{2[\sigma]^t\phi-0.5p}+c=\frac{0.44\times 1\,300}{2\times 113\times 0.6-0.5\times 0.44}+1.6\approx 5.83\ \text{mm}$$

圆整至钢板规格厚度并查阅封头标准，选取夹套的筒体和封头壁厚均为 $t_n=6$ mm。

4. 确定内筒的材料和壁厚

筒体材料也选用 Q235－R，筒体受内压取设计压力为 $p=0.33$ MPa，设计温度 150℃，参考前面计算夹套壁厚结果，可知按强度计算内筒的壁厚约为 5 mm，而筒体又受外压作用，按设计外压 $p=0.44$ MPa，所得壁厚大于内压设计的壁厚，则按外压稳定设计的壁厚，一定能满足内压设计要求，可以不再作内压设计校核。

考虑到内筒筒体按外压设计，且受双面腐蚀作用，可以初选筒体壁厚 $t_n=10$ mm，并取 $c_1=0.8$ mm，$c_2=2$ mm，筒体有效壁厚 $t_e=t_n-c=7.2$ mm，$\frac{D_0}{t_e}=\frac{1\,220}{7.2}=169$。

内筒受外压作用的计算长度 L 为被夹套包围的筒体部分加凸形封头高的 1/3，

$$L\approx H_j+h_2+\frac{h_1}{3}=1\,200+40+\frac{1\,200/4}{3}=1\,340\ \text{mm}$$

$$L/D_o=1\,340/1\,200=1.1$$

查教材《过程设备机械基础》(华东理工大学出版社，2006)图 8－21，由 $D_0/t_e=169$ 和 $L/D_0=1.1$，可以查得系数 $A=5.8\times 10^{-4}$；再查该书图 8－22，由系数 A 查得系数 $B=82$ MPa。

筒体的许用外压为

$$[p]=\frac{B}{D_0/t}=\frac{82}{169}=0.49\ \text{MPa}>p=0.44\ \text{MPa}$$

因为 $[p]>p$，且比较接近，所以取筒体 $t_n=10$ mm，此外外压稳定和内压强度均能满足要求，(若选 $t_n=8$ mm，$t_e=t_n-c=8-2.8=5.2$ mm，$D_0/t_e=\frac{1\,216}{5.2}=234$，查得系数 $A=3.6\times 10^{-4}$，系数 $B=50$，此时筒体的许用外压 $[p]=0.21$ MPa $<p=0.44$ MPa)。

选取筒体下封头壁厚 $t_n=10$ mm，壁厚附加量中 $c_1=0.8$ mm，$c_2=2$ mm，所以筒体下封头的有效壁厚 $t_e=t_n-c=10-2.8=7.2$ mm；标准椭圆封头的外压计算当量球面半径 $R_i=KD_i=0.9\times 1\,200=1\,080$ mm，计算系数 A 为

$$A=\frac{0.125}{R_i/t_e}=\frac{0.125}{1\,080/7.2}=8.33\times 10^{-4}$$

查教材《过程设备机械基础》(华东理工大学出版社，2006)图 8－22，由系数 A 查得系数 $B=112$ MPa，许用外压为

$$[p]=\frac{B}{R_i/t_e}=\frac{112}{1\,080/7.2}=0.75\ \text{MPa}>p=0.44\ \text{MPa}$$

取筒体下封头壁厚 $t_n=10$ mm 符合外压稳定和内压强度要求。

筒体的上封头只受内压作用，并不受外压作用，为了便于制造取上封头壁厚与筒体下封头壁厚相同。

5. 水压试验及其强度校核

内筒体水压试验压力由 $p_T = p + 0.1 = 0.43$ MPa，$p_T = 1.25p = 0.4125$ MPa，取二者中大值，为方便压力表读数，取 $p_T = 0.45$ MPa。

夹套水压试验压力由 $p_T = p + 0.1 = 0.54$ MPa，$p_T = 1.25, p = 0.55$ MPa，取夹套水压试验 $p_{Tj} = 0.55$ MPa。

内筒水压试验时壁内应力

$$\sigma_T = \frac{p_T[D + (t_n - c)]}{2(t_n - c)\phi} = \frac{0.45 \times [1\,200 + (10 - 2.8)]}{2 \times (10 - 2.8) \times 0.85} = 44.4\ \text{MPa}$$

$$\sigma_{Tf} = \frac{p_T[KD + 0.5 \times (t_n - c)]}{2(t_n - c)\phi} = \frac{0.45 \times [0.9 \times 1\,200 + 0.5 \times (10 - 2.8)]}{2 \times (10 - 2.8) \times 0.85}$$
$$= 39.8\ \text{MPa}$$

夹套水压试验时壁内应力

$$\sigma_{Tj} = \frac{p_{Tj}[D_j + (t_n - c)]}{2(t_n - c)\phi} = \frac{0.55 \times [1\,300 + (6 - 1.6)]}{2 \times (6 - 1.6) \times 0.6} = 135.9\ \text{MPa}$$

$$\sigma_{Tjf} = \frac{p_{Tj}[KD_j + 0.5(t_n - c)]}{2(t_n - c)\phi} = \frac{0.55 \times [0.9 \times 1\,300 + 0.5 \times (6 - 1.6)]}{2 \times (6 - 1.6) \times 0.6}$$
$$= 122.1\ \text{MPa}$$

由于 Q235 - A 在常温时的屈服强度为 $\sigma_s = 235$ MPa，计算

$$0.9\sigma_s = 211.5\ \text{MPa}$$

可见水压试验时内筒、夹套壁内应力都小于 $0.9\sigma_s$，水压试验安全。

当夹套作水压试验时，釜体将受外压作用。因夹套的试验压力为 $p_{Tj} = 0.55$ MPa，而筒体的许用外压为 $[p] = 0.49$ MPa，故在夹套水压试验时，筒体内需要充压才能保持筒体稳定。

6. 选择釜体法兰

根据筒体内操作压力、温度和筒体直径，查表 3 - 10 初选甲型平焊法兰和《压力容器法兰类型与技术条件》，法兰材料为 Q235A，再查标准 JB4701—2000《甲型平焊法兰》，公称压力 *PN*6 的 Q235A 甲型平焊法兰在操作温度 150℃时的许用工作压力为 0.48 MPa，大于筒体设计压力，所选用的甲型平焊法兰合适（见表 3 - 10）。

查标准《非金属软垫片》(JB/T4704—2000)、《缠绕垫片》(JB/T4705—2000)和《金属包垫片》(JB/T4706—2000)以及《压力容器法兰类型与技术条件》(JB/T4700)，选择石棉橡胶垫片和光滑面密封。

查标准《甲型平焊法兰》(JB/T4701—2000)，选用甲型平焊法兰光滑密封面，公称压力为 *PN*6，公称直径为 *DN*1200。标记为：法兰 GII6I - 1200　JB/T4701—2000，记下法兰尺寸供绘图时用，查标准《非金属软垫片》(JB/T4704—2000)，选用垫片 1240×1200×3　JB/T4704—2000。

表 3-10　各类压力容器法兰使用范围

类　型	平焊法兰										对焊法兰					
	甲型				乙型						长颈					
PN/MPa	0.25	0.6	1.0	1.6	0.25	0.6	1.0	1.6	2.5	4.0	0.6	1.0	1.6	2.5	4.0	6.4
公称直径 *DN*/mm　300																
(350)																
400																
(450)																
500																
(550)																
600																
(650)																
700																
800																
900																
1 000																
(1 100)																
1 200																
(1 300)																
1 400																
(1 500)																
1 600																
(1 700)																
1 800																
(1 900)																
2 000																
2 200																
2 400																
2 600																
2 800																
3 000																

注意：表中带括号的公称直径尽量不采用。

7. 选择搅拌器、搅拌轴和联轴器

根据工艺条件要求，查阅《浆式搅拌器》(HG/T2501.4—1991)，选取搅拌器外径700 mm，搅拌轴直径 $d=50$ mm 的平浆式搅拌器，标记为：

搅拌器 700－50 HG/T2501.4—1991

选择搅拌轴材料为45钢，查表3－11，钢的许用扭应力为 $[\tau]=30\sim40$ MPa，计算系数 $A=118\sim107$，则搅拌轴的直径为

$$d=A\sqrt[3]{\frac{P}{n}}=(118\sim107)\sqrt[3]{\frac{1.4}{50}}\approx(35.8\sim32.5)\ \text{mm}$$

表3－11 几种常用轴材料的[τ]及A值

轴的材料	Q2,35,20	35,1Cr18Ni9Ti	45	40Cr,35SiMn,42SiMn,40MnB,38SiMnMo,3Cr13
$[\tau_T]$/MPa	12～20	20～30	30～40	40～52
A	160～135	135～118	118～107	107～98

考虑键槽对轴的强度的削弱和物料对轴的腐蚀，并根据表3－8可以取搅拌轴的直径 $d=50$ mm。

查阅标准《搅拌传动装置——联轴器》(HG21570—1995)中夹壳式联轴器型式、尺寸、技术要求、选用立式夹壳式联轴器。公称直径50 mm的联轴器的最大扭矩为 $[M_n]\approx$ 530 N·m。验算联轴器的扭矩，查表3－12，选取工作情况系数 $K=1.5$，联轴器的计算扭矩 $[M_{nj}]$ 为

$$M_{nj}=KM_n=1.5\times9\,550\times\frac{1.4}{50}=401\ \text{N}\cdot\text{m}<[M_n]$$

表3－12 工作情况系数K

原动机	工作机				
	扭矩变化很小的机械	扭矩变化小的机械	扭矩变化中等的机械	扭矩变化和冲击载荷中等的机械	扭矩变化和冲击载荷大的机械
电动机	1.3	1.5	1.7	1.9	2.3

夹壳联轴器的标记为：

联轴器 *DN*50 HG21570—1995

8. 选择搅拌传动装置和密封装置

查标准《搅拌传动装置-传动轴、减速器型号及技术参数》(HG21568—1995)及其附录《单级立式摆线针轮减速器》，按照搅拌功率和转速选择摆线针齿行星减速机 BLD1.5—2－29Q(Q表示夹壳式轴头)。查阅标准《Y系列三相异步电动机》(JB/T10391—2002)，选电机Y90L－4，额定功率：1.5 kW，转速1 400 r/min，根据表3－13查得摆线针齿行星减速机传动效率为0.95，减速机输出功率为1.5×0.95＝1.425 kW，符合搅拌要求。

表 3-13　机械传动和摩擦副的效率概略值

种　　类		效率 η
圆柱齿轮传动	很好跑合的 6 级精度和 7 级精度齿轮传动(油润滑)	0.98～0.99
	8 级精度的一般齿轮传动(油润滑)	0.97
	9 级精度的齿轮传动(油润滑)	0.96
	加工齿的开式齿轮传动(脂润滑)	0.94～0.96
	铸造齿的开式齿轮传动	0.90～0.93
圆锥齿轮传动	很好跑合的 6 级和 7 级精度的齿轮传动(油润滑)	0.97～0.98
	8 级精度的一般齿轮传动(油润滑)	0.94～0.97
	加工齿的开式齿轮传动(脂润滑)	0.92～0.95
	铸造齿的开式齿轮传动	0.88～0.92
蜗杆传动	自锁蜗杆(油润滑)	0.40～0.45
	单头蜗杆(油润滑)	0.70～0.75
	双头蜗杆(油润滑)	0.75～0.82
	三头和四头蜗杆(油润滑)	0.80～0.92
	圆弧面蜗杆传动(油润滑)	0.85～0.95
带传动	平带无压紧	0.98
	平带有压紧	0.97
	平带交叉传动	0.90
	V 带传动	0.96
链传动	焊接链	0.93
	片式关链	0.95
	滚子链	0.96
	齿形链	0.97
复滑轮组	滑动轴承($i=2\sim6$)	0.92～0.98
	滚动轴承($i=2\sim6$)	0.95～0.99

种　　类		效率 η
摩擦传动	平摩擦传动	0.85～0.92
	槽摩擦传动	0.88～0.90
	卷绳轮	0.95
联轴器	浮动联轴器(十字沟槽联轴器等)	0.97～0.99
	齿式联轴器	0.99
	弹性联轴器	0.99～0.995
	万向联轴器($\alpha\leqslant3°$)	0.97～0.98
	万向联轴器($\alpha>3°$)	0.95～0.97
滑动轴承	润滑不良	0.94(一对)
	润滑正常	0.97(一对)
	润滑特好(压力润滑)	0.98(一对)
	液体摩擦	0.99(一对)
滚动轴承	球轴承(稀油润滑)	0.99(一对)
	滚子轴承(稀油润滑)	0.98(一对)
滑池内油的飞溅和密封摩擦		0.95～0.99
减(变)速器	单级圆柱齿轮减速器	0.97～0.98
	双级圆柱齿轮减速器	0.95～0.96
	行星圆柱齿轮减速器	0.95～0.98
	单级圆锥齿轮减速器	0.95～0.96
	双级圆锥-圆柱齿轮减速器	0.94～0.95
	无级变速器	0.92～0.95
	摆线-针轮减速器	0.90～0.97
丝杠传动	滑动丝杠	0.30～0.60
	滚动丝杠	

参考标准《单支点机架》(HG21566—1995)，根据所选减速机设计减速机机架。

根据操作条件选用带衬套及冷却水套铸铁填料箱，查《搅拌传动装置——碳钢填料箱》(HG2153.7—1992)，公称轴径 $DN50$ 的填料箱，标记为：

填料箱 $PN0.6$ $DN50$　HG/T21537.7—1992。

9. 校核 L_1/B 和 L_1/d

桨式搅拌器安装一层，根据安装要求和考虑带衬套填料箱有支承作用，得 $L_1\approx$ 1 700 mm，参考《单支点机架》(HG21566—1995)，机座 J-A-50 尺寸，可得 $B\approx460$ m。

$$L_1/B=\frac{1\,700}{460}\approx3.7<4;\ L_1/d=\frac{1\,700}{50}=34<40$$ 均符合要求。

10. 容器支座的选用计算

反应釜因需外加保温，故选用B型悬挂式支座。

反应釜的总质量包括物料（或水压试验的水）质量 W_1，釜体和夹套的质量 W_2，电动机、减速机、搅拌装置、法兰、保温层等附件质量 W_3。

当釜内、夹套内部充满水时的质量比物料重，由此

$$W_1 = \left[\frac{\pi}{4}D_j^2 H_j + \frac{\pi}{4}D^2(H - H_j) + V_h + V_{hj}\right]\gamma$$

$$= \left[\frac{\pi}{4}\times 1.3^2 \times 1.2 + \frac{\pi}{4}\times 1.2^2 \times (1.4 - 1.2) + 0.272 + 0.321\right]\times 10^3$$

$$= 2\,410\ \text{kg}$$

釜体和夹套的质量可以查手册或自行计算，由此，

$$W_2 = 298\times 1.4 + 193\times 1.2 + 137\times 2 + 91.6 \approx 1\,014\ \text{kg}$$

电动机和减速机总质量约100 kg，搅拌装置质量约40 kg，筒体法兰质量约120 kg，保温层质量约100 kg，手孔及其他接管附件质量约50 kg，由此

$$W_3 = 100 + 100 + 40 + 120 + 50 = 410\ \text{kg}$$

反应釜总质量

$$W = W_1 + W_2 + W_3 = 2\,410 + 1\,014 + 410 = 3\,834\ \text{kg}$$

即总重力约为38 kN。

反映釜安装四个支座，但按三个支座承载计算，查阅标准《耳式支座》(JB/T4725—1992)。可以选用承载能力为20 kN的支座B2 JB/T4725—1992。

11. 选用手孔、视镜、温度计和工艺接管

由《平盖手孔》(JB/T589 1979)或《板式平焊法兰手孔》(HG21529 1995)，选用光滑密封面的平盖手孔APN1，*DN*250 JB/T589—1979。

由标准《压力容器视镜》(HG/T21619 - 21620—1986)或《组合式视镜》(HG21505—1992)，选用碳钢带颈视镜IPN1，*DN*80(HG/T21619 - 21620—1986)。

加强套管温度计的选用可以参考生产厂家的产品目录，这里取公称长度1 430 mm，配凸面板式平焊管法兰 *PN*0.6 MPa，*DN*65，HG20593—1997(《板式平焊钢制管法兰》)。

进料管口c1 - 2采用 $\phi 57\times 3.5$ 无缝钢管，配法兰 *PN*0.6，*DN*50，HG20592—1997(《钢制管法兰型式、参数(欧洲体系)》)。

出料管口h采用 $\phi 76\times 4$ 无缝钢管，配法兰 *PN*0.6，*DN*65，HG20592—1997(《钢制管法兰型式、参数(欧洲体系)》)。

加热蒸汽进口管g采用 $\phi 38\times 3.5$ 无缝钢管，配法兰 *PN*0.6，*DN*32，HG20592—1997(《钢制管法兰型式、参数(欧洲体系)》)。

冷凝液出口管i和压力表接管e都选用 $\phi 32\times 3.5$ 无缝钢管，配法兰 *PN*0.6，*DN*25，HG20592—1997(《钢制管法兰型式、参数(欧洲体系)》)。

安全阀接管a采用 $\phi 45\times 3.5$ 无缝钢管，配法兰 *PN*0.6，*DN*40，HG20592—1997(《钢制

管法兰型式、参数(欧洲体系)》)。由《弹簧式安全阀结构长度》(JB/T2203—1999),选用弹簧式带扳手安全阀,$PN0.6$,$DN40$,型号为 A47H-16)。

反应釜上封头上的各个工艺接管都布置在 $\phi700$ 的中心圆周上,因上封头壁厚裕量很大,故对手孔等均不做开孔补强验算。

设计结果见插页附录 4-1 的反应釜装配图。

4 塔设备设计

塔设备是化工、石油化工和炼油行业最为常见的过程设备之一，它的作用是使气液和液液在塔内进行充分的接触，达到传热和传质的目的。

4.1 塔设备的分类和结构

塔设备的分类方法有多种，例如：按操作压力可分为：加压塔、常压塔和减压塔；按塔所能完成的单元过程可分为：精馏塔、吸收塔、解吸塔、萃取塔、反应塔和干燥塔等等，但是长期以来，最为常用的分类是按塔的内件结构分为板式塔和填料塔。

板式塔的总体结构如图 4-1 所示，在板式塔中塔内装有一定数量的塔盘，气体以鼓泡或喷射的形式穿过塔盘上的液层使两相密切接触进行传质。

填料塔的总体结构如图 4-2 所示，在填料塔内装有一定段数和一定高度的填料层，液体沿填料表面呈膜状向下流动，作为连续相的气体自下而上流动，与液体形成逆流。

塔设备的结构，除种类繁多的各种内部构件外，其余构件则是大致相同的。

4.1.1 塔体

塔体是塔设备的外壳。常见的塔体是由等直径、等壁厚的圆筒和作为头盖和底盖的椭圆形封头组成。对于特别高大的塔设备，为提高塔效率，节省材料，降低造价，可将塔体设计成不等直径和不等壁厚。塔体除满足工艺条件（如温度、压力、塔径、塔高等）下的强度和刚度外，还应考虑风力、地震、偏心、质量等载荷引起的强度和刚度问题，以及吊装、运输、检验、开停工等的影响。对于板式塔而言，塔体的不垂直度和弯曲度将直接影响塔盘的水平度，影响塔板效率，为此在塔体的设计、制造、检验、运输和吊装等各个环节，都应严格保证达到有关要求而不使其超差。

4.1.2 塔体支座

塔设备是一种典型的直立式设备，最常用的支座形式为裙座。裙座常见的结构型式为圆筒形，如图 4-3。当需增加裙座筒体断面惯性矩或减少混凝土基础顶面的正压力时采用圆锥形，如图 4-4。

由于裙座与介质不直接接触，也不承受容器内的介质压力，因此可不受压力容器用材的限制，可以选用较经济的非受压元件用碳素钢材料，但由于裙座对整个塔器而言是个至关重要的元件，支撑整个塔器，如它破坏将直接影响塔器的正常使用，因此实际使用时往往提高其用材质量。

裙座与塔体的连接均采用焊接。焊接接头可采用对接或搭接型式，如图 4-5。采用对接型式时，一般裙座筒体外径与塔釜封头的外径相等，裙座筒体与塔釜封头的连接焊缝应采用全焊透的连续焊，且与塔釜封头外壁圆滑过渡。搭接型式的受力情况较差，只是因为安装

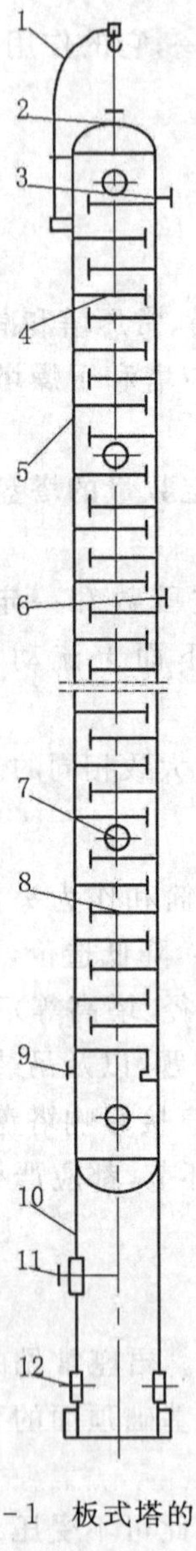

图 4－1　板式塔的结构

1—吊柱；2—气体出口；3—回流液入口；4—精馏段塔盘；5—壳体；6—料液进口；7—入口；8—提馏段塔盘；9—气体出口；10—裙座；11—釜液出口；12—检查孔

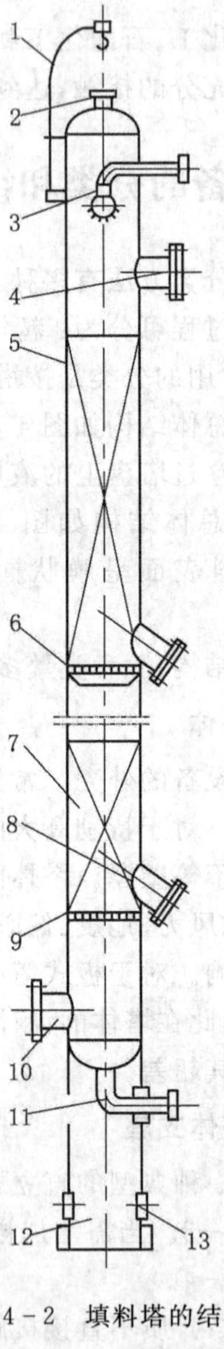

图 4－2　填料塔的结构

1—吊柱；2—气体出口；3—喷淋装置；4—入口；5—壳体；6—液体再分配器；7—填料；8—卸填料入口；9—支承装置；10—气体出口；11—液体出口；12—裙座；13—检查孔

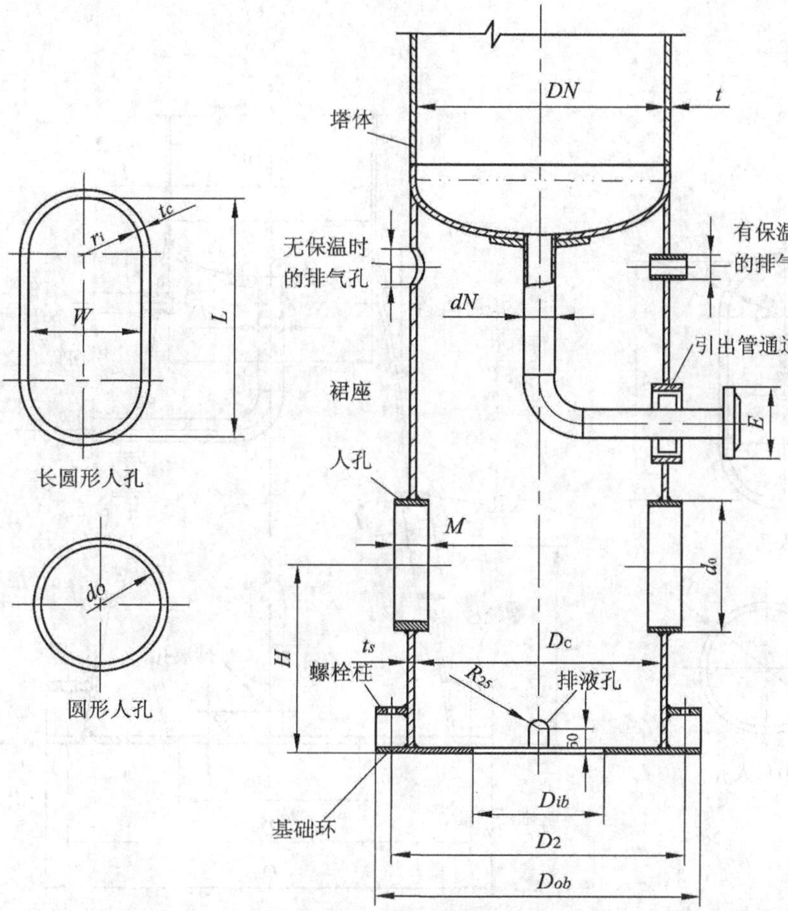

图 4-3 圆筒形裙座

较方便，在一些小塔或焊接接头受力较小的情况下采用。搭接部位宜在塔体的筒体上，搭接焊缝必须填满，被裙座覆盖的塔釜封头上所有对接接头必须磨平，并且焊接接头需进行100%射线或超声检测。

如果塔釜封头为拼焊成型，则裙座与塔釜封头连接时，为防止拼接焊缝与封头连接接头重叠，在封头拼焊焊接接头处的裙座应开有缺口。缺口的形状及尺寸见图 4-6 和表 4-1。

表 4-1 裙座筒体缺口尺寸(mm)

封头厚度	≤8	>8～18	>18～28	>28～38	>38
宽度 K	70	100	120	140	160
缺口半径 R	35	50	60	70	$2t$

常用的裙座地脚螺栓座采用外螺栓座结构型式，如图 4-7 所示，这种结构对地脚螺栓预埋和不预埋均适用，其结构尺寸见表 4-2。

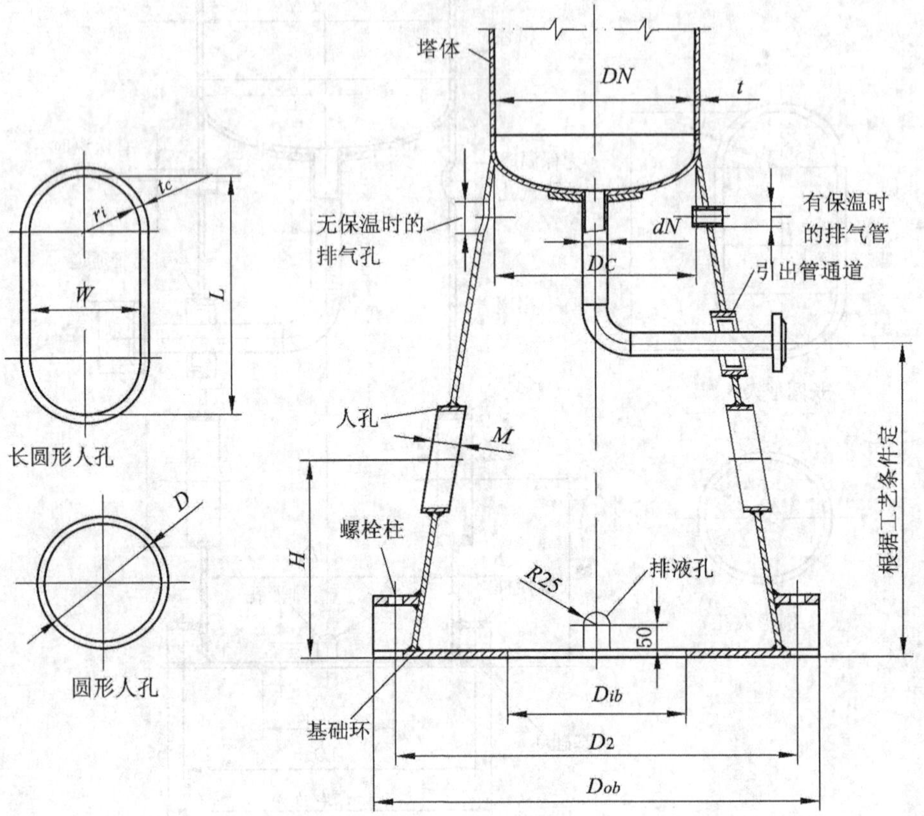

图 4－4　圆锥形裙座

图 4－5　裙座与塔体的连接

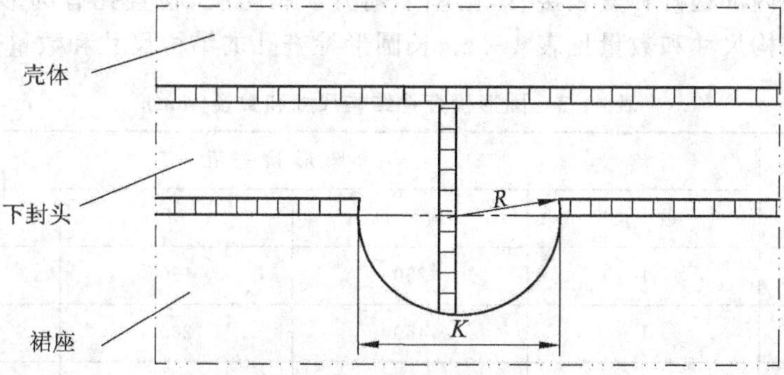

图 4-6 裙座缺口形状

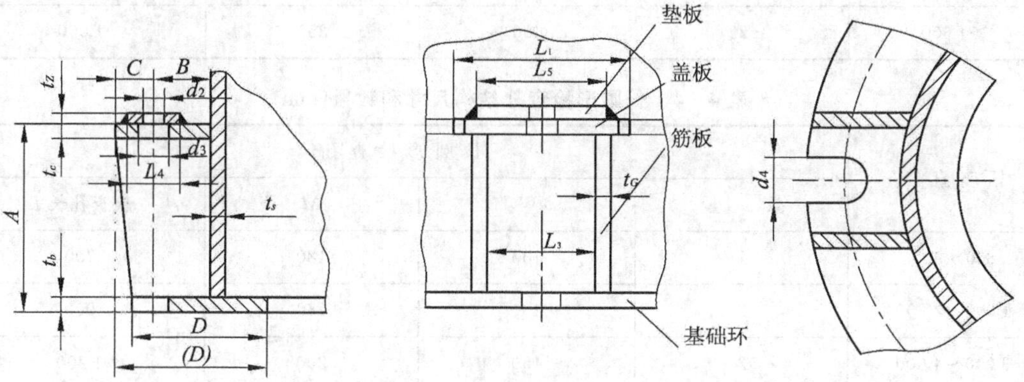

图 4-7 裙座地脚螺栓

表 4-2 外螺栓柱结构尺寸(mm)

螺栓规格	A	B	C	$D(D)$	t_G	t_c	t_z	L_1	L_3	L_4	L_5	d_2	d_3	d_4
$M24\times3$	200	55	45	160(190)	12	16	12	130	70	50	100	27	40	50
$M27\times3$	200	60	50	170(200)	12	18	12	140	75	60	110	30	43	50
$M30\times3.5$	250	65	55	180(210)	14	20	14	150	80	70	120	33	45	50
$M36\times4$	250	70	60	200(230)	16	22	16	160	85	80	130	39	50	50
$M42\times4.5$	300	75	65	210(240)	18	24	18	170	90	90	140	45	60	60
$M48\times5$	300	80	70	220(260)	20	26	20	190	100	100	150	51	65	70
$M56\times5.5$	350	85	75	240(280)	22	30	22	210	110	110	170	59	75	80
$M64\times6$	350	90	80	260(300)	22	32	24	220	120	120	180	67	85	90
$M72\times6$	400	95	85	280(320)	24	36	26	240	130	130	190	75	95	100
$M76\times6$	400	100	90	290(340)	24	40	26	250	135	140	200	79	100	110
$M80\times6$	450	105	95	310(360)	26	40	28	270	140	150	220	83	110	120
$M90\times6$	450	115	105	330(380)	28	46	30	280	150	160	230	93	120	130

注：(1) 表中盖板厚度(t_c)、筋板厚度(t_G)数据是最小值，设计时应进行验算，以确定最终厚度。

(2) 基础环板厚度(t_b)应进行设计，但不应小于 16 mm。

(3) 当按表中确定的 t_c 小于 t_s 时，取 $t_c = t_s$。

(4) 螺栓座材料的强度不应低于地脚螺栓的材料强度。

为方便裙座内部检修和安装接管，裙座上需开设检查孔，检查孔有圆形和长圆形两种。圆形检查孔的结构尺寸和数量见表 4－3。长圆形检查孔的结构尺寸和数量见表 4－4。

表 4－3　圆形检查孔结构尺寸和数量(mm)

裙座直径	圆形检查孔			
	数　量	直径 D	M	中心高 H
≤700	1	250	150	—
800～900	1	450	200	900
1 000～2 800	2	450	250	900
3 000～4 600	2	500	250	950
＞4 600	2	600	250	1 000

表 4－4　长圆形检查孔结构尺寸和数量(mm)

裙座直径	长圆形检查孔			
	数　量	W	M	检查孔长 L
800～900	1	400	180	700
1 000～2 800	2	400	180	900
3 000～4 600	2	450	200	1 200
＞4 600	2	450	200	1 200

为防止塔运行中有可能的气体逸出积聚在裙座与塔底封头之间的死区中，引起设备的腐蚀或危及进入裙座检修人员的生命安全，在裙座上部应设置有排气管或排气孔。当裙座不设保温或防火层时可开设排气孔，当裙座上设保温和防火层时应均匀开设排气管，排气孔和排气管的数量及规格见表 4－5。

表 4－5　排气孔与排气管数量及规格

塔器直径 DN/mm	无保温			有保温			
	排气孔尺寸 d/mm	排气孔数量	排气孔中心距裙座顶端距离 H/mm	排气管规格/mm	排气管数量	H_1/mm	H_2/mm
600～1 200	ϕ80	2	140	ϕ89×4	2		
1 400～2 400	ϕ80	4	180	ϕ89×4	4	$H_1=b_1+t_{si}$	$H_2=b_2+t_{si}$
＞2 400	ϕ100	≥4	220	ϕ108×4	≥4		

注：(1) H_1，H_2——排气孔距裙座顶端距离，mm；
　(2) b_1、b_2——与封头有关的参数，mm；
　(3) t_{si}——保温层厚度，mm。

塔釜封头上的接管一般需通过裙座上的通道管引到裙座的外部，见图 4-8，通道管的规格见表 4-6。引出管应焊支承板，支承板与通道之间应预留间隙以考虑热胀冷缩的需要，间隙的大小视引出管与塔的距离以及介质温度而定。当介质温度等于或小于 20℃时，在通道管处应采用木块支承引出管。

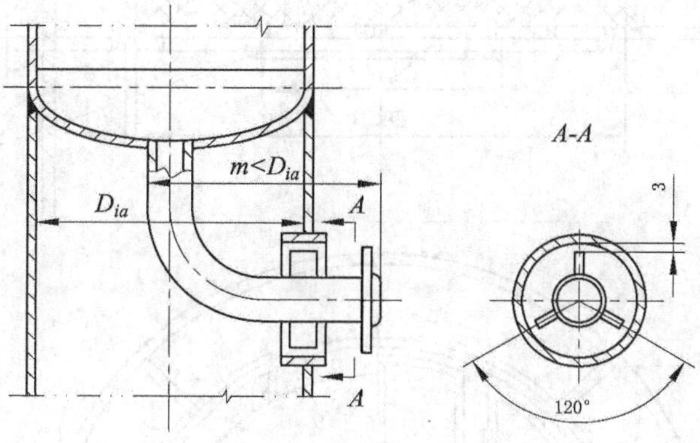

图 4-8 裙座上的通道管

表 4-6 通道管尺寸

引出管公称直径 DN		20～25	32～40	50～70	80～100	125～150	200	250	300	350
通道管规格	无缝钢管	ϕ133×4	ϕ159×4.5	ϕ219×6	ϕ273×8	ϕ325×8				
	卷焊缝内径			ϕ200	ϕ250	ϕ300	ϕ350	ϕ400	ϕ450	ϕ500

注：(1) 引出管在裙座内用法兰连接时，通道管内径必须大于法兰外径。

(2) 引出管保温(冷)后的外径加上 25 mm，大于表中的通道管内径时，应适当加大通道管的直径。

(3) 卷焊缝的厚度等于裙座名义厚度，但厚度不宜超过 16 mm。

4.1.3 除沫器

除沫器用于捕集夹带在气流中的液滴。使用高效的除沫器，对于回收贵重物料、提高分离效率、改善塔器后续设备的操作状况，是非常有必要的。常用的除沫装置有折板除沫器、丝网除沫器以及旋流板除沫器。其中丝网除沫器由于具有比表面积大，重量轻，空隙率大以及使用方便和除沫效率高的优点，已成为一种使用广泛的除沫装置。

丝网除沫器适用于洁净的气体，不宜用于液滴中含有或易析出固体物质的场合，以免液体蒸发后留下固体堵塞丝网。除沫器中除沫网是以圆丝或扁丝编织成圆筒形网套，并压平成双层折皱形网带，网带绕成卷而成。目前国内常用的丝网除沫器有两种，一种为网块固定在设备上，另一种为网块可以抽出清洗或更换，其中网块固定在设备上的除沫器如图 4-9 所示。

4.1.4 接管

为满足工艺要求，塔体上应开设各种接管，对于不同用途的接管在结构设计时有不同的要求，其中主要接管的要求为：

1. 进料管和回流管

进料管和回流管的结构型式很多，常用的有图 4-10 直管式和图 4-11 弯管式两种结

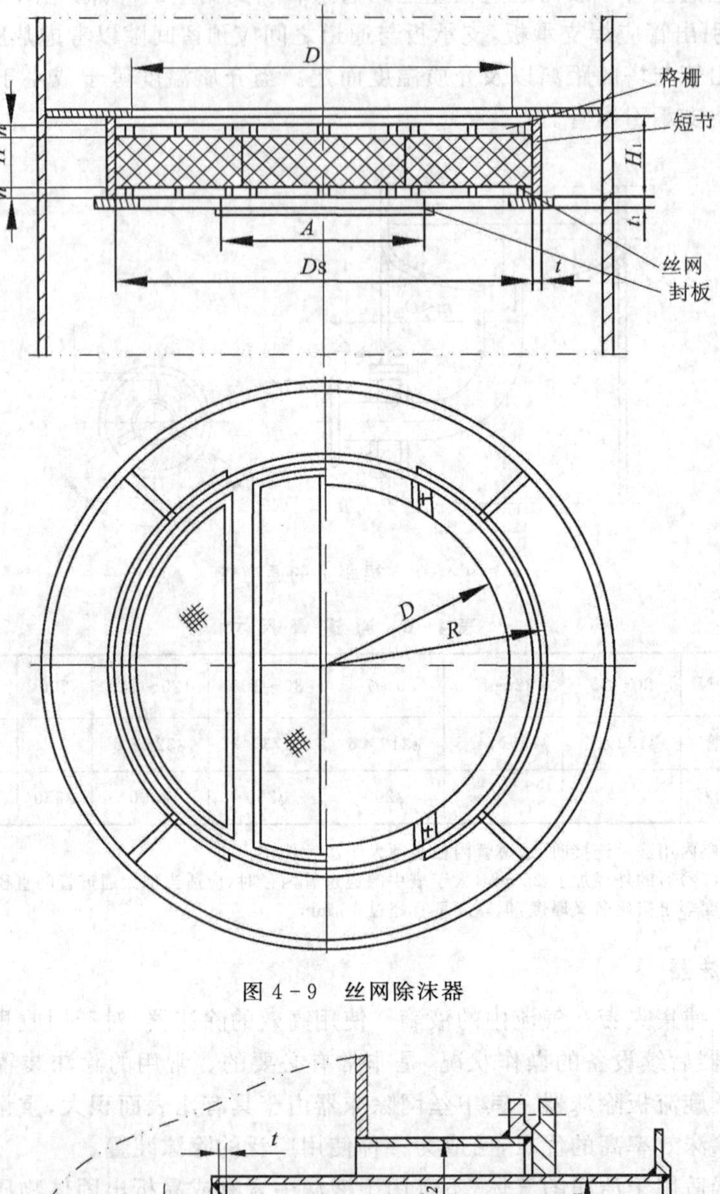

图 4-9　丝网除沫器

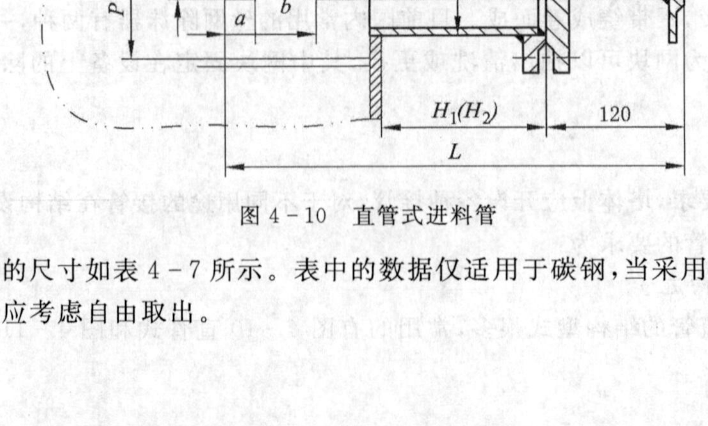

图 4-10　直管式进料管

构，其中直管式的尺寸如表 4-7 所示。表中的数据仅适用于碳钢，当采用不锈钢时，壁厚可酌减，弯管结构应考虑自由取出。

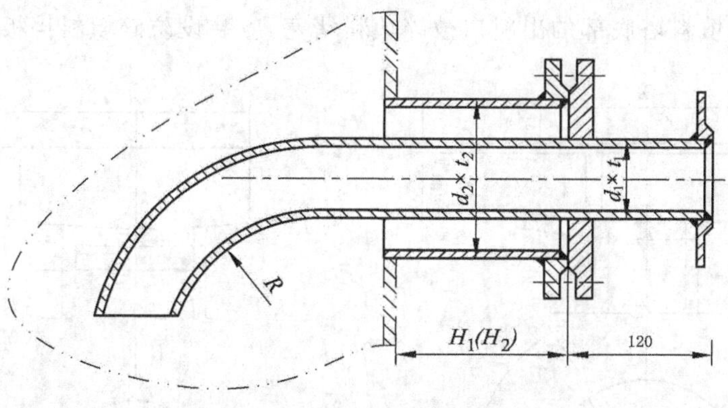

图 4-11 弯管式进料管

表 4-7 直管式参数 (mm)

DN	$d_1\times t_1$	$d_2\times t_2$	a	b	c	t	H_1	H_2
20	25×3	45×5	10	20	10	4		
25	32×3.5	57×5	10	25	10	5		
32	38×3.5	57×5	10	32	15	5		
40	45×3.5	76×6	10	40	15	5	120	150
50	57×3.5	76×6	15	50	20	5		
70	76×4	108×6	15	70	30	6		
80	89×4	108×6	15	80	35	6		
100	108×4	133×6	15	100	45	6		
125	133×4	159×6	15	125	55	6		
150	159×4.5	219×6	25	150	70	6		
200	219×6	273×8	25	210	95	6	150	200
225	245×7	273×8	25	225	110	7		
250	273×3	325×8	25	250	120	8		

注：表中 H_1 值用于无保温，H_2 值用于有保温，保温层厚度≤100 mm。

对于物料清洁和轻微腐蚀的情况，可不必采用可拆结构，而直接将接管与塔壁焊死即可(这时管子应采用厚壁管)。

对于整块塔盘，当塔盘由于结构尺寸所限，回流管距塔盘较高时，为避免水力冲击引起的液面波动，应在受液盘上设置缓冲管，其结构如图 4-12 所示。

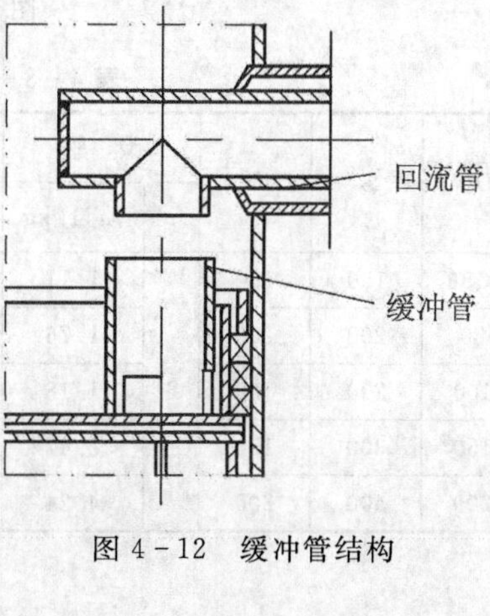

图 4-12 缓冲管结构

2. 釜液出口管

釜液从塔底流出，釜液会在出口管中心形成一个向下的旋涡流，使塔釜液面不稳定，且能带出气体。如果出口管路有泵，气体进入泵内，会影响泵的正常运转，故一般釜液出口都应装设防涡流挡板。用于较清洁介质的防涡流板的结构见图 4-13，结构尺寸见表 4-8。对于填料塔，为防止填料塔底部的出料口被碎填料堵塞，应装设防碎填料挡板。

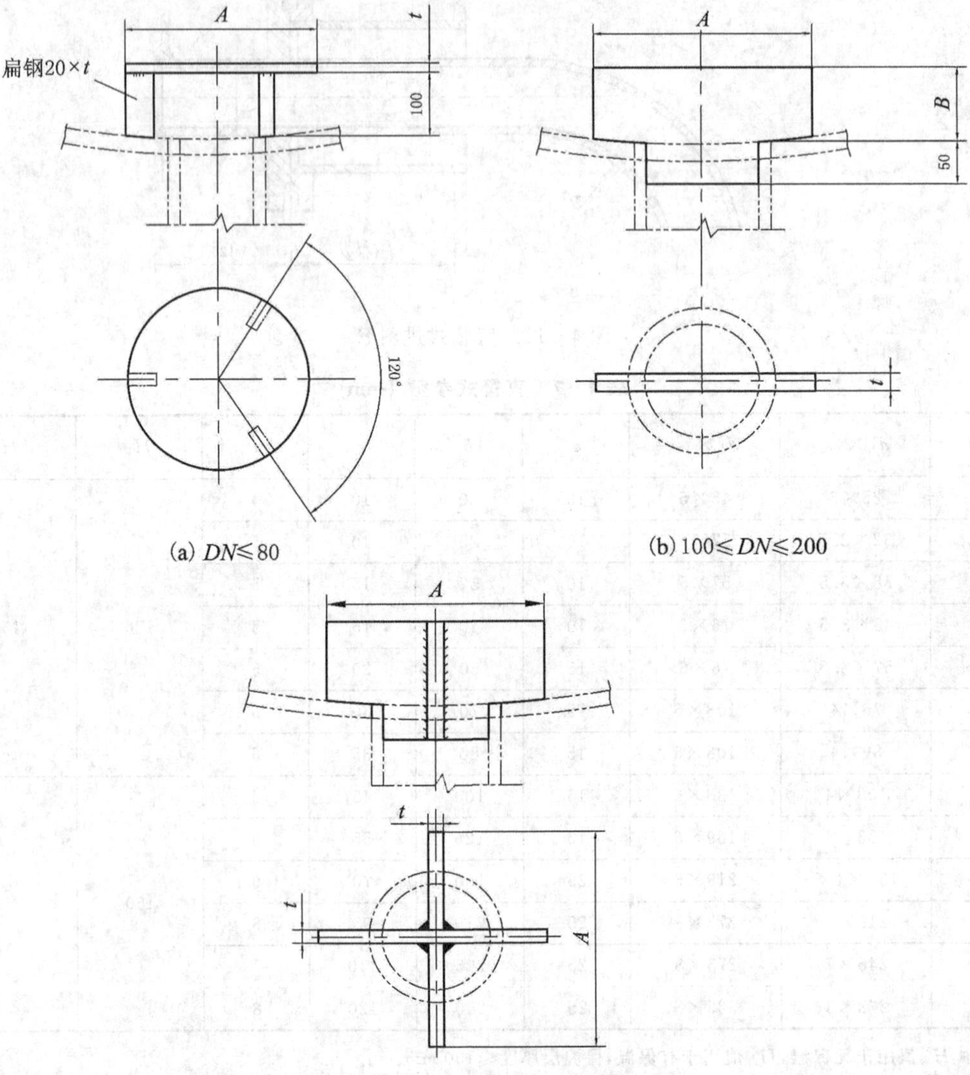

(a) $DN\leqslant 80$　(b) $100\leqslant DN\leqslant 200$　(c) $250\leqslant DN<400$

图 4-13　清洁介质的防涡流挡板

表 4-8　清洁介质的防涡流板结构尺寸（mm）

DN	*A*	*B*	碳钢		不锈钢		*DN*	*A*	*B*	碳钢		不锈钢	
			t	质量/kg	*t*	质量/kg				*t*	质量/kg	*t*	质量/kg
<80	150	100		1.11		0.74	250	500	250		12.87		8.58
80	200	100		1.76		1.17	300	600	300		18.27		12.18
100	200	100	6	1.18	4	0.78	350	700	350	6	24.61	4	16.4
150	300	150		2.47		1.65	400	800	400		31.94		21.3
200	400	200		4.24		2.83							

3. 气体进口管

气体进口管的结构见图 4 - 14。图 4 - 14(a)和 4.14(b)所示的进气管结构简单，普遍用于气体分布要求不高的塔中。为了避免液体淹没气体通道，进口管应安装在塔釜最高液面之上。

当塔径较大，要求进塔气体分布均匀时，可考虑采用如图 4 - 14(c)所示的进气管结构。管上开有三排出气小孔，小孔直径和数量由工艺条件决定。

但进塔物料为气液混合物时，一般可采用切向进气管结构，即在塔内安装气液分离挡板的切向进气管，如图 4 - 14(d)所示。当气液混合物由切向进气管进塔后，沿着上下导向挡板流动，经过旋风分离过程，液体向下，气体向上。

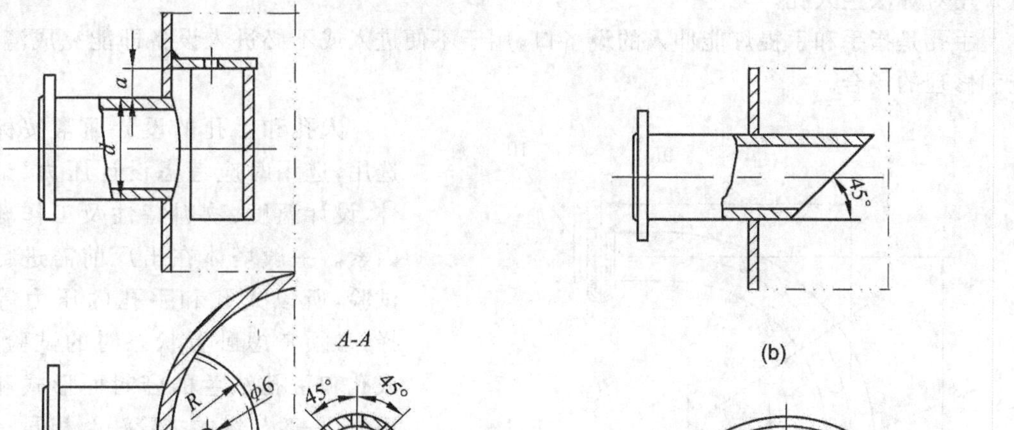

图 4 - 14　气体进气管结构

4.1.5　人孔和手孔

人孔和手孔一般是为了安装、检修、检查和装填塔内附件的需要而设置的。

由于人孔是人进入塔内的唯一通道，人孔的设置应便于人员进入任何一层塔板。但由于设置人孔处的塔板间距要增大，且人孔设置过多会使塔体的强度和刚度下降，所以一般板式塔每隔 10～20 层塔板或 5～10 m 塔段，才设置一个人孔。板间距小的塔按塔板数考虑，板间距大的塔则按高度考虑。对直径大于 ϕ800 的填料塔，人孔可设在每段填料的上、下方，同时兼作填料装卸孔用。在气液进出口等需要维修清理的部位应设人孔，另外在塔顶和塔釜也应各设一个人孔。

在设置人孔处，塔板间距应根据人孔的直径确定，一般不小于人孔公称直径、塔盘支承梁高度及 50 mm 之和，且不小于 600 mm。

塔体上宜采用垂直吊盖人孔，但个别有碍操作或有保冷层时，可采用回转盖人孔。在设置操作平台的地方，人孔中心高度一般比操作平台高 0.7～1.0 m。操作温度高于 350℃时，应采用对焊法兰人孔。

手孔是指手和手提灯能伸入的设备口，用于不便进入或不必进入设备即能完成清理、检查和修理的场合。

人孔和手孔的设计通常按标准件选用，选用时应考虑设计压力、试验条件、设计温度、物料特性及工作环境等因素。一般塔体在出厂前需进行压力试验，所以人孔和手孔的压力等级选择，必须考虑卧置状态时的试验压力。人孔和手孔法兰的密封面形式和垫片用材，一般与塔的接管法兰相同。

4.1.6　吊柱

对于较高的室外无框架整体塔在塔顶设置吊柱，对需经常补充和更换填料，安装和拆卸内件，是既方便又经济的一项设施。一般高度在 15 m 以上的塔，都应设置吊柱。吊柱设置方位应使吊柱中心线与人孔中心线间有合适的夹角，使人能站在平台上操纵手柄，让经过吊钩的垂直线可以转动到人孔附近，以便从人孔装入或取出塔的内件。吊柱的起吊载荷按填料或零部件的质量决定，根据塔径决定其回转半径，然后按标准选用。

常用的吊柱为一根弯曲成 90°的钢管（如图 4－15），这种吊柱的受力较好，一般起吊质量可达 1 000 kg。吊柱的支承是将吊柱套在焊于塔体的上、下支座内，支撑较牢固。

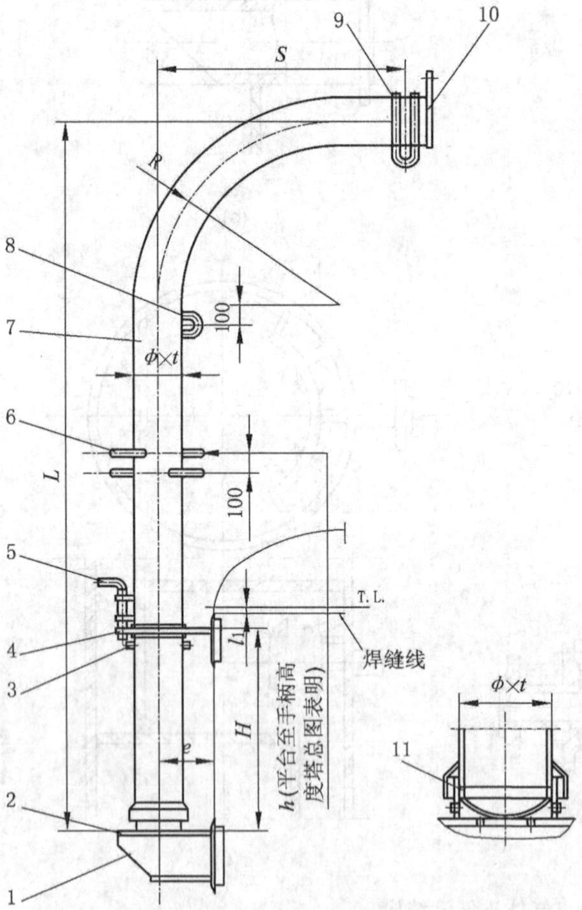

图 4－15　吊柱的结构

1—下支座；2—防雨罩；3—挡销；4—上支座；5—止动插销；6—手柄；7—吊杆；8—吊环；9—吊钩；10—封板；11—支承封头

4.2 塔设备机械设计内容和步骤

塔设备的机械设计大体按以下内容和步骤进行。

(1) 总体结构设计　按照工艺设计所提出的条件单,考虑机械制造、装拆和密封等,确定各部分结构型式和尺寸,如封头、支座、塔板(和填料)及其支承、法兰等的结构型式及其连接形式等。

(2) 材料选择　根据压力、温度、介质的情况,经济合理地选择材料。对受压元件应按GB150选取,对非受压元件必须选用已列入材料标准的钢材,其中裙座圈材料按受压元件用钢的要求选用,地脚螺栓一般选用Q235-A或16Mn。

(3) 强度计算和稳定性校核　对塔体、封头、裙座等进行强度计算和稳定性校核。塔设备是典型的直立设备,工作过程中除承受内部的压力外,设备本身的质量和由风、地震等产生的外部载荷对设备的强度影响较大,设计计算时必须将其考虑在内。

(4) 零部件设计选用　包括法兰、人孔、接管、补强圈、液体和气体的分配装置,以及塔外平台、扶梯、保温层等。

(5) 绘制图样　根据过程设备图示表达的特点及要求画出设备的总装图,对局部具有特点和要求的区域应用节点图表示,非标的零部件需绘制零件图或部件图。

(6) 提出技术要求　根据设备的特点提出制造、装配检验和试车等方面的要求。

(7) 编写计算说明书　包括设备设计重要问题的论证,主要零部件的机械计算及主要零部件选用说明。

4.3 塔设备的强度和稳定性计算

塔设备是一种典型的直立设备,设备在工作过程中除受内部压力载荷外还受到设备重量、风和地震等载荷,为保证设备能承受这些载荷的作用,必须保证设备具有承受这些载荷的能力,以保证设备的强度和稳定性。为此,在塔设备的强度和稳定性设计计算时,通常先根据设备承受的内压或外压初步确定名义壁厚,然后根据各种可能出现的载荷进行强度校核,判断设备的强度和稳定性。

4.3.1 设备所受载荷和应力分析

塔设备在设计时通常应考虑以下载荷:

1. 设计压力

塔设备的设计压力一般情况下可按GB150确定,在确定设计压力时塔设备的最大工作压力是其在正常操作情况下,塔器顶部可能出现的最高压力。当塔器各部分受压元件所承受的液柱静压力达到设计压力的5%时,则应取设计压力和液柱静压力之和进行该部位或元件的设计计算。对最大工作压力小于0.1 MPa的内压塔器,设计压力取0.1 MPa。

由设计压力引起的轴向应力为:

$$\sigma_1 = \frac{pD_i}{4t_e}\ \text{MPa} \tag{4-1}$$

2. 塔的质量

塔的质量包括塔体、内件、保温材料、平台及扶梯、物料、支座及其他安装在塔器上的附件等，由于塔器在不同的工作阶段，其质量是不相同的，在各阶段的质量为：

塔的操作质量

$$m_0 = m_{01} + m_{02} + m_{03} + m_{04} + m_{05} + m_a + m_e \tag{4-2}$$

塔器的最大质量

$$m_{\max} = m_{01} + m_{02} + m_{03} + m_{04} + m_{05} + m_w + m_a + m_e \tag{4-3}$$

塔器的最小质量

$$m_{\min} = m_{01} + 0.2m_{02} + m_{03} + m_{04} + m_e + m_a \tag{4-4}$$

式中　m_{01}——塔壳和裙座质量，kg；

m_{02}——内件质量，kg；(设计时在没有确切数据时可按表 4-9 选取。)

m_{03}——保温材料质量，kg；

m_{04}——平台、扶梯质量，kg；

m_{05}——操作时塔内物料的质量；

m_a——人孔、接管、法兰等附件的质量，kg；

m_w——液压试验时、塔器内充液质量，kg；

m_e——偏心质量，塔上悬挂附件的质量，kg。

$0.2m_{02}$ 系考虑内件在塔壳上的部分质量，如塔盘支持圈、降液管等。当空塔吊装时，如未安装保温层、平台、扶梯，则 $m_{\min}$ 应扣除 m_{03} 和 m_{04}。

表 4-9　塔器部分内件质量参考值

名　称	笼式扶梯	开式扶梯	钢制平台	圆泡罩塔盘	条形泡罩塔盘
单位质量	40 kg/m	15～21 kg/m	150 kg/m^2	150 kg/m^2	150 kg/m^2
名　称	舌形塔盘	筛板塔盘	浮阀塔盘	塔盘充液量	
单位质量	75 kg/m^2	65 kg/m^2	75 kg/m^2	70 kg/m^2	

设备质量引起的应力为压应力，其正常操作时的值为：

$$\sigma_2 = \frac{m_0 g}{A}\ \text{MPa} \tag{4-5}$$

式中　g——重力加速度，取 $g=9.8\ \text{m/s}^2$；

A——塔体底部或裙座的横截面积，mm^2。

3. 风载荷

风载荷以弯矩的形式作用在塔器上，在塔壁上引起的弯曲应力。由于风力与高度有关，因此在计算由风力引起的弯矩时，通常将塔器进行分段处理，计算各段内的风载荷，如

图 4-16。作用在两相邻计算截面间的水平风力按下式计算：

$$P_i = K_1 K_{2i} q_0 f_i l_i D_{ei} \times 10^{-6} (\mathrm{N}) \qquad (4-6)$$

上式中各符号的意义阐述如下：

P_i——塔器各计算段的水平风力，N；

l_i——计算段的长度，m；

K_1——空气动力系数。

不同截面形状的设备其挡风效应是不同的，为表征这一影响因素，引入空气动力系数 K_1 来表示不同形体的影响，对于圆筒形截面的设备，通常取 $K_1 = 0.7$。

K_{2i} 为风振系数，由于风力常按一定的频率持续地作用在塔器上，因此可能引起塔设备的振动，为了考虑这种效应，在计算风载荷时必须引入风振系数 K_2。风振系数 K_2 的大小与塔设备的固有频率、塔的高度有关，对于塔高小于 40 m，塔径在 0.6～6 m 的塔器，其风振系数 K_2 通常在 1.7～2.5 之间，塔高越高，塔径越小，K_2 值越大，当塔高小于等于 20 m 时，可取 $K_{2i} = 1.7$。

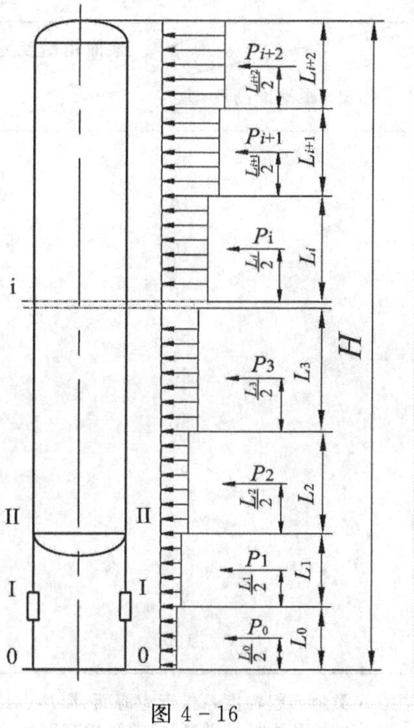

图 4-16

$q_o f_i$ 为计算段的风压值，q_o 为基本风压值，风载荷在不同地区、不同高度其数值是不同的，通常以离地面 10 m 高度的风压值作为基本风压，各地区的基本风压值可按表 4-10 选取或按当地气象部门资料，但均不应小于 250 N/m^2；f_i 为高度变化系数，它反映不同高度风压与基本风压的差别，计算时可按表 4-11 选取。

表 4-10 我国部分地区基本风压值（$\times 10^{-5}$ MPa）

地区	上海	南京	徐州	扬州	南通	杭州	宁波	衢州	温州	福州
q_o	45	25	35	35	40	30	50	40	55	60
地区	广州	茂名	湛江	北京	天津	保定	石家庄	沈阳	长春	抚顺
q_o	50	55	85	35	35	40	30	45	50	45
地区	大连	吉林	四平	哈尔滨	济南	青岛	郑州	洛阳	蚌埠	南昌
q_o	50	40	55	40	40	50	35	30	30	40
地区	武汉	包头	呼和浩特	太原	大同	兰州	银川	长沙	株洲	南宁
q_o	25	45	50	30	45	30	50	35	35	40
地区	成都	重庆	贵阳	西安	延安	昆明	西宁	拉萨	乌鲁木齐	台北
q_o	25	30	25	35	25	25	35	35	60	120

表 4-11　风压高度变化系数 f_i

距地面高度 H_{it} \ f_i \ 地面粗糙度类别	A*	B	C
5	1.17	0.80	0.54
10	1.38	1.00	0.71
15	1.52	1.14	0.84
20	1.63	1.25	0.94
30	1.80	1.42	1.11
40	1.92	1.56	1.24
50	2.03	1.67	1.36
60	2.12	1.77	1.46
70	2.20	1.86	1.55
80	2.27	1.95	1.64
90	2.34	2.02	1.72
100	2.40	2.09	1.79

注：A类地面粗糙度系指近海海面、海岛、海岸、湖岸及沙漠地区；B类系指田野、乡村、丛林、丘陵以及房屋比较稀疏的中小城镇和大城市郊区；C类系指有密集建筑群的大城市市区。

若采用当地气象部门资料时，对A类地区高度变换系数 f_i 应取B类地区系数；B类和C类地区不变。

D_{ei} 为塔器各计算段的有效直径，计算有效直径时应考虑塔上扶梯、操作平台及管线等附件的影响。

当笼式扶梯与塔顶管线布置成180°时：

$$D_{ei} = D_{0i} + 2t_{si} + K_3 + K_4 + d_0 + 2t_{ps} \tag{4-7}$$

当笼式扶梯与塔顶管线布置成90°时，取下列两式中较大者：

$$D_{ei} = D_{0i} + 2t_{si} + K_3 + K_4 \tag{4-8}$$

$$D_{ei} = D_{0i} + 2t_{si} + K_4 + d_0 + 2t_{ps} \tag{4-9}$$

D_{0i}——塔器各计算段的外径，mm；

d_0——塔顶管线外径，mm；

t_{ps}——管线保温层厚度，mm；

t_{si}——塔器第 i 段保温层厚度，mm；

K_3——笼式扶梯的附加宽度；当无确切数据时，$K_3 = 400$ mm；

K_4——操作平台的附加宽度，mm；

$$K_4 = \frac{2\sum A}{l_0} \tag{4-10}$$

$\sum A$ ——第 i 段内平台构件的投影面积（不计空档投影面积），mm^2；

l_0——操作平台所在计算段的长度，mm。

4. 风弯矩

塔器任意计算截面Ⅰ-Ⅰ处的风弯矩按式(4－11)计算：

$$M_W^{\mathrm{I-I}} = P_i \frac{l_i}{2} + P_{i+1}\left(l_i + \frac{l_{i+1}}{2}\right) + P_{i+2}\left(l_i + l_{i+1} + \frac{l_{i+2}}{2}\right) + \cdots \tag{4-11}$$

塔器底截面0－0处的风弯矩按式(4－12)计算：

$$M_W^{0-0} = P_1 \frac{l_1}{2} + P_2\left(l_1 + \frac{l_2}{2}\right) + P_3\left(l_1 + l_2 + \frac{l_3}{2}\right) + \cdots \tag{4-12}$$

5. 偏心弯矩

偏心质量引起的弯矩按式(4－13)计算：

$$M_e = m_e g e \tag{4-13}$$

式中 e——偏心质量重心至塔器中心线的距离，mm。

最大弯矩 塔器任意计算截面Ⅰ-Ⅰ处的最大弯矩按式(4－14)计算：

$$M_{\max}^{\mathrm{I-I}} = \begin{cases} M_W^{\mathrm{I-I}} + M_e \\ M_E^{\mathrm{I-I}} + 0.25M_W^{\mathrm{I-I}} + M_e \end{cases} \text{取其中较大值} \tag{4-14}$$

塔器底截面0－0处的风弯矩按式(4－15)计算：

$$M_{\max}^{0-0} = \begin{cases} M_W^{0-0} + M_e \\ M_W^{0-0} + 0.25M_W^{0-0} + M_e \end{cases} \text{取其中较大值} \tag{4-15}$$

4.3.2 圆筒轴向应力校核

1. 圆筒轴向应力

圆筒任意计算截面Ⅰ-Ⅰ处的轴向应力分别按式(4－16)、式(4－17)和式(4－18)计算：

(1) 由内压或外压引起的轴向应力

$$\sigma_1 = \frac{pD_i}{4t_e} \tag{4-16}$$

(2) 操作或非操作时重力及垂直地震力引起的轴向应力

$$\sigma_2 = \frac{m_0^{\mathrm{I-I}} g}{\pi \cdot D_i t_e} \tag{4-17}$$

(3) 弯矩引起的轴向应力

$$\sigma_3 = \frac{4M_{\max}^{\mathrm{I-I}}}{\pi \cdot D_i^2 t_e} \tag{4-18}$$

2. 圆筒稳定性校核

受压圆筒体的轴向许用压应力按式(4－19)确定：

$$[\sigma]_{cr} = \begin{cases} KB \\ K[\sigma]^t \end{cases} \text{取其中较小值} \tag{4-19}$$

式中　对于轴向受压圆筒，$B=0.06E\dfrac{t_e}{R_i}$

K——载荷组合系数，由于弯矩在筒体中引起的轴向应力沿环向是不断变化的，与沿环向均布的轴向应力相比，这种应力对塔的强度或稳定性影响要小一些。为此塔体应力的校核时引入载荷系数 K，并取 $K=1.2$。

E——设计温度下材料的弹性模量，MPa。

圆筒最大轴向压应力出现在塔底与裙座连接处的Ⅱ-Ⅱ截面上。对内压操作时的塔体，其最大轴向应力出现在塔停止操作的情况下，因这时塔体上由内压产生的拉应力为零；对外压操作的塔，其最大轴向组合应力出现在正常操作的情况下，其值为上述三项应力相加。为此圆筒体上的最大组合压应力的分布如图 4-17，其稳定性条件按式(4-20)计算。

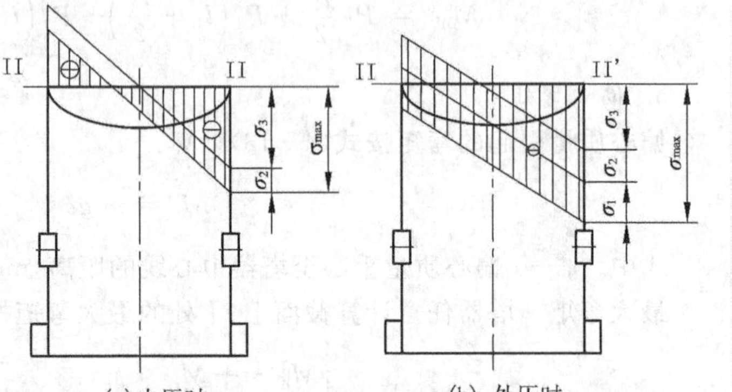

图 4-17　塔体上的轴向压应力

$$\begin{cases}\sigma_2+\sigma_3\leqslant[\sigma]_{cr} & \text{对内压容器}\\ \sigma_1+\sigma_2+\sigma_3\leqslant[\sigma]_{cr} & \text{对外压容器}\end{cases}\tag{4-20}$$

3. 圆筒拉应力校核

圆筒最大轴向拉应力也是出现在塔底与裙座连接处的Ⅱ-Ⅱ截面上。对内压操作时的塔体，其最大轴向应力出现在塔正常操作的情况下，因这时塔体上由内压产生的拉应力为最大；对外压操作的塔体，其最大轴向组合应力出现在停止操作的情况下，这时内压产生的拉应力为零。为此圆筒体上的最大组合拉应力的分布如图 4-18，其强度条件按式(4-21)计算。

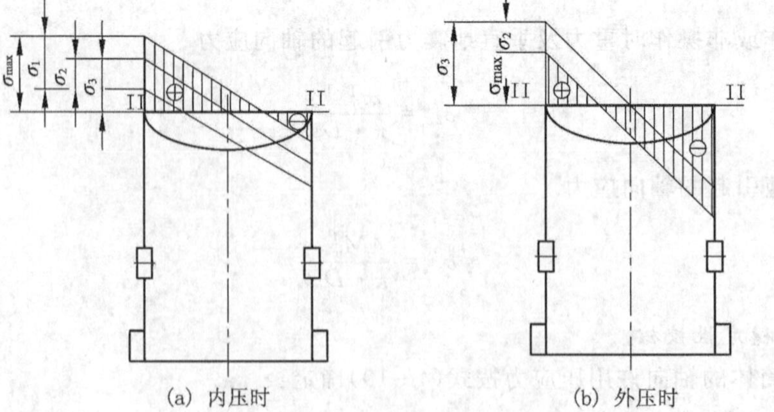

图 4-18　塔体上的轴向拉应力

$$\begin{cases}\sigma_1-\sigma_2+\sigma_3\leqslant K[\sigma]^t\phi & \text{对内压容器}\\ -\sigma_2+\sigma_3\leqslant K[\sigma]^t\phi & \text{对外压容器}\end{cases}\tag{4-21}$$

4.3.3 塔器压力试验时的应力校核

1. 圆筒应力

对选定的各计算截面按式(4-22)、式(4-23)、式(4-24)和式(4-25)计算：

(1) 试验压力引起的周向应力

$$\sigma=\frac{(p_T+\gamma\cdot H/9.81)(D_i+t_e)}{2t_e}\tag{4-22}$$

式中 γ——试验介质的密度。(当介质为水时，$\gamma=0.001\ \mathrm{kg/cm^3}$)

H——液柱高度，cm。

气压试验时，无液柱静压力。

(2) 试验压力引起的轴向应力

$$\sigma_1=\frac{p_TD_i}{4\delta_{ei}}\tag{4-23}$$

(3) 重力引起的轴向应力

$$\sigma_2=\frac{m_T^{\mathrm{I-I}}g}{\pi\cdot D_i\delta_{ei}}\tag{4-24}$$

$M_T^{\mathrm{I-I}}$——液压试验时，计算截面Ⅰ-Ⅰ以上的质量(只计入塔壳、内构件、偏心质量、保温层、扶梯及平台质量)，kg。

(4) 弯矩引起的轴向应力

$$\sigma_3=\frac{4(0.3M_W^{\mathrm{I-I}}+M_e)}{\pi\cdot D_i^2\delta_{ei}}\tag{4-25}$$

2. 应力校核

压力试验时，圆筒及锥壳材料的许用轴向压应力可参照式(4-20)确定，其强度条件满足式(4-26)：

$$[\sigma]_{cr}=\begin{cases}KB\\0.9K\sigma_s\end{cases}\text{取其中较小值}\tag{4-26}$$

4.3.4 地脚螺栓座

1. 基础环设计

基础环内，外径(见图4-7)可参考式(4-27)选取：

$$\begin{cases}D_{ob}=D_{is}+(160\sim400)\\D_{ib}=D_{is}-(160\sim400)\end{cases}\tag{4-27}$$

基础环厚度按式(4-28)或式(4-29)计算。

(1) 无筋板时基础环厚度

$$t_b = 1.73b\sqrt{\frac{\sigma_{b\max}}{[\sigma]_b}} \tag{4-28}$$

式中 $[\sigma]_b$——基础环材料的许用应力；

$\sigma_{b\max}$——混凝土基础上的最大压应力，MPa。

$$\sigma_{b\max} = \begin{cases} \dfrac{M_{\max}^{0-0}}{Z_b} + \dfrac{m_0 g}{A_b} \\ \dfrac{0.3M_W^{0-0} + M_e}{Z_b} + \dfrac{m_{\max} g}{A_b} \end{cases} \quad \text{取其中较大值}$$

(2) 有筋板时的基础环厚度

$$t_b = \sqrt{\frac{6M_s}{[\sigma]_b}} \tag{4-29}$$

式中 M_s——计算力矩，取矩形板 x、y 轴的弯矩 M_x、M_y 中绝对值较大者，M_x、M_y 按表 4-12 计算，N · mm/mm。

无论无筋板或有筋板的基础环厚度均不得小于 16 mm。

表 4-12 矩形板力矩计算表

b/l	$M_x/\sigma_{b\max}b^2$	$M_y/\sigma_{b\max}b^2$	b/l	$M_x/\sigma_{b\max}b^2$	$M_y/\sigma_{b\max}b^2$
0	−0.500 0	0	1.6	−0.048 5	126
0.1	−0.500 0	0.000 0	1.7	−0.043 0	127
0.2	−0.490	0.000 6	1.8	−0.038 4	129
0.3	0.448	0.005 1	1.9	−0.034 5	130
0.4	−0.385	0.015 1	2.0	−0.031 2	130
0.5	−0.319	0.029 3	2.1	−0.028 3	131
0.6	−0.260	0.045 3	2.2	−0.025 8	132
0.7	−0.212	0.061 0	2.3	−0.023 6	132
0.8	−0.173	0.075 1	2.4	−0.021 7	132
0.9	−0.142	0.087 2	2.5	−0.020 0	133
1.0	−0.118	0.097 2	2.6	−0.018 5	133
1.1	−0.099 5	0.105	2.7	−0.017 1	133
1.2	−0.084 6	0.112	2.8	−0.015 9	133
1.3	−0.072 6	0.116	2.9	−0.014 9	133
1.4	−0.062 9	0.120	3.0	−0.013 9	133
1.5	−0.055 0	0.123			

注：l 为两相邻筋板最大外侧间距。

2. 地脚螺栓

地脚螺栓承受的最大拉应力按式(4-30)计算：

$$\sigma_B = \begin{cases} \dfrac{M_W^{0-0} + M_e}{Z_b} - \dfrac{m_{\min} g}{A_b} \\ \dfrac{M_E^{0-0} + 0.25M_W^{0-0} + M_e}{Z_b} - \dfrac{m_0 g}{A_b} \end{cases} \quad \text{取其中较大值} \tag{4-30}$$

式中 A_b——基础环面积，mm^2；

$$A_b = \frac{\pi}{4}(D_{ob}^2 - D_{ib}^2) \tag{4-31}$$

Z_b——基础环的截面系数，mm^3。

$$Z_b = \frac{\pi(D_{ob}^4 - D_{ib}^4)}{32D_{ob}} \tag{4-32}$$

当 $\sigma_B \leqslant 0$ 时，塔器可自身稳定，但为固定塔器位置，应设置一定数量的地脚螺栓。

当 $\sigma_B > 0$ 时，塔器必须设置地脚螺栓。地脚螺栓的螺纹根径可按式(4-33)计算

$$d_1 = \sqrt{\frac{6\sigma_B A_b}{\pi n[\sigma]_{bt}}} + C_2 \tag{4-33}$$

式中 d_1——地脚螺栓螺纹根径，mm；

C_2——地脚螺栓腐蚀裕量，mm；

n——地脚螺栓个数，一般取 4 的倍数，对小直径塔器可取 $n=6$；

$[\sigma]_{bt}$——地脚螺栓材料的许用应力。

圆整后地脚螺栓的公称直径不得小于 $M24$。

4.4 塔设备机械设计举例

现设计一 ϕ2 000×40 000 的浮阀塔，已知该塔所在地区的基本风压为 $q_o = 294\ N/m^2$，塔内装有 63 层浮阀塔盘，每块塔盘上的堰高为 50 mm，塔盘上介质密度为 800 kg/m^3，塔壳外表面保温层 100 mm，保温层材料的密度为 300 kg/m^3，塔上每隔 8 m 安装一层操作平台，共 5 层，平台宽 1.2 m，单位质量 150 kg/m^2，包角 180°，设计压力为 1.0 MPa，设计温度 150℃，塔壳厚度附加量 3 mm，裙座壁厚附加量为 2 mm，裙座高 3 m。

1. 塔壳强度计算

先按内压容器设计厚度，然后按自重、液重等引起的正应力及分载荷引起的正应力及风载荷引起的弯曲应力进行强度和稳定性验算。

$$\text{圆筒体 } t_d = \frac{pD_i}{2[\sigma]^t\phi - p} + c = \frac{1.0 \times 2\,000}{2 \times 163 \times 0.85 - 1.0} + 3.0 = 10.3\ \text{mm}$$

式中 $[\sigma]^t$——16 MnR 材料在 150℃时的许用应力，取 163 MPa；

ϕ——塔体焊接接头系数，采用双面对接焊，局部无损探伤，取 $\phi=0.85$；

c——壁厚附加量，按要求取 c=3 mm。

考虑到此塔较高，风载荷较大，为抵抗风载荷应适当增加厚度，取塔体设计壁厚为 12 mm，塔体的有效厚度为

$$t_e = t_n - c = 12.0 - 3.0 = 9.0\ \text{mm}$$

封头壁厚

$$t_d = \frac{pD_iK}{2[\sigma]^t\phi - 0.5p} + c = \frac{1.0 \times 2\,000}{2 \times 163 \times 0.85 - 0.50} + 3.0 = 10.2\ \text{mm}$$

现筒体的壁厚已取 12 mm，为便于焊接，取封头与筒体等厚，也取名义壁厚为 12 mm。

2. 质量载荷计算

壳体和裙座质量 $m_{01}=\frac{\pi}{4}(2.024^2-2.0^2)\times 40\times 7.85\times 10^3=23\,817$ kg

人孔、法兰、接管等附件质量 $m_a=0.2m_{01}=4\,763$ kg

内构件质量 $m_{02}=\frac{\pi}{4}\times 2.0^2\times 63\times 75=14\,844$ kg

保温层材料质量 $m_{03}=\frac{\pi}{4}(2.224^2-2.024^2)\times(40-3)\times 300=7\,406$ kg

扶梯、平台质量(扶梯单位质量为 40 kg/m)

$$m_{04}=40\times 40+\frac{\pi}{4}((2.224+2.4)^2-2.224^2)\times 150\times 5\times\frac{180^\circ}{360^\circ}=1\,600+4\,840=6\,440\text{ kg}$$

操作时塔内物料质量 $m_{05}=\frac{\pi}{4}\times 2.0^2\times 0.05\times 800\times 63=7\,916$ kg

充水质量 $m_w=\frac{\pi}{4}\times 2.0^2\times(40-3)\times 1\,000=116\,238$ kg

塔器的操作质量 $m_0=m_{01}+m_{02}+m_{03}+m_{04}+m_{05}+m_a=65\,186$ kg

塔器的最大质量 $m_{max}=m_{01}+m_{02}+m_{03}+m_{04}+m_a+m_w=173\,508$ kg

塔器的最小质量 $m_{min}=m_{01}+0.2m_{02}+m_{03}+m_{04}+m_a=45\,394$ kg

3. 风载荷和风弯矩计算

将塔沿高度分成四段，见图 4－19。计算结果见表 4－13。

表 4－13　塔的风载荷和风弯矩计算

项目 \ 塔段号	1	2	3	4
塔段长度(m)	0～10	10～20	20～30	30～40
基本风压 q_o(N/m²)	294			
K_1(空气动力系数，对圆筒形截面取 0.7)	0.7			
K_{2i}(风振系数，此处按 1.7 取)	1.70	1.70	1.70	1.70
K_3(扶梯的附加宽度，取 400 mm)	400			
$K_4=\frac{2\sum A}{l_0}$(操作平台的附加宽度，取 600 mm)	600			
$D_{ei}=D_{0i}+2\delta_{si}+K_3+K_4$(mm)	3 224			
$P_i=K_1K_{2i}q_of_il_iD_{ei}\times 10^{-6}$(N)	11 279	14 098	16 016	17 595
$M_W^{0-0}=P_1\frac{l_1}{2}+P_2\left(l_1+\frac{l_2}{2}\right)+P_3\left(l_1+l_2+\frac{l_3}{2}\right)+\cdots$(N·mm)	1.28×10^9			

Ⅰ－Ⅰ截面风弯矩

$$M_W^{\text{I-I}}=0.9P_1\frac{l_1-1\,000}{2}+P_2\left(l_1-1\,000+\frac{l_2}{2}\right)+P_3\left(l_1-1\,000+l_2+\frac{l_3}{2}\right)$$

$$+P_4\left(l_1-1\,000+l_2+l_3+\frac{l_4}{2}\right)$$

$$=0.9\times 11\,279\times 4\,500+14\,098\times 14\,000+16\,016\times 24\,000+17\,595\times 34\,000$$

$$=1.23\times 10^9\ \text{N}\cdot\text{mm}$$

Ⅱ-Ⅱ截面风弯矩

$$M_W^{Ⅱ\text{-}Ⅱ}=0.7P_1\frac{l_1-3\,000}{2}+P_2\left(l_1-3\,000+\frac{l_2}{2}\right)+P_3\left(l_1-3\,000+l_2+\frac{l_3}{2}\right)$$

$$+P_4\left(l_1-3\,000+l_2+l_3+\frac{l_4}{2}\right)$$

$$=0.7\times 11\,279\times 3\,500$$

$$+14\,098\times 12\,000$$

$$+16\,016\times 22\,000$$

$$+17\,595\times 32\,000$$

$$=1.11\times 10^9\ \text{N}\cdot\text{mm}$$

4. 塔体的强度和稳定性校核

塔底危险截面(Ⅱ-Ⅱ)的轴向应力计算

$$\sigma_1=\frac{pD_i}{4t_e}=\frac{1.0\times 2\,000}{4\times 9}=55.6\ \text{MPa}$$

$$\sigma_2=\frac{m_0 g}{\pi D_i t_e}=\frac{65\,186\times 9.8}{3.14\times 2\,000\times 9}$$

$$=11.3\ \text{MPa}$$

$$\sigma_3=\frac{M_w^{Ⅱ\text{-}Ⅱ}}{0.785D_i^2 t_e}=\frac{1.11\times 10^9}{0.785\times 2\,000^2\times 9.0}$$

$$=39.3\ \text{MPa}$$

塔底危险截面(Ⅱ-Ⅱ)抗压强度及轴向稳定性验算

该截面上的最大轴向压缩应力发生在空塔时,

$$\sigma_{\max}=\sigma_2+\sigma_3\leqslant\begin{cases}K[\sigma]^t\\KB\end{cases}$$

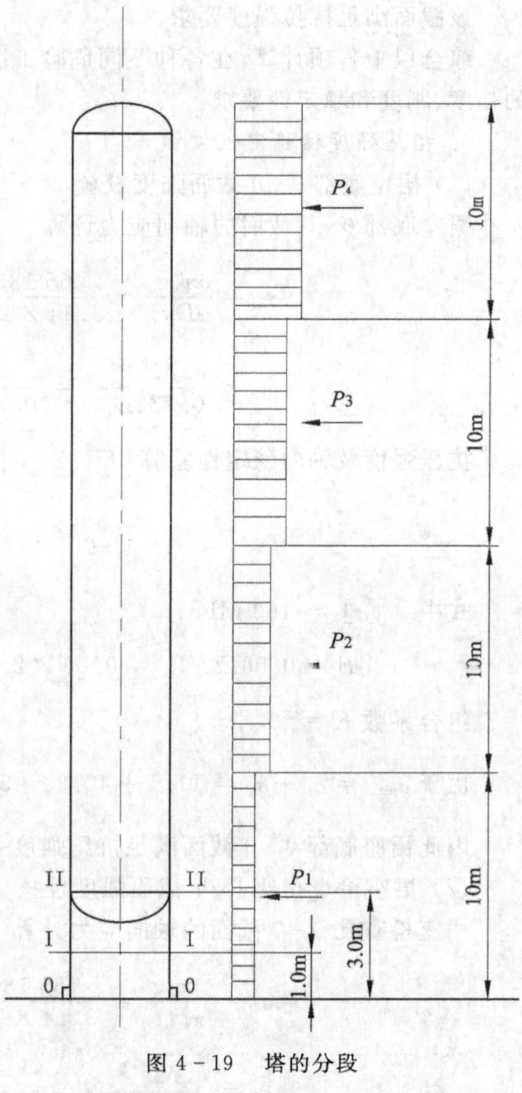

图 4-19 塔的分段

式中 $[\sigma]^t=163\ \text{MPa}$;

$$B=0.06Et_e/R_i=0.06\times 2.0\times 10^5\times 9/1\,000$$

$$=108\ \text{MPa};$$

组合系数 $K=1.2$。

由于 $\sigma_{\max} = \sigma_2 + \sigma_3 = 11.1 + 39.3 = 50.4 < \begin{cases} 1.2 \times 163 = 195.6\ \text{MPa} \\ 1.2 \times 108 = 129.6\ \text{MPa} \end{cases}$

因此塔底Ⅱ-Ⅱ截面满足抗压强度及轴向稳定条件。

塔底Ⅱ-Ⅱ截面抗拉强度校核

$$\sigma_{\max} = \sigma_1 - \sigma_2 + \sigma_3 \leqslant K[\sigma]^t \phi$$

塔底Ⅱ-Ⅱ截面上的最大拉应力

$$\sigma_{\max} = \sigma_1 - \sigma_2 + \sigma_3 = 55.6 - 11.1 + 39.3 = 83.8 < 1.2 \times 163 \times 0.85 = 193\ \text{MPa}$$

该截面满足抗拉强度要求。

综合以上各项计算，在各种不同危险工况下塔体壁厚取 $t_n = 12\ \text{mm}$，可以满足整个塔体的强度、刚度和稳定性要求。

5. *裙座强度核稳定性校核*

(1) 裙座底部 0-0 截面强度校核

裙座底部 0-0 截面的轴向应力计算

$$\sigma_2 = \frac{m_0 g}{\pi D_i t_e} = \frac{65\,186 \times 9.8}{3.14 \times 2\,000 \times 10} = 10.17\ \text{MPa}$$

$$\sigma_3 = \frac{M_w^{\text{Ⅱ-Ⅱ}}}{0.785 D_i^2 t_e} = \frac{1.28 \times 10^9}{0.785 \times 2\,000^2 \times 10} = 40.8\ \text{MPa}$$

抗压强度及轴向稳定性验算

$$\sigma_{\max} = \sigma_2 + \sigma_3 \leqslant \begin{cases} K[\sigma]^t \\ KB \end{cases}$$

式中　$[\sigma]^t = 163\ \text{MPa}$；

$$B = 0.06 E t_e / R_i = 0.06 \times 2.0 \times 10^5 \times 10 / 1\,000 = 120\ \text{MPa};$$

组合系数 $K=1.2$。

由于 $\sigma_{\max} = \sigma_2 + \sigma_3 = 11.1 + 40.8 = 51.9 < \begin{cases} 1.2 \times 163 = 195.6\ \text{MPa} \\ 1.2 \times 108 = 129.6\ \text{MPa} \end{cases}$

因此裙座底部 0-0 截面满足抗压强度及轴向稳定条件。

(2) 裙座检查孔处Ⅰ-Ⅰ截面强度校核

裙座检查孔 0-0 截面的轴向应力计算

$$\sigma_2 = \frac{m_0 g}{\pi D_i t_e} = \frac{65\,186 \times 9.8}{3.14 \times 2\,000 \times 10} = 10.17\ \text{MPa}$$

$$\sigma_3 = \frac{M_w^{\text{Ⅱ-Ⅱ}}}{0.785 D_i^2 t_e} = \frac{1.23 \times 10^9}{0.785 \times 2\,000^2 \times 10} = 39.2\ \text{MPa}$$

抗压强度及轴向稳定性验算

$$\sigma_{\max} = \sigma_2 + \sigma_3 \leqslant \begin{cases} K[\sigma]^t \\ KB \end{cases}$$

式中 $[\sigma]^t = 163\ \text{MPa}$；

$$B = 0.06Et_e/R_i = 0.06 \times 2.0 \times 10^5 \times 10/1\,000 = 120\ \text{MPa};$$

组合系数 $K = 1.2$。

由于 $\sigma_{\max} = \sigma_2 + \sigma_3 = 11.1 + 39.2 = 50.3 < \begin{cases} 1.2 \times 163 = 195.6\ \text{MPa} \\ 1.2 \times 120 = 144\ \text{MPa} \end{cases}$

因此检查孔处Ⅰ-Ⅰ截面满足抗压强度及轴向稳定条件。

(3) 裙座焊缝强度校核

此塔裙座与塔体采用对接焊，焊缝承受的组合拉应力为

$$\sigma = \frac{M_{\max}^{\text{Ⅱ-Ⅱ}}}{0.785D_i^2 t_e} - \frac{m_{\min} g}{\pi D_i t_e} = \frac{1.11 \times 10^9}{0.785 \times 2\,000^2 \times 10} - \frac{45\,394 \times 9.8}{3.14 \times 2\,000 \times 10}$$

$$= 39.3 - 7.08 = 32.22\ \text{MPa}$$

$$\sigma < 0.6[\sigma]^t = 0.6 \times 163 = 97.8\ \text{MPa}$$

满足裙座焊缝强度要求。

6. 水压试验时塔的强度和稳定性验算

(1) 水压试验时塔体Ⅱ-Ⅱ截面的强度校核

$$\sigma_T = \frac{(p_T + p')(D_i + t_e)}{2t_e \phi} \leqslant 0.9\sigma_s$$

式中 P_T——水压试验压力，$P_T = 1.25p\dfrac{[\sigma]}{[\sigma]^t} = 1.25 \times 1.0 \times \dfrac{163}{163} = 1.25\ \text{MPa}$；

p'——液体静压力，由于塔高为 40 m，扣除裙座高度 3 m，直立进行水压试验时，塔内实际液体高度为 37 m，故取 $p' = 0.37\ \text{MPa}$。

$$\sigma_T = \frac{(1.25 + 0.37)(2\,000 + 9)}{2 \times 9 \times 0.85} = 212.7 \leqslant 0.9\sigma_s = 0.9 \times 325 = 292.5\ \text{MPa}$$

因此满足水压试验强度的要求。

(2) 水压试验时裙座底部 0-0 截面的强度和轴向稳定要求

$$\sigma = \frac{0.3M_{\max}^{0\text{-}0}}{0.785D_i^2 t_e} + \frac{m_{\max} g}{\pi D_i t_e} = \frac{0.3 \times 1.28 \times 10^9}{0.785 \times 2\,000^2 \times 10} + \frac{173\,508 \times 9.8}{3.14 \times 2\,000 \times 10}$$

$$= 12.22 + 27.07 = 39.3\ \text{MPa}$$

$$\sigma < [\sigma_{cr}]^t = 120\ \text{MPa}$$

水压试验时裙座底部截面满足稳定性要求。

7. 基础环板设计

(1) 基础环板内外径的确定

$$\text{外径}\ D_{ob} = D_{is} + (160 \sim 400) = 2\,000 + 200 = 2\,200\ \text{mm}$$

$$\text{内径}\ D_{ib} = D_{is} - (160 \sim 400) = 2\,000 - 200 = 1\,800\ \text{mm}$$

(2) 混凝土强度校核

正常操作时：

$$\sigma_{b\max} = \frac{m_0 g}{0.875(D_{OB}^2 - D_{ib}^2)} + \frac{M_W^{0-0}}{\dfrac{\pi(D_{Ob}^4 - D_{iB}^4)}{32D_{Ob}}}$$

$$= \frac{65\ 186 \times 9.8}{0.785 \times (2\ 200^2 - 1\ 800^2)} + \frac{1.28 \times 10^9}{\dfrac{\pi \times (2\ 200^4 - 1\ 800^4)}{32 \times 2\ 200}}$$

$$= 0.508 + 2.22 = 2.728\ \text{MPa}$$

水压试验时：

$$\sigma_{b\max} = \frac{m_{\max} g}{0.875(D_{OB}^2 - D_{ib}^2)} + \frac{0.3M_W^{0-0}}{\dfrac{\pi(D_{Ob}^4 - D_{iB}^4)}{32D_{Ob}}}$$

$$= \frac{173\ 508 \times 9.8}{0.785 \times (2\ 200^2 - 1\ 800^2)} + \frac{0.3 \times 1.28 \times 10^9}{\dfrac{\pi \times (2\ 200^4 - 1\ 800^4)}{32 \times 2\ 200}}$$

$$= 1.35 + 0.67 = 2.02\ \text{MPa}$$

以上应力均小于各种标号混凝土的压应力许用值 4 MPa，满足强度要求。

(3) 基础环板厚度设计

由于该塔较高，塔底裙座采用加筋结构，基础环板采用 28 个均布的地脚螺旋固定，取筋板的厚度为 12 mm，则基础环上筋板间的距离为

$$l = \frac{\pi D_{ol}}{n} - t = \frac{3.14 \times 2\ 200}{24} - 12 = 275.8\ \text{mm}$$

基础环的外伸宽度

$$b = \frac{D_{Ol} - D_{Os}}{2} = \frac{2\ 200 - (2\ 000 + 2 \times 12)}{2} = 88\ \text{mm}$$

两筋板间基础环部分的长宽比

$$\frac{b}{l} = \frac{88}{275.8} = 0.32$$

查表 4-12，$M_s = M_x = 0.385 \times 2.07 \times 88^2 = 6\ 171\ \text{N} \cdot \text{mm/mm}$

基础环板采用 Q235 钢，则其厚度为

$$t_b = \sqrt{\frac{6M_s}{[\sigma]_b}} = \sqrt{\frac{6 \times 6\ 171}{140}} = 16.24\ \text{mm}$$

考虑腐蚀裕度，取 $C_2 = 3$ mm，再圆整至钢板系列尺寸，故取基础环厚度 $t_b = 20$ mm。

(4) 地脚螺栓的设计

塔设备作用在迎风面侧基础上的最小应力根据

$$\sigma_B = \frac{\dfrac{M_W^{0-0}}{\dfrac{\pi(\sigma_{ob}^4 - \sigma_{ib}^4)}{32D_{ob}}}}{} - \frac{m_{\min} g}{0.785 \times (D_{ob}^2 - D_{ib}^2)}$$

$$= \frac{1.28 \times 10^9}{\dfrac{\pi(2\,200^4 - 1\,800^4)}{32 \times 2\,200}} - \frac{45\,394 \times 9.8}{0.785 \times (2\,200^2 - 1\,800^2)} = 2.21 - 0.35 = 1.86\ \text{MPa}$$

由于 $\sigma_B > 0$，设备有可能倾倒，必须采用地脚螺栓予以固定。选用地脚螺栓的材料为 16 Mn，该材料的许用应力为 147 MPa，取腐蚀裕量为 2 mm，则地脚螺栓的根径

$$d_1 = \sqrt{\frac{4}{\pi} \times \frac{0.785 \times (2\,200^2 - 1\,800^2) \times 1.43}{28 \times 147}} + 2 = 23.57 + 2 = 25.57\ \text{mm}$$

根据标准，地脚螺栓的尺寸不应小于 $M24$，故选用 $M24$ 的地脚螺栓 28 个。

根据以上的设计计算，所设计的塔设备施工图见插页附录 4－3 所示。

5 管壳式换热器设计

5.1 概述

换热器是一种实现物料之间热量传递的节能设备，无论在日常生活还是工业领域，换热器的应用十分广泛。据统计，在石油炼制、化工装备中换热器占设备总数的40%左右，占装置总投资的30%～45%。近年来随着节能技术的发展，换热器的应用领域不断扩大，利用换热器进行高温和低温热能回收已带来了显著的经济效益。

为满足不同场合下的换热要求，各种新型换热器不断涌现，但工业中用量最大的还是管壳式换热器，这主要是由于其具有结构坚固、操作弹性大、可靠程度高、使用范围广、清洗方便等优点，但该换热器在换热效率、设备的体积和金属材料的消耗量等方面不及其他新型的换热设备。

5.2 管壳式换热器的类型

管壳式换热器是把换热管与管板连接，再用壳体固定的一种换热器。根据管板和壳体的连接方式，管壳式大致可将其分为：固定管板式、浮头式、U形管式、填料函式等几种，如图5－1所示。

1. 固定管板式换热器

图5－1a为固定管板式换热器的结构图，该换热器两端管板采用焊接方式与壳体连接。由于其结构简单、紧凑、制造成本低，能得到最小的壳体内径，管程可分为多程，壳程也可分为双程，规格范围广，故在工程中应用广泛。该换热器的缺点是壳程清洗困难，管壳程间有温差应力存在，当热冷流体温差较大时，需在壳体设置膨胀节。固定管板式换热器适用于介质清洁，不易结垢，以及温差不大或温差虽大但壳程压力不高的场合。

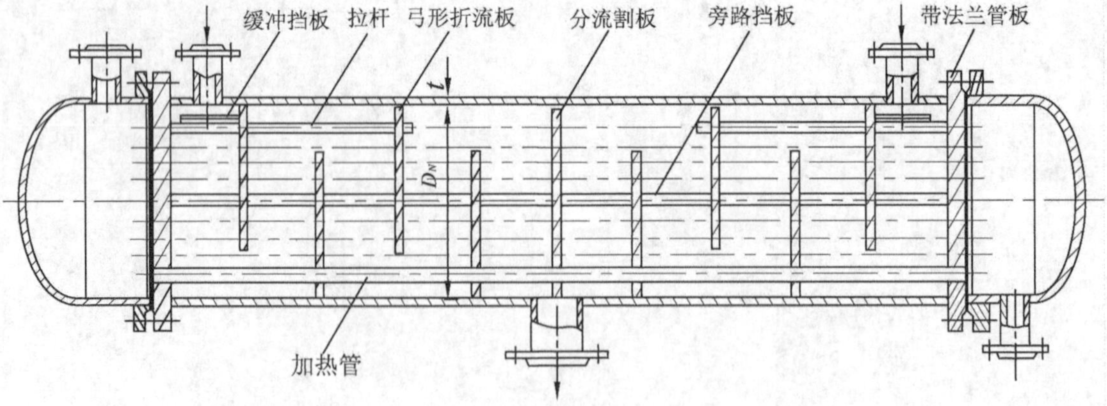

图5－1a　固定管板式换热器结构图

2. 浮头式换热器

图 5－1b 为浮头式换热器的结构图，该换热器只有一端管板与壳体固定，而另一端的管板壳在壳体内自由浮动。这种换热器最大的优点是解除了壳体与换热管之间的相互约束，管束和壳体间不产生温差应力，因而可适用于温差较大的场合。浮头端设计成可拆结构，使管束能容易地插入或抽出壳体，这样为检修、清洗提供方便。但是该换热器结构复杂，而且浮头端小盖在操作时无法判断泄漏情况，因此在安装时要特别注意其密封。

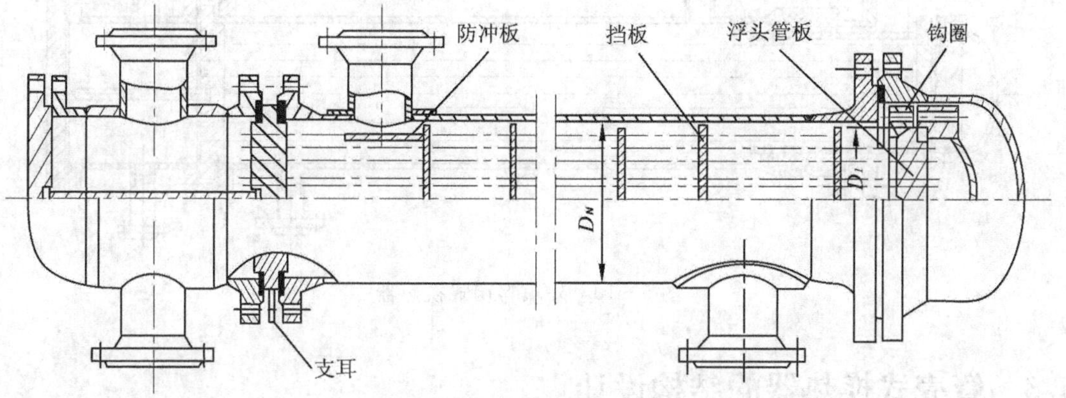

图 5－1b 浮头式换热器结构图

3. U 形管式换热器

图 5－1c 为 U 形管换热器结构图，该换热器是将换热管弯曲成 U 型，换热管的两端固定在同一块管板上。该换热器由于壳体与换热管相互之间不产生相互的约束，因此不会产生由于热变形不同而产生的温差应力。该换热器由于只有一块管板，且无浮头，故结构简单，造价低。由于管束可以从壳体内抽出，换热管的外壁便于清洗，但换热管内清洗困难，因此换热管内应走清洁且不易结垢的物料。该换热器的缺点是由于管束中心存在空隙，液体易短路，影响传热效率。同时一旦换热管出现问题，更换非常困难，只能采用堵死的方法，这将造成传热面积的损失。该换热器由于结构简单，特别适用于高温高压的场合。

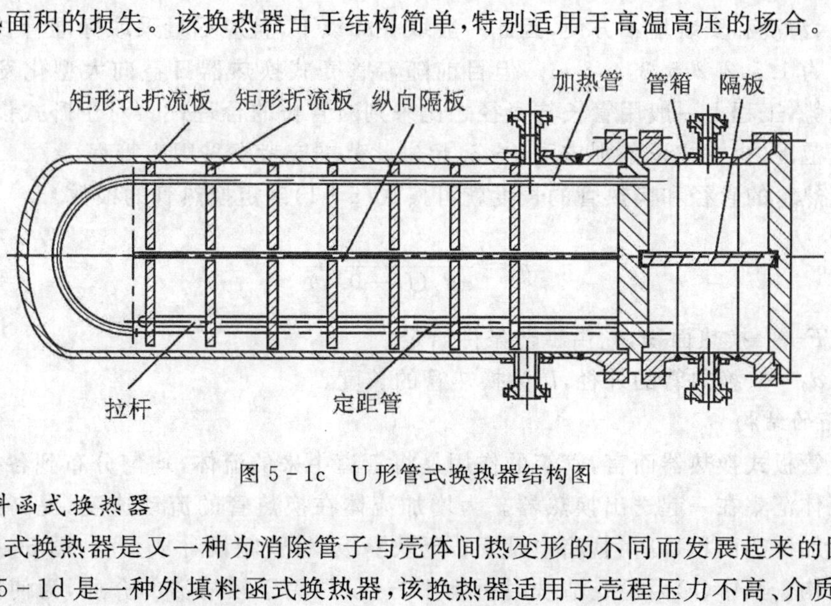

图 5－1c U 形管式换热器结构图

4. 填料函式换热器

填料函式换热器是又一种为消除管子与壳体间热变形的不同而发展起来的固定管板式换热器，图 5－1d 是一种外填料函式换热器，该换热器适用于壳程压力不高、介质腐蚀严重、温差大而经常需要更换管束的场合。从结构上说它具有浮头式换热器的优点，又克服了固定管板换热器的缺点，结构简单，制造方便，易于清洗。但由于填料的密封效果较差，因此该换热器不适宜于操作压力和温度过高的场合，壳程内不适宜于走易挥发、易燃、易爆、有毒及贵重介质。

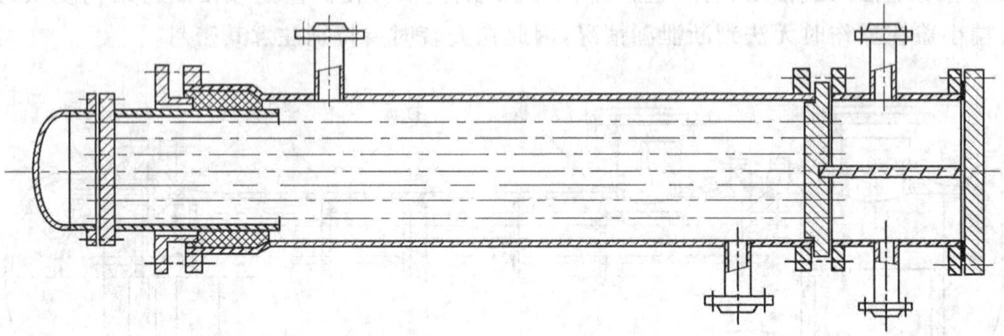

图 5-1d　外填料函式换热器

5.3　管壳式换热器的结构设计

5.3.1　管程结构

1. 换热管

管壳式换热器中的换热管常采用标准尺寸的圆截面管子，换热管直径小时，单位体积传热面积大、结构紧凑、金属消耗量小，而且在其他条件相同时，小直径的管子对流换热系数大，但直径小时流体流动阻力大，不便清洗，因此一般黏度大或污浊流体应选用直径较大的管子。

换热管的长度决定换热器的换热面积，换热管的长度越长，单位面积材料消耗量越低，但管子过长，清洗和安装均不方便，因此一般取 6 m 以下，且应尽量采取标准管长或其等分，常用的尺寸为 1.5，2，2.5，3，4，6 m。但目前随着管壳式换热器日益向大型化发展，管子也出现增长趋势，工程上一般用管长与壳径之比来判断管长的合理性。对于卧式设备，其比值应在 6～10 范围内，立式设备则应取 4～6，超过此范围应考虑采用多管程。

选定换热管的直径和换热管的长度就可按式(5-1)确定换热管的根数

$$n=\frac{F}{\pi d_0(L-0.1)} \tag{5-1}$$

式中　F——换热面积，它由工艺条件给定；

d_0——换热管的外径，L 为换热管的长度。

2. 管箱的结构

对固定管板式换热器而言，管箱的作用是将管道中来的流体，均匀分布到各换热管和将换热管内流体汇集在一起送出换热器。为增加流体在换热管的流动速度，提高换热器的给热系数和增加传热面积，可在管箱中设置若干块隔板，将管箱设计成多程，图 5-2 为多程管箱的常见结构。其中(a)因检查清洗时拆卸不方便，只用于较清洁的介质，为使拆卸方便可采用(b)的结构型式。(c)是将管箱和管板焊成一体,从结构上避免了管板密封处的泄漏,但管箱不能单独拆卸,检修清洗不方便,所以实际使用中很少采用。(d)是多程隔板的一种安装形式,管箱上有介质出、入口接管。

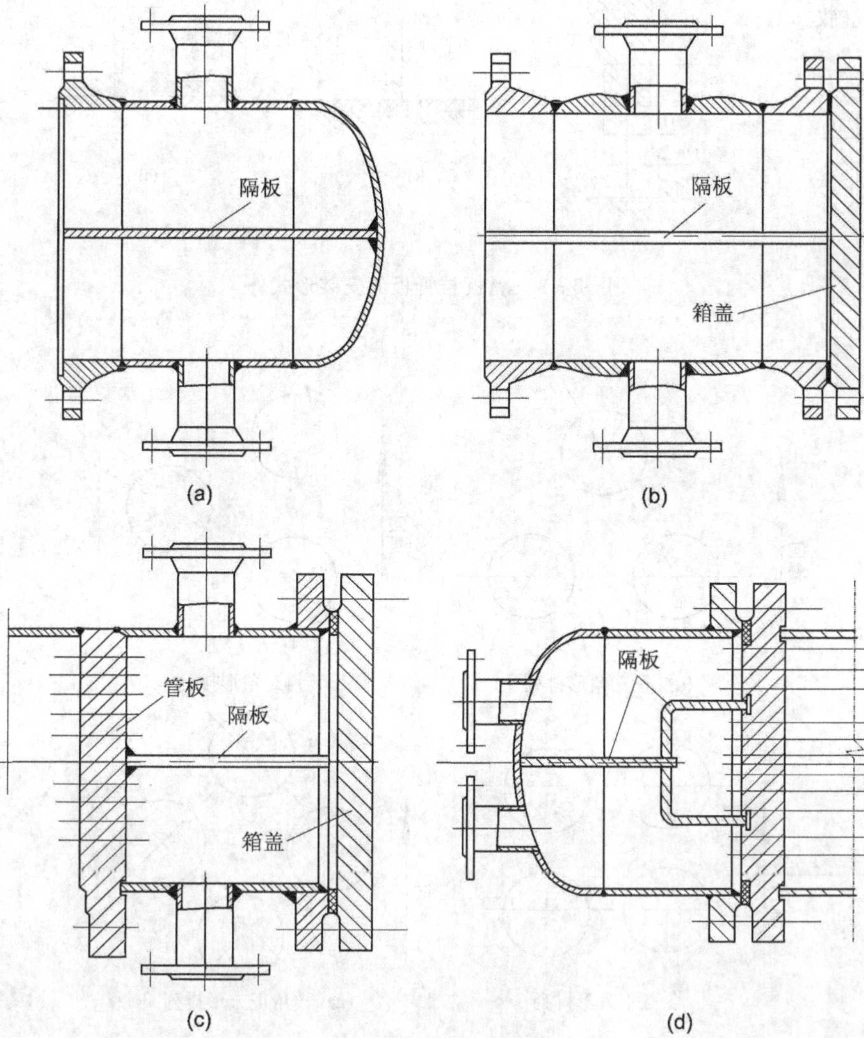

图 5-2 多程管箱结构型式

隔板和管板的连接常采用沟槽结构,隔板材料一般与管箱材料相同。如图 5-3 所示,为保证密封要求,管板上沟槽的底面应与管板密封面在同一平面上,对横置隔板,为防止隔板上存在残液,应在隔板上开 $\phi6$ 的排放孔。图 5-3(a)和(b)为常用的结构型式,(c)为管板材料为复合钢时的结构型式,(d)为碳钢管板上堆焊防腐材料时的结构型式,(e)适用于大直径的换热器。

3. 换热管的排列

管子在管板上的排列,应力求分布均匀、紧凑,也需要考虑清扫和整体结构的要求,常见的排列方式如图 5-4 所示。其中正三角形排列是最常见的一种,正三角形排列与转角三角形排列相比,在同一管板面积上布置相同管子数时可节省 15%左右的管板面积,且传热系数

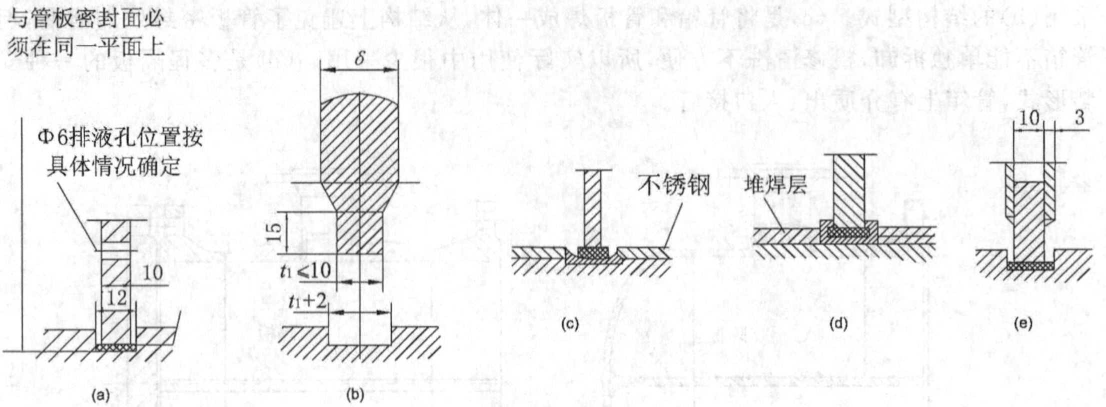

图 5-3　隔板与管板的安装形式

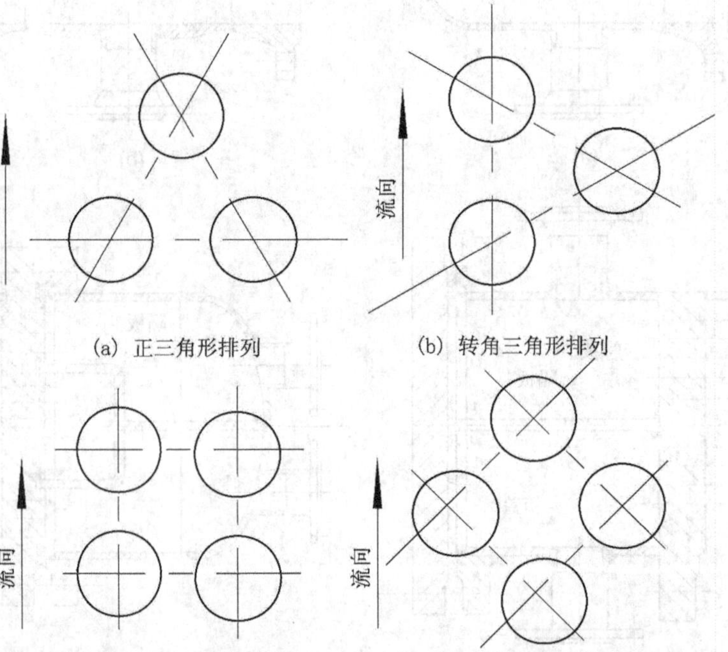

(a) 正三角形排列　　(b) 转角三角形排列

(c) 正方形排列　　(d) 转角正方形排列

图 5-4　管子的排列方式

较高，便于在管板上画线和钻孔，但管间清洗困难，因此常用于壳程介质清洁，无需清洗的场合。为保证管间小桥在胀管时有足够的强度，换热管的中心距一般不小于 1.25 倍的换热管外径，常用的换热管中心距可按表 5-1 选取 。

表 5-1　换热管中心距

换热管外径 d_0	10	12	14	16	19	20	22	25	30	32	35	38	45	50	55	57
换热管中心距 S	13～14	16	19	22	25	26	28	32	38	40	44	48	57	64	70	72
分程隔板槽两侧相邻管中心距 S_0	28	30	32	35	38	40	42	44	50	52	56	60	68	76	78	80

当换热器外管需清洗时，换热管常按正方形排列，其相邻两管间的净空距离($S-d$)不小于 6 mm，对于外径为 10、12 和 14 mm 的换热管的中心距分别不得小于 17、19 和 21 mm。

4. 布管限定圆

对固定管板式换热器布管限定圆的直径 D_L 不得大于 D_i-2b，其中 b 为最外层换热管外表面至壳体内壁的最短距离，b 通常可取 $0.5d_0$，其不小于 8 mm。

5.3.2 壳程的结构

管壳式换热器的壳程内主要由折流板、支承板、纵向隔板、旁路挡板、防冲板、拉杆、定距管、导流筒、滑板等元件组成。由于各种形式换热器的工艺性能、使用场合不同，壳程内各种元件的设置亦不同，以满足设计要求。

各元件在壳程内的设置，按其不同的作用，可分为两类。一类为使壳侧介质对换热管最有效的流动来提高换热效率而设置的各种挡板，如折流板、纵向挡板、旁路挡板、分流割板、导流筒等。另一类为了管束的安装及保护换热管而设置的，如支承板、导轨、防冲板等。

1. 折流板

折流板的作用是为了改变壳程介质的流向，增加管间流速，以达到增加传热效果的目的，它的结构设计，要根据工艺过程及要求来确定，常见折流板的形式有弓形、矩形和圆盘-圆环形，如图 5-5。

弓形折流板是最为常用的一种形式，其上圆缺切口大小和板间距的大小是影响传热和压降的两个重要因素，其中圆缺切口高度应使缺口处流通截面与两折流板间的流通面积相接近，以减少流通截面变化引起的压降。一般圆缺切口的高度 h 取$(0.1\sim0.45)D_i$，对于无相变流体，推荐取 $h/D_i=0.2\sim0.25$。换热管与折流板孔间的间隙可按表 5-2 选取，间隙太小，穿管困难；间隙太大则易于引起旁路泄漏。

表 5-2 折流板管孔直径与允许误差

管子外径 d_0	14	16	19	25	32	38	45	57
管孔直径 d	14.6	16.6	19.6	25.8	32.8	38.8	45.8	58.0
允许误差	$^{+0.4}_{0}$				$^{+0.45}_{0}$		$^{+0.5}_{0}$	

折流板外直径与壳体的直径之间应有一个合适的间隙，间隙太小，安装困难；间隙太大会造成流体短路，影响传热，折流板和支撑板的外径可按表 5-3 选取。

表 5-3 折流板和支撑板的外径

公称直径 DN	<400	400～500	500～900	900～1 300	1 300～1 700	1 700～2 000	2 000～2 300	2 300～2 600
折流板名义外直径	$DN-2.5$	$DN-3.5$	$DN-4.5$	$DN-6$	$DN-8$	$DN-10$	$DN-12$	$DN-14$
允许误差	$^{0}_{-0.5}$		$^{0}_{-0.8}$		$^{0}_{-1.2}$		$^{0}_{-1.4}$	$^{0}_{-1.6}$

折流板的厚度与壳体直径及折流板间距有关，并取决于它所支撑的质量。板厚增大，管束不易激发振动，其最小厚度可按表 5-4 选取。

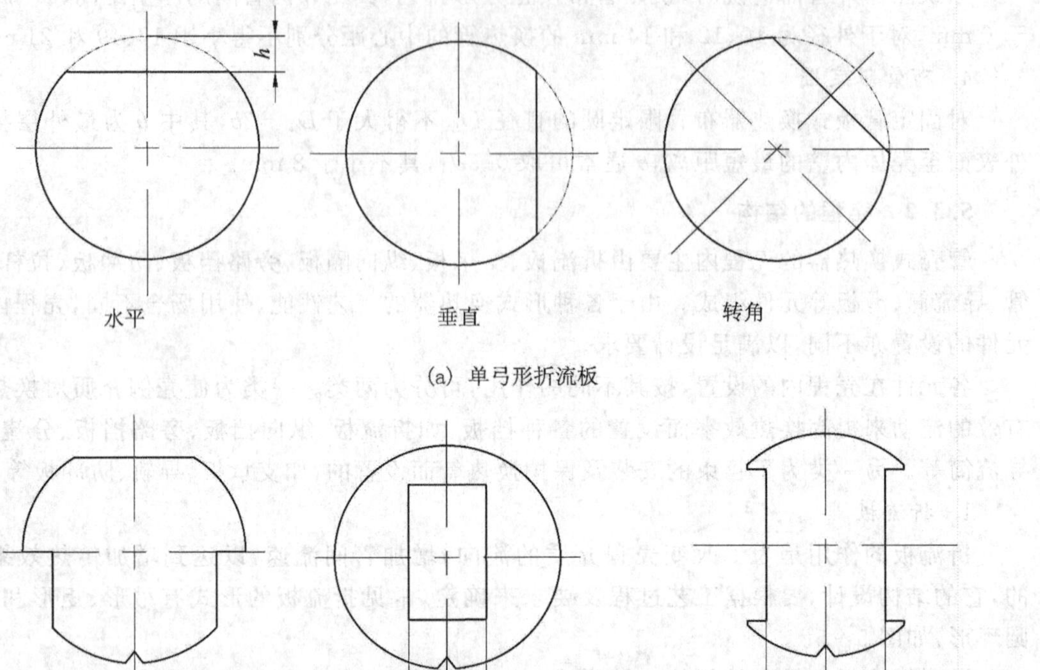

图 5-5　常见折流板结构型式

表 5-4　折流板或支承板的最小厚度

公称直径 DN	最大无支承间距					
	≤300	300～600	600～900	900～1 200	1 200～1 500	>1 500
<400	3	4	5	8	10	10
400～700	4	5	6	10	10	12

（续表）

公称直径 DN	最大无支承间距					
	≤300	300～600	600～900	900～1 200	1 200～1 500	>1 500
700～900	5	6	8	10	12	16
900～1 500	6	8	10	12	16	16
1 500～2 000		10	12	16	20	20
2 000～2 600		12	14	18	20	22

折流板通常等距布置在换热管有效长度内，其间距则取决于换热管的用途、壳程介质流量等，折流板的最小间距一般不小于圆筒内直径的五分之一，且不小于 50 mm。最大间距不得超过 D_i，板间距太小不利于制造和维修，流阻也大，但板间距过大时则接近于纵向流动，传热效果差，折流板最大间距一般不得超过表 5-5 所列数值。

表 5-5 换热管最大无支撑间距

换热管外直径		10	12	14	16	19	25	32	38	45	57
最大无支撑间距	钢 管			1 100	1 300	1 500	1 850	2 200	2 500	2 750	3 200
	有色金属管	750	850	950	1 100	1 300	1 600	1 900	2 200	2 400	2 800

2. 拉杆

拉杆应尽量均匀布置在管束的外边缘。对于大直径的换热器，在布管区内或靠近折流板缺口处应布置相当数量的拉杆，常用拉杆的形式有两种，见图 5-6。

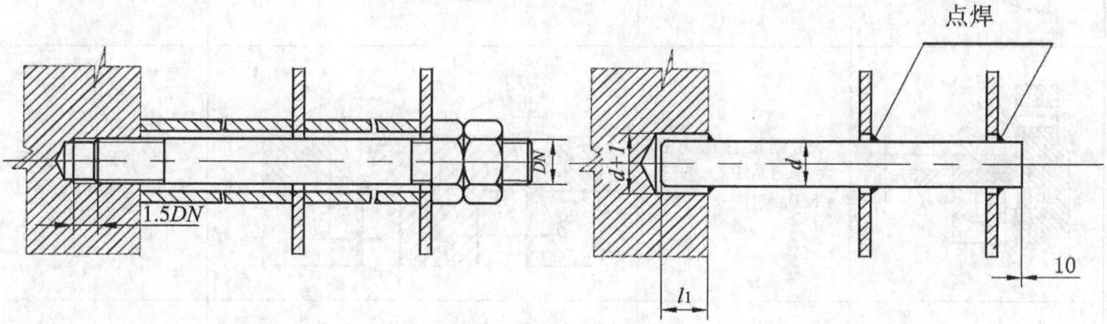

(a) 拉杆定距管结构 (b) 点焊结构

图 5-6 拉杆的结构型式

拉杆定距管结构适用于换热管外径大于或等于 19 mm 的管束，拉杆与折流板点焊结构适用于换热管外径小于等于 14 mm 的管束，拉杆的数量按表 5-6 选取。

表 5-6　拉 杆 数 量

拉杆直径 d/mm ＼ 公称直径	<400	400～700	700～900	900～1 300	1 300～1 500	1 500～1 800	1 800～2 000	2 000～2 300	2 300～2 600
10	4	6	10	12	16	18	24	28	32
12	4	4	8	10	12	14	18	20	24
16	4	4	6	6	8	10	12	14	16

5.3.3　壳体与管板的连接结构

管板与壳体的连接形式，分为两大类：一是不可拆式，如固定管板换热器，管板与壳体采用焊接的方法连接；二是可拆式，如 U 形管式、浮头式及填料函式，一般采用管板本身不直接与壳体焊接，而通过壳体上法兰和管箱法兰夹持固定。

对壳体与管板采用焊接形式连接的结构，由于应根据设备直径的大小、压力的高低以及换热介质的毒性或易燃性等，考虑采用不同的焊接方式及焊接结构，实际使用中可按照表 5-7 选取。

表 5-7　壳体与管板常见焊接结构

管板兼作法兰		管板不兼法兰	
结构型式	使用场合	结构型式	使用场合
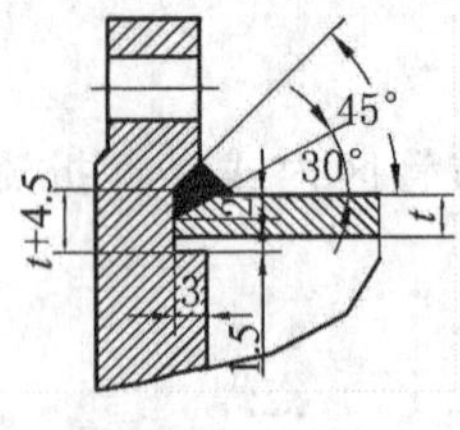	壳体壁厚小于等于12 mm； 壳程设计压力不大于1 MPa； 壳程介质非易燃、非挥发性及有毒	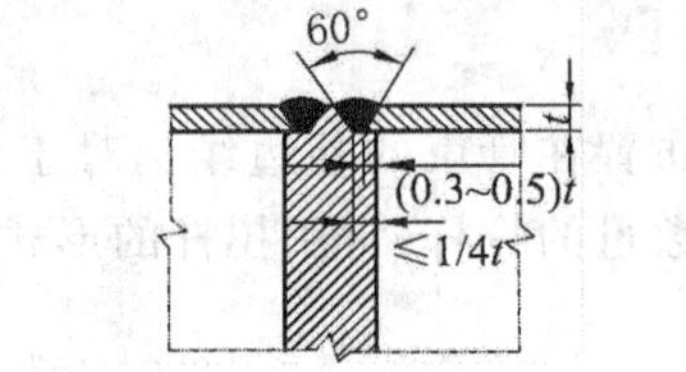	设计压力不大于4 MPa
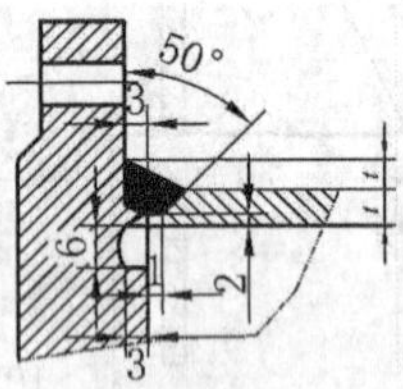	壳程设计压力在大于 1 MPa、小于 4 MPa范围	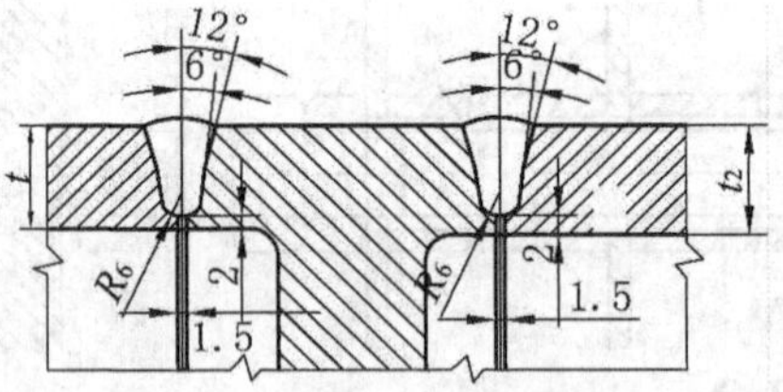	使用压力大于等于 6.4 MPa
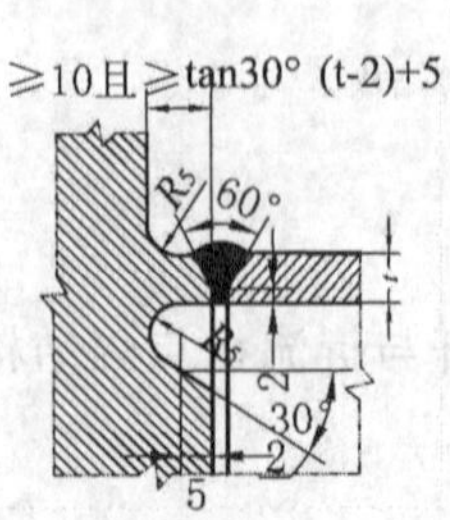	壳程设计压力大于 4.0 MPa	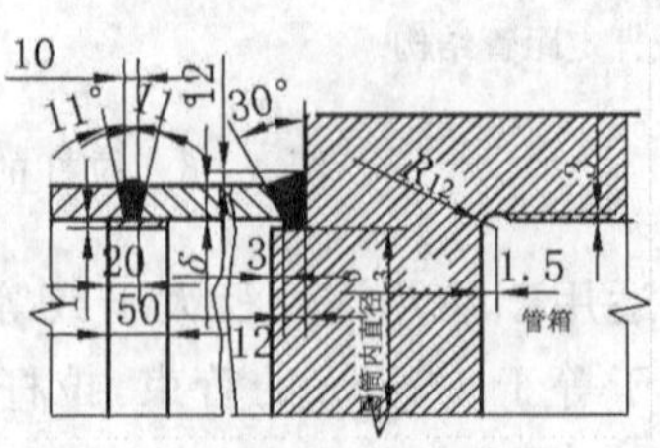	壳程使用压力不大于 4 MPa，管程压力大于等于6.4 MPa

（续表）

管板兼作法兰		管板不兼法兰	
结构型式	使用场合	结构型式	使用场合
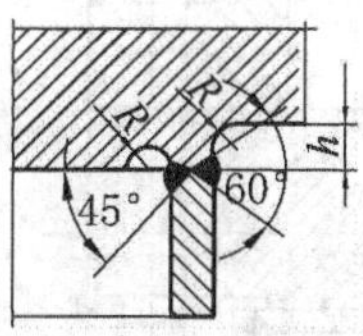	壳程设计压力大于 6.4 MPa	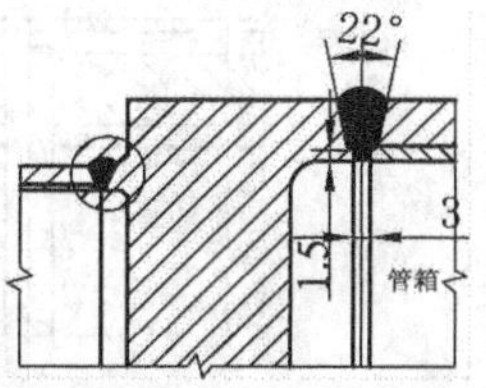	壳程压力不大于 4 MPa，管箱为多层结构

5.3.4　管箱与管板的连接结构

管箱与管板的连接结构型式较多，随着压力的大小、温度的高低、介质特性以及耐蚀性要求的不同，对连接处的密封要求、法兰的形式也不同。

固定管板式换热器的管板兼作法兰，管板与管箱法兰的连接形式较为简单。对压力不高、气密性要求高的场合，可选用图 5-7(a)的平垫密封结构。当气密性要求较高时，密封面可采用具有良好密封性能的榫槽面密封，如图 5-7(b)，但由于该密封结构的制造要求较高、加工困难、垫片窄、安装不方便等缺点，所以一般情况下，尽可能采用凹凸面的形式，如图5-7(c)。

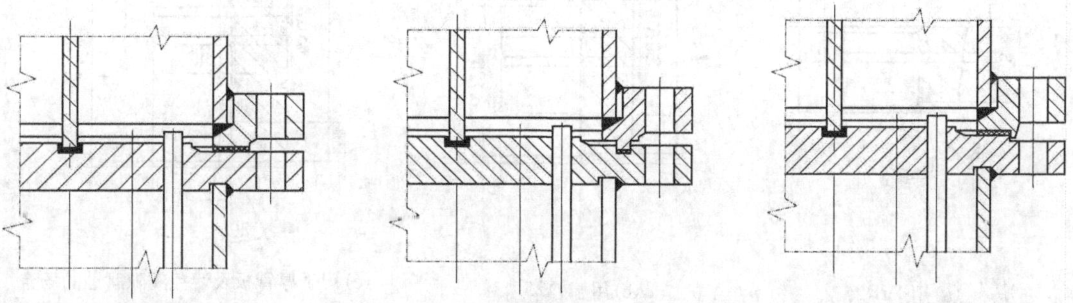

(a) 平面密封　　(b) 榫槽密封　　(c) 凹凸面密封

图 5-7　密封面形式

对于可拆式连接的管板，因管束需经常抽出清洗、维修，所以管板与壳体不采用焊接连接，而做成可拆形式，固定在壳体法兰与管箱法兰之间，其夹持形式如图 5-8(a)。当管程需要清洗的场合，壳程可不必拆卸时，螺柱的紧固形式如图 5-8(b)。当管程与壳体之间的压差较大时(管程压力高)，则密封面的要求、法兰的形式及连接方式亦不同，管程和壳程可采用不同的密封形式，如图 5-8(c)。

5.3.5　换热管与管板的连接结构

换热管与管板的连接，在管壳式换热器的设计中，是一个比较重要的结构部分。它不仅加工工作量大，而且必须使每个连接处在设备的运行中，保证介质无泄漏及承受介质压力的能力。通常管板与管子的连接形式采用胀接、焊接和胀焊并用，如表 5-8 所示。

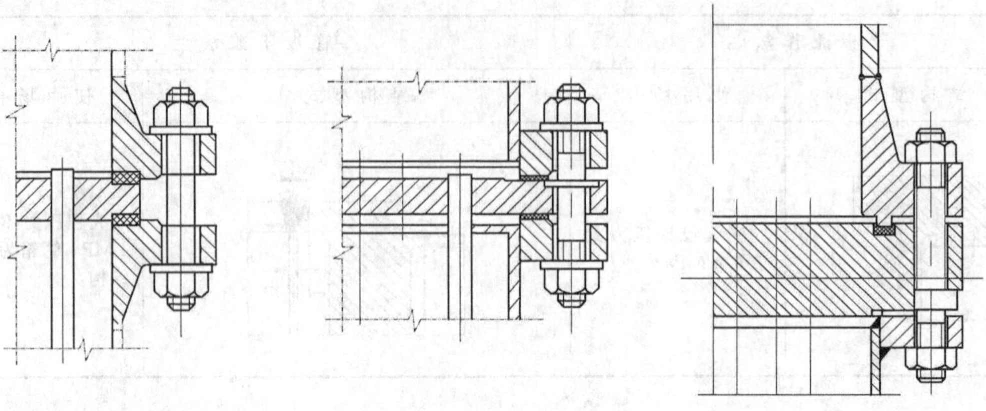

(a) 可折式管板夹持形式　　(b) 壳程螺栓连接　　(c) 大压差密封形式

图 5-8　可折式管板与法兰的连接形式

表 5-8　管子和管板的连接

强度胀接	使用范围：一般用于换热管为碳素钢，管板为碳素钢或低合金钢，设计压力 $p=0.4$ MPa，设计温度 $t\leqslant 300$℃，操作中无剧烈振动，无过大的温度变化及无明显的应力腐蚀

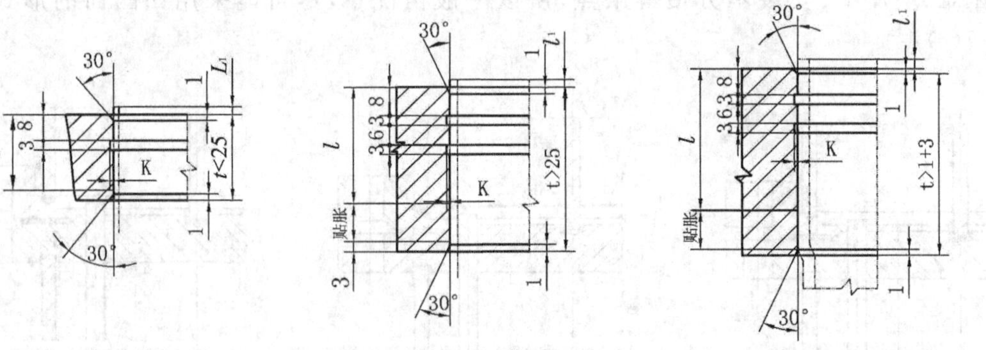

(a)用于 $t<25$　　(b)用于 $t>25$　　(c)用于厚管板及避免间隙腐蚀的场合

管子胀接长度 l	(1) 强度胀最小胀接长度 l 应取管板名义厚度减去 3 mm 或 50 mm 两者的最小值； (2) 当有要求时，管板名义厚度减去 3 mm 与 50 mm 之间的差值可采用贴胀；或管板名义厚度减去 3 mm 全长胀接； (3) 复合管板与换热管也可采用强度胀接，当复层厚度大于等于 8 mm 时，应在复层管孔上开槽			
管子外径，d_0/mm	≤14	16～25	30～38	45～57
l_1/mm	3^{+2}		4^{+2}	5^{+2}
K/mm	不开槽	0.5	0.6	0.8
强度焊	使用范围：适用于管板和管子具有较好可焊性，但不适用于有较大振动及有间隙腐蚀的场合			

（续表）

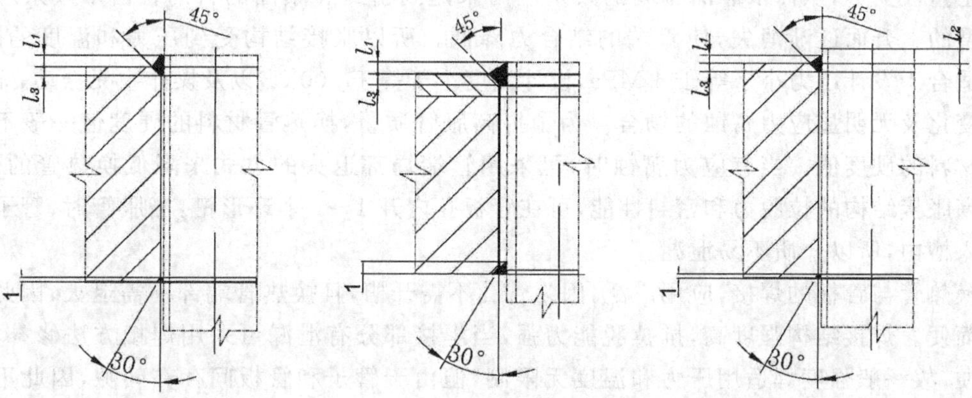

(a) 用于整体管板　　(b) 用于复合管板　　(c) 用于压力较高的工况

换热管规格 外径×壁厚		10×1.0	12×1.0	14×1.5	16×1.5	19×2.0	25×2.0	32×2.5	38×3.0
换热管最小伸出长度	l_1	0.5		1.0		1.5		2.0	2.5
	l_2	1.5		2.0		2.5		3.0	3.5
l_3		1.0			2			2.5	

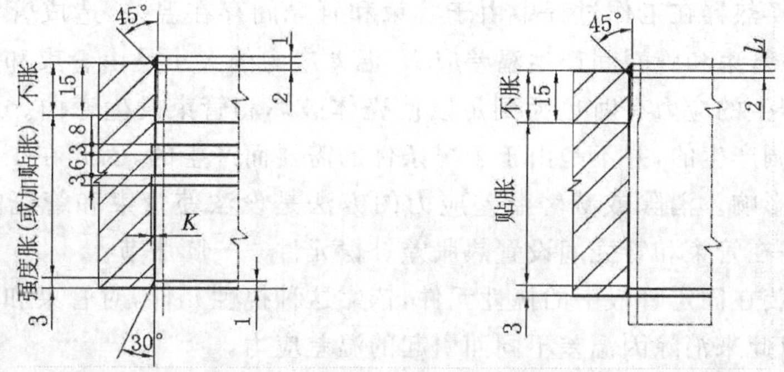

胀焊并用	使用范围：当温度和压力较高而且换热管与管板连接接头在操作中受到反复热变形、热冲击和热腐蚀的作用时

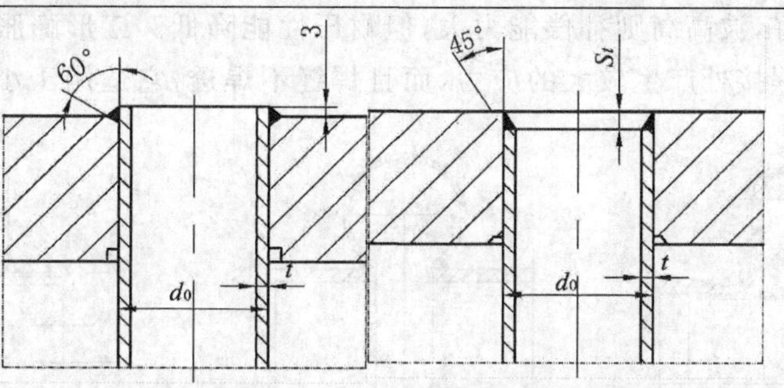

强度胀加密封焊	强度焊加贴胀
强度胀靠胀接来承受管子的载荷并保证密封，管子的焊接仅是辅助性的防漏	强度焊是靠焊接来承受管子的载荷并保证密封，管子的贴胀是为了消除换热管与管板孔间产生间隙腐蚀并增强抗疲劳破坏的能力

胀接是利用胀管器将插入管板管孔内的换热管端部扩展,使管端产生塑性变形,而管板仅产生弹性变形,从而依靠两者间的残余应力来达到密封和紧固的目的。由于残余应力会随温度的上升而逐渐消失,使管端的结合力降低。所以胀接结构受到压力和温度的限制。一般适合于设计压力小于等于 4 MPa,设计温度小于等于 300℃,以及操作中无振动,无过大温度变化及无明显应力腐蚀的场合。为了提高胀管质量,换热管材料的硬度值一般不低于管板材料的硬度值。当有应力腐蚀时,可采用管端局部退火的方式来降低换热管的硬度。为提高胀接结构的拉脱力和密封性能,可在管板孔内开 1～2 个环形槽,当胀管时,管子材料被挤入槽内,所以介质不易泄漏。

换热管与管板的焊接,应用广泛,因为管孔不需开槽,且换热管端部不需退火,因此制造加工简便。焊接结构强度高,抗拉脱能力强,当焊接部分有泄漏可采用焊接方法修补,比胀管方便,故一般强度焊适用压力和温度无限制,但由于管子和管板间存在间隙,因此不适用于有振动和间隙腐蚀的场合。

胀焊组合是兼顾胀接的密封性好和焊接强度高的优点,因此它可用于密封要求高、有间隙腐蚀和产生振动或疲劳载荷的场合。胀焊结合的结构从加工工艺过程有先胀后焊和先焊后胀之分,实际使用中,到底何种结构目前无统一的规定,主要由各制造厂根据加工工艺、设备条件以及习惯制作而定。

5.3.6 热补偿结构

固定管板式换热器在工作过程中由于管束和管壳间存在温差,造成管束和管壳间的热膨胀不同,从而在管束和管壳间产生温差应力,温差应力的大小是由管束和管壳的温差决定的,这种由温差产生的应力有时也大到足以使壳体破坏和管束发生弯曲。由于温差应力是由于结构的不协调产生的,并不是由于工况条件的需要而产生的,因此在工程设计时应设法降低其对结构的影响。消除或减轻温差应力的方法是设法使管束和管壳间的变形能够协调,解决的方法是在管束和管壳间设置热胀差补偿元件——膨胀节。

膨胀节是安装在固定管板上的挠性元件,依靠这种挠性元件,对管束和管壳的热膨胀变形差进行补偿,以此来消除因温差不同而引起的温差应力。

膨胀节的形式较多,但一般有波形膨胀节、Ω 形膨胀节、平板膨胀节,如图 5-9。波形膨胀节的每一个波形的补偿能力与使用压力、材料及波高等因素有关,波高低则补偿能力较差,但耐压性能较好,波高高则补偿能力大,但耐压性能降低。Ω 形膨胀节一般用薄壁管煨制而成,此结构在焊接处产生较大的应力,而且焊缝不焊透,它适用于小直径筒体或应力补

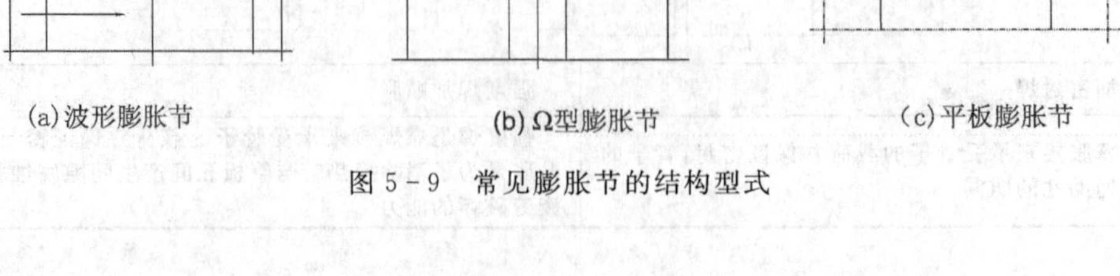

(a)波形膨胀节 (b)Ω型膨胀节 (c)平板膨胀节

图 5-9 常见膨胀节的结构型式

偿较小的工况。平板膨胀节结构简单，允许有一定程度的伸缩量，制造容易，但挠性较差，此结构不能使用在压力大、温差高的工况。它适用于直径大、温差小及常压、低温或真空工况下的换热器。

5.4 管壳式换热器的强度计算

管壳式换热器由壳体、管箱、封头、管板、换热管、膨胀节、钩圈等受力元件组成。各受力元件都需进行强度计算，以确保在运行中的安全。

5.4.1 壳体的设计

管壳式换热器的外壳包括换热器的壳程和管箱，是一承压设备，其壁厚设计及开孔补强可按 GB150，在确定设计压力的基础上按式(5-2)计算壁厚。

$$t_d = \frac{pD_i}{2[\sigma]^t\phi - p} + c \tag{5-2}$$

由于管壳式换热器在工作过程中除承受内压外还受到温差应力、支座反力和自重等载荷的作用，因此壳体的壁厚应比式(5-2)的计算值大，对碳钢和低合金钢需满足表 5-9 的最小壁厚要求，而对高合金钢则应满足表 5-10 的最小壁厚要求。

表 5-9 碳钢和低合金钢的最小壁厚

公称直径	400～700	700～1 000	1 000～1 500	1 500～2 000	2 000～2 600
浮头式，U形管式	8	10	12	14	16
固定式管板	6	8	10	12	14

表 5-10 高合金钢的最小壁厚

公称直径	400～500	500～700	700～1 000	1 000～1 500	1 500～2 000	2 000～2 600
最小壁厚	3.5	4.5	6	8	10	12

5.4.2 管板的强度计算

管板是换热器的主要部件，管板的设计是否合理对管壳式换热器的安全运行起到至关重要的作用。

管板的受力情况复杂，这种复杂性不仅体现在管板在工作过程中，管板两侧的压力差和管子与壳程间的温度差，而且还来自如何简化管子对管板的支承作用、管板上的开孔对管板强度的削弱程度、管板兼法兰的法兰力矩等等因素。由于管板的特殊性，无法采用经典的力学理论对管板进行精确设计，为设计管板必须对管板的受力和结构进行简化，由于在设计方法形成时采用了不同的假定，从而得到不同的设计方法。目前管板厚度的设计方法主要有以下几类：

(1) 将管板视为受均布载荷作用的实心圆板，以按弹性理论得到的圆平板最大弯曲应力为主要依据，加入适当的修正系数来考虑管板开孔削弱和管束的实际支承作用。这种设计方法对管板作了很大的简化,是一种半经验公式。但由于计算公式简便,同时又有长期的使用经验,结果比较安全,因而被不少国家的标准所采用。

(2) 将管束当作弹性支承,而管板则作为放置于这一弹性基础上的圆平板,然后根据边缘的支承情况、载荷大小、连接刚度、基础刚度、几何尺寸等因素来确定管板的弯曲应力。由于它比较全面地考虑了管束的支承和温差的影响,因而计算比较精确。

(3) 将管板上相邻四根管子的菱形面积,按弹性理论求此面积在均布载荷作用下的最大弯曲应力。由于此法与管板实际受载情况相差甚大,所以仅用于粗略计算。

各种设计计算方法由于采用的简化假定各不相同,以致造成在同样的设计条件下计算结果差别甚大。我国国家标准 GB151—1998 中管板的设计计算公式是在英国 BS 标准的基础上发展而来的,该标准是将管板作为放置在弹性基础上承受着均布载荷且受到管孔均匀削弱的当量圆平板来考虑的。设计公式的形成过程中主要考虑以下因素:

(1) 管束对管板的支承作用;

(2) 管孔对管板的削弱作用;

(3) 对管板周边不布管区的折算;

(4) 管板和法兰沿其中心平面内的拉伸作用;

(5) 法兰力矩对管板的作用;

(6) 管子和壳程圆筒的热膨胀差所引起的温差应力;

(7) 对于不同应力采用不同的许用值。

5.4.3 温差应力

在固定管板式换热器中,因壳程流体和管程流体间存在温差,它们的膨胀量不同,而壳体和换热管均与管板固定,无法自由膨胀,故在使用中会使壳体和换热管存在温差应力。在工作中若换热管束的壁温与换热器壳体的壁温温差较大时,会产生很大的温差应力,再加上由介质压力产生的应力作用,会引起换热管的弯曲或使管子与管板连接处发生泄漏,甚至会使壳体或管子上的应力超过许用值,或造成管子从管板上拉脱。为避免这种现象的发生,必须对温差应力进行限制,超过一定的范围则在壳体中间应设置膨胀节,以降低壳体与换热管的轴向载荷。

1. 温差应力的计算

温差应力是结构中的温度不均匀而产生的热变形量不均而引起的,对于固定管板换热器,由于结构复杂,在计算温差应力时作如下假定:

(1) 假定管子和管板均未产生挠曲变形,因而作用在每根管子上的应力可视为相同;

(2) 管壁、壳壁的计算温度分别采用管和壳壁的平均温度。

根据上述假定,管壳式换热器在工作时管、壳程与组装完成时一样是等长的,但由于管、壳程的温度不同,其热胀冷缩的量也不相同,这种等长是在受到约束的条件下才实现的。事实上,若管、壳程能自由伸胀,其在不同温度下的伸长量分别为

$$\begin{cases}\Delta l_t = \alpha_t(t_t - t_0)L \\ \Delta l_s = \alpha_s(t_s - t_0)L\end{cases} \tag{5-3}$$

式中 t_t、t_s——管子和壳体的保温;

α_t、α_s——管子和壳体材料的线胀系数;

t_0——换热器组装时的温度。

而管子和壳体由于受到管板的牵制，无法自由膨胀，通过相互间的约束而使得管子和壳体始终处于同一长度，如图 5-10 所示。这种约束使管子和壳体内形成一种内力，从而使它们的伸长量均为 Δl，根据虎克定律有

$$\begin{cases}\Delta l_t - \Delta l = \dfrac{FL}{A_t E_t} \\ \Delta l - \Delta l_s = \dfrac{FL}{A_s E_s}\end{cases} \tag{5-4}$$

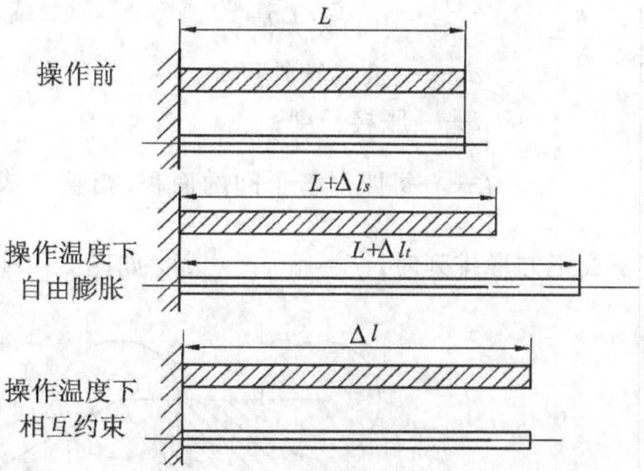

图 5-10 热应力形成过程

式中 A_t、A_s——管子和壳体的截面面积；

E_t、E_s——管子和壳体材料的弹性模量。

联合上面两式，即可得到管子和壳体中的温差内力为

$$F = \frac{\alpha_t(t_t - t_0) - \alpha_s(t_s - t_0)}{\dfrac{1}{E_t A_t} + \dfrac{1}{E_s A_s}} \tag{5-5}$$

由此可得到管子和壳体中的温差应力为

$$\begin{cases}\sigma_t = \dfrac{F}{A_t} \\ \sigma_s = \dfrac{F}{A_s}\end{cases} \tag{5-6}$$

值得注意的是，温差应力属二次应力，虽然它不同于由机械载荷引起的应力，具有自限性，但在线弹性条件下其与机械应力所产生的破坏作用是相同的，为此在管壳式换热器的设计中应设法将该应力水平控制在一定的范围内。实践证明，当壳壁与管壁之间的温差大于50℃时，就应考虑温差应力的作用。

5.4.4 管子拉脱力的计算

换热器在工作过程中管程介质和壳程介质是要求严格分开的，对于管壳式换热器而言要求做到管子和管板之间的密封可靠。而其在操作过程中，流体压力和管壳程间的温差应力联合作用下使管子与管板间的连接处产生一个拉脱力，该力使管子和管板产生分离的倾向。为保证管端与管板牢固地连接，必须进行拉脱力的校核。

管子的拉脱力来自于两个方面，一是管板两侧的压力差，二是壳程与管程间的温差而产生的温差应力。

由操作压力所产生的拉脱力为

$$q_p = \frac{pf}{\pi d_0 l} \tag{5-7}$$

式中 p——设计压力，考虑到管程或壳程压力可能单独作用于管板上，计算时取两者

中的较大值；

d_0——换热管外径；

l——胀接长度；

f——每四根管子间的面积，当管子成三角形排列时，$f = 0.866a^2 - \frac{\pi}{4}d_0^2$；当管子成正方形排列时，$f = a^2 - \frac{\pi}{4}d_0^2$，如图 5-11 所示。

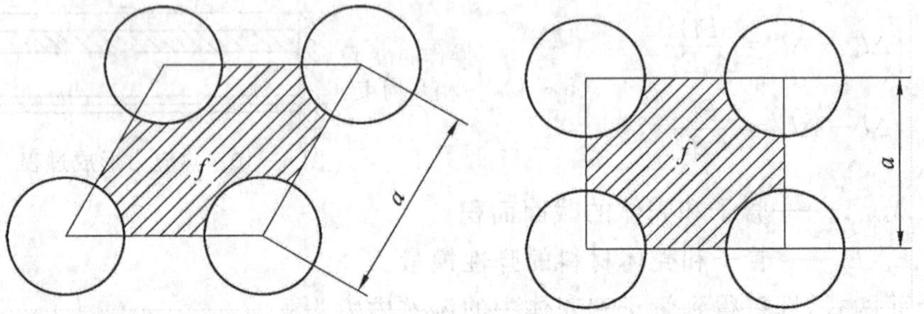

图 5-11

由温差引起的拉脱力计算公式为

$$q_t = \frac{\sigma_t A_t}{\pi d_0 l} \tag{5-8}$$

式中　σ_t——换热管中的温差应力；

A_t——一根换热管管壁金属的横截面面积；

d_0——换热管外径；

l——胀接长度。

在不同的压力组合下，温差产生的拉脱力和压力产生的拉脱力可能作用在同一方向，也可能作用于相反方向。若两者方向相同时，总管子拉脱力为 $q_p + q_t$，反之，管子的拉脱力为 $|q_p + q_t|$，方向取 q_p 和 q_t 两者中较大者。

为保证换热管不拉脱，拉脱力应小于许用值$[q]$，不同胀接方法的许用值见表 5-11。

表 5-11　许用拉脱力

换热管与管板连接结构型式			$[q]$/MPa
胀　接	钢　管	管端不卷边，管孔不开槽	2
		管端卷边或管孔开槽	4
	有色金属管	管孔开槽	3
焊接（钢管、有色金属管）			$0.5[\sigma]^t$

5.5　管壳式换热器的机械设计举例

现设计一台用于杂醇油冷却用的换热器，该换热器的工艺条件如下：

1. 工艺条件

	管　程	壳　程		管　程	壳　程
介　质	冷却水	杂醇油	工作温度/℃	117/33	28/70
工作压力/MPa	0.60	0.28	壁温/℃	85	49
设计压力/MPa	0.90	0.90	换热面积/m^2	27	

2. 管口表

管口代号	公称尺寸	用　途	管口代号	公称尺寸	用　途
A01	*DN*65	杂醇油进口	B01	*DN*65	杂醇油出口
A02	*DN*50	冷却水进口	B02	*DN*50	冷却水出口

该换热器由于用于杂醇油的冷却，工艺设计时考虑到杂醇油具有较高的清洁度，不易在流道内产生污垢，因此考虑杂醇油走壳程，冷却水走管程。尽管杂醇油的腐蚀性较小，但考虑到杂醇油产品的纯度要求较高，为此将换热器的管子和壳体均采用不锈钢制造，而管箱由于仅接触到冷却水，故采用价格相对较低的优质碳素钢 Q235－B 制造。由于该换热器立式摆放，为使 B01 接管能充分排放介质，管板采用不兼法兰的结构型式。该换热器的机械设计如下。

(1) 管子数 n 的确定。

考虑到管程走冷却水，由于冷却水容易在管内结垢，为方便日后的清洗，故换热管采用 $\phi 32 \times 1.5$ 的 0Cr18Ni9 不锈钢管，管长 3 m。

由换热面积 $F = \pi d_0 (L - 0.1) n$，可得

$$n = \frac{F}{\pi d_0 (L - 0.1)} = \frac{27}{\pi \times 0.032 \times (3 - 0.1)} = 93\ 根$$

(2) 管子排列方式，管间距的确定。

由于管程介质干净，管外无需清洗，查表 5－1，取管间距 $a = 40$ mm。根据管子的排列方式和管子中心距，在设置六根拉杆的情况下，实际排得换热管的根数为 96 根。

(3) 换热器筒体直径的确定。

筒体内径可由下式计算：

$$D_i = a(m - 1) + 2b$$

式中　a——换热器管间距，取 $a = 40$ mm；

m——正六角形对角线上的管子数，根据换热器管子的排列方式，$m = 12$；

b——最外层管子外表面至壳内壁边缘的距离，取 $b = 0.5 d_0$。

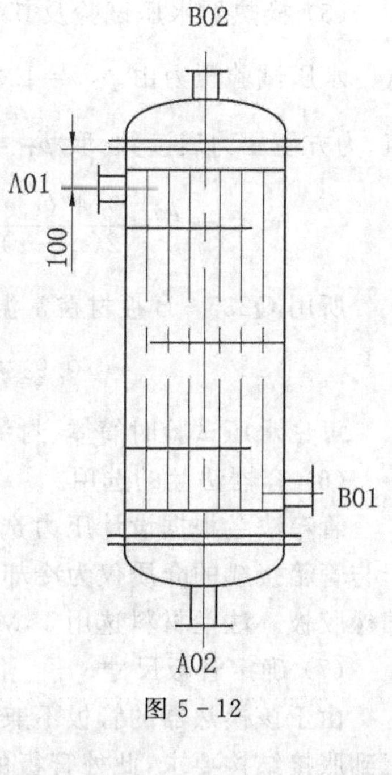

图 5－12

$$D_i = 40 \times (12 - 1) + 2 \times 0.5 \times 32 = 472 \text{ mm}$$

取筒体内径 $D_i = 550$ mm。

(4) 壳体的强度计算

根据工艺条件壳程的设计压力为 $p = 0.9$ MPa，焊缝采用双面对接焊局部无损探伤，焊接接头系数 $\phi = 0.85$，材料选用 0Cr18Ni9，$[\sigma]^t = 137$ MPa，取钢板厚度负偏差 $c_1 = 0.8$ mm，腐蚀裕量 $c_2 = 2$ mm，$c = c_1 + c_2 = 2.8$ mm，设计壁厚 t_d 为：

$$t_d = \frac{pD_i}{2[\sigma]^t\phi - p} + c = \frac{0.90 \times 550}{2 \times 137 \times 0.85 - 0.90} + 2.8 = 4.9 \text{ mm}$$

考虑到换热器立式摆放，壳体上需安装支座，为此应适当增加筒体壁厚，取筒体的名义厚度 $t_n = 6$ mm。

换热器的管箱材料为 Q235 - B，该材料在设计温度下的许用应力为 113 MPa，焊缝采用双面对接焊局部无损探伤，焊接头接系数 $\phi = 0.85$，钢板的厚度负偏差 $c_1 = 0.8$ mm，腐蚀裕量 $c_2 = 2$ mm，$c = c_1 + c_2 = 2.8$ mm，管箱的设计壁厚 t_d 为：

$$t_d = \frac{pD_i}{2[\sigma]^t\phi - p} + c = \frac{0.90 \times 550}{2 \times 113 \times 0.85 - 0.90} + 2.8 = 5.39 \text{ mm}$$

取管箱壁厚为 $t_n = 6$ mm

换热器的封头采用标准椭圆形封头，其厚度与筒体厚度相同。根据 JB/T4737—1992 标准，取上、下封头均为 $DN550 \times 6$，直边高度 $h_2 = 25$ mm。材料选用 Q235 - B。

考虑到管箱应有足够的空间来均匀输送流体，现取管箱筒节长 $l = 200$ mm。

(5) 换热器水压试验及其壳体强度校核。

水压试验压力由 $p_T = 1.25p\frac{[\sigma]}{[\sigma]^t} = 1.125$ MPa 和 $p_T = p + 0.1 = 1.0$ MPa 中取一大值，为方便压力表读数，取 $p_T = 1.13$ MPa。

$$\sigma_T = \frac{p_T[D_i + (t_n - c)]}{2(t_n - c)} = \frac{1.13 \times [550 + (6 - 2.8)]}{2 \times (6 - 2.8)} = 96.67 \text{ MPa}$$

所用 Q235 - B 板材在常温时 $\sigma_s = 235$ MPa，

$$0.9\sigma_s\phi = 0.9 \times 235 \times 0.85 = 179.8 \text{ MPa}$$

可见水压试验时筒体、封头壁内应力都小于 $0.9\sigma_s\phi$，水压试验安全。

(6) 容器法兰的选用。

管箱法兰根据设计压力选用 JB/T4701—2000 标准中的 $PN1.6$，$DN550$ 凸面法兰，由于与管箱接触的介质仅为冷却水，对密封的要求一般，因此密封垫片采用价格相对较低的石棉橡胶板。法兰材料选用 16MnR 的锻件，锻件质量要求达到二级标准。

(7) 确定管板尺寸。

由于该换热器的管板不兼法兰，换热管与管板的连接采用先焊后强度胀的连接形式，考虑到胀接结构要求，此处管板的厚度取 30 mm。实际上，管板的厚度应按 GB151—1999 进行强度计算，但由于计算复杂，在此不进行具体的校核。

(8) 管子拉脱力计算。

该换热器在可能出现的最危险工况下管子的应力为：

	管子	壳体
材质	0Cr18Ni9 钢	Q235-B
α/℃$^{-1}$	11.2×10^{-6}	11.2×10^{-6}
E/MPa	0.21×10^{6}	0.21×10^{6}
尺寸	$\phi32\times1.5\times3\,000$	$\phi550\times6$
管子数	96 根	
管间距	40 mm	
管壳壁温差	$\Delta t=36$℃	
管子与管板连接方式		先焊后胀
胀接长度 $l=15$ mm		

在操作压力下，每平方米胀接周边所产生的力 q_p 为

$$q_p=\frac{pf}{\pi d_0 l}$$

式中 $f=0.866a^2-\frac{\pi}{4}d_0^2=0.866\times40^2-\frac{\pi}{4}\times32^2=581.8\ \text{mm}^2$

$$p=0.9\ \text{MPa};l=15\ \text{mm}$$

$$q_p=\frac{0.9\times581.8}{\pi\times32\times15}=0.35\ \text{MPa}$$

而温差应力导致的每平方米胀接周边上的拉脱力

$$q_t=\frac{\sigma_t(d_0^2-d_i^2)}{4d_0 l}$$

式中 $\sigma_t=\dfrac{\sigma E(t_t-t_s)}{1+\dfrac{A_t}{A_s}}$

$$A_s=\pi Dt_n=\pi\times562\times6=10\,588\ \text{mm}^2$$

$$A_t=\frac{\pi}{4}(d_0^2-d_i^2)n=\frac{\pi}{4}(32^2-29^2)\times96=13\,791\ \text{mm}^2$$

则 $$\sigma_t=\frac{11.2\times10^{-6}\times0.21\times10^{6}\times36}{1+\dfrac{13\,791}{10\,588}}=36.8\ \text{MPa}$$

$$q_t=\frac{36.8\times(32^2-29^2)}{4\times32\times15}=3.5\ \text{MPa}$$

由于管子核管板的连接采用胀焊组合，管子的许用拉脱力远小于 0.5 材料的许用应力，

因此，拉脱力在许用范围内。

(9) 计算是否必须安装膨胀节。

管、壳壁温差所产生的轴向力

$$F_1 = \frac{\alpha E(t_t - t_s)}{A_s + A_t} \cdot A_s \cdot A_t$$

$$= \frac{11.2 \times 10^{-6} \times 0.21 \times 10^6 \times 36}{10\,588 + 13\,791} \times 10\,588 \times 13\,791 = 5.07 \times 10^5\ \text{N}$$

压力作用于壳体上的轴向力

$$F_2 = \frac{QA_s}{A_s + A_t}$$

式中 $Q = \frac{\pi}{4}[(D_i^2 - nd_0^2)p_s + nd_i^2 p_t]$

$$= \frac{\pi}{4}[(550^2 - 96 \times 32^2) \times 0.9 + 96 \times 29^2 \times 0.9] = 2.17 \times 10^5\ \text{N}$$

则 $F_2 = \dfrac{2.17 \times 10^5 \times 10\,588}{10\,588 + 13\,791} = 9.29 \times 10^4\ \text{N}$

压力作用于管子上的轴向力

$$F_3 = \frac{2.17 \times 10^5 \times 13\,791}{10\,588 + 13\,791} = 1.23 \times 10^5\ \text{N}$$

则 $\sigma_s = \dfrac{F_1 + F_2}{A_s} = 56.66\ \text{MPa}$ $\sigma_t = \dfrac{-F_1 + F_3}{A_t} = -27.84\ \text{MPa}$

根据 GB151—1999 的设计规定，在考虑热应力的情况下管子和壳体上的应力均小于 3 倍的许用应力，实际求得的应力均较小，满足设计要求，故本换热器不必设置膨胀节。

(10) 折流板设计。

折流板选用弓形折流板，折流板的缺口高度取 $h = \frac{1}{4}D_i = \frac{1}{4} \times 550 = 138\ \text{mm}$，折流板间距取 150 mm，折流板的最小厚度查表 5-4，取 4 mm，折流板外径按表 5-3，取 546 mm，折流板开孔直径的大小可由表 5-2 查得为 $\phi 32.8 + 0.45$，材料为 0Cr18Ni9 钢。

由于换热管的直径为 32 mm，故拉杆采用拉杆定距管的形式，按表 5-6 拉杆选用 4 根 $\phi 12$ 的不锈钢杆，实际使用中为安全起见选用 6 根 $\phi 12$ 的不锈钢拉杆。

(11) 支座。

由于该换热器立式摆放，采用耳式支座，设备上无偏心载荷，且设备安装在室内，无需计算风载荷，为此选用支座时仅考虑设备的质量，根据计算设备本身的质量为 1 255 kg，考虑到设备的外保温和设备内的介质其最大质量为 2 255 kg，如按 3 个支座计算则每个支座所应支承的质量为 750 kg，按 JB/T4725—1992 标准，选用 B 型 1 号支座，该支座实际可承载 1 000 kg。该支座标记为：JB/T4725—1992，耳座 BN1，0Cr18Ni9。

根据以上计算结果，所设计的换热器装配图在本书的插页附录 4-2。

第二篇

过程设备常用零部件标准

标 1　压力容器公称直径　GB9019—1988

1　适用范围

本标准适用于压力容器筒体。

本标准规定了钢制压力容器筒体的公称直径系列尺寸。

2　筒体用钢板卷制时，容器的公称直径按标表 1－1 的规定选取。此容器的公称直径系指筒体的内径。

标表 1－1　钢板卷制压力容器的公称直径　mm

300	350	400	450	500	550	600	650	700	750
800	900	1 000	1 100	1 200	1 300	1 400	1 500	1 600	1 700
1 800	1 900	2 000	2 100	2 200	2 300	2 400	2 500	2 600	2 800
3 000	3 200	3 400	3 500	3 600	3 800	4 000	4 200	4 400	4 500
4 600	4 800	5 000	5 200	5 400	5 500	5 600	5 800	6 000	—

标记示例：直径 1 200 mm 的容器的公称直径：

公称直径 *DN* 1 200 GB9019—1988

3　采用钢管作筒体时，容器的公称直径按标表 1－2 的规定选取。此容器的公称直径系指钢管的外径。

标表 1－2　钢管制作压力容器的公称直径　mm

159	219	273	325	377	426

标记示例：直径 273 mm 的容器的公称直径：

公称直径 *DN* 273 GB9019—1988

注：本标准中"压力容器"一词所指，不包括气瓶和球形储罐。

4　筒体容积、内表面积及质量按标表 1－3 选取。

标表 1－3　筒体的容积、内表面积及质量　mm

公称直径 *DN*	一米高的容积 *V* (m^3)	一米高的内表面积 F_B (m^2)	一米高筒节钢板质量(kg) 壁厚 3	4	5	6	8	10	12	14	16	18	20	22	24	26	28	30
300	0.071	0.94	22	30	37	44	59											
350	0.096	1.10	26	35	44													
400	0.126	1.26	30	40	50	60	79	99	119									
450	0.159	1.41	34	45	56	67												
500	0.196	1.51	37	50	62	75	100	125	150	175								
550	0.238	1.74	41	55	68	82												

（续表）

公称直径 DN	一米高的容积 V (m^3)	一米高的内表面积 F_B (m^2)	一米高筒节钢板质量(kg)															
			壁厚															
			3	4	5	6	8	10	12	14	16	18	20	22	24	26	28	30
600	0.283	1.88	45	60	75	90	121	150	180	211								
650	0.332	2.04		65	81	97	130											
700	0.385	2.20		69	87	105	140	176	213	250								
750	0.442	2.36		74	93	111	149	187	225	263	302	340	379	418	457	496	536	576
800	0.503	2.51		79	99	119	159	200	240	280								
900	0.636	2.83		80	112	134	179	224	270	315	363	408						
1 000	0.785	3.14			124	149	199	249	296	348	399	450	503					
1 100	0.950	3.46			136	164	218	274										
1 200	1.131	3.77			149	178	238	298	358	418	479	540	602	662				
1 300	1.327	4.09			161	193	258	323										
1 400	1.539	4.40			173	208	278	348	418	487	567	630	700	770	840	914	986	1 058
1 500	1.767	4.71			186	223	297	372	446									
1 600	2.017	5.03			198	238	317	397	476	556	636	720	800	880	960	1 040	1 124	1 206
1 800	2.545	5.66				267	356	446	536	627	716	806	897	987	1 080	1 170	1 263	1 353
2 000	3.142	6.28				296	397	495	596	695	795	895	995	1 095	1 200	1 300	1 400	1 501
2 200	3.801	6.81				322	436	545	655	714	874	984	1 093	1 204	1 318	1 429	1 540	1 650
2 400	4.524	7.55				356	475	596	714	834	960	1 080	1 194	1 314	1 435	1 556	1 677	1 798
2 500	4.908	7.85				377	501	625	749	874	999	1 124	1 249	1 374	1 500	1 625	1 751	1 878
2 600	5.309	8.17					514	644	774	903	1 030	1 160	1 290	1 422	1 553	1 684	1 815	1 946
2 800	6.158	8.80					554	693	831	970	1 110	1 250	1 390	1 531	1 671	1 812	1 953	2 094
3 000	7.030	9.43					593	742	881	1 040	1 190	1 338	1 490	1 640	1 790	1 940	2 091	2 242
3 200	8.050	10.05					632	791	950	1 108	1 267	1 425	1 587	1 745	1 908	2 069	2 229	2 390
3 400	9.075	10.68					672	841	1 008	1 177	1 346	1 517	1 687	1 857	2 027	2 197	2 367	2 533
3 500	9.621	11.00					693	867	1 040	1 214	1 388	1 563	1 737	1 912	2 087	2 262	2 437	2 613
3 600	10.180	11.32					711	890	1 070	1 246	1 424	1 606	1 785	1 965	2 145	2 325	2 505	2 686
3 800	11.340	11.83					751	939	1 126	1 315	1 514	1 693	1 884	2 074	2 263	2 453	2 643	2 834
4 000	12.566	12.57					790	988	1 186	1 383	1 582	1 780	1 980	2 185	2 380	2 585	2 785	2 985
4 200	13.854	13.19					830	1 038	1 246	1 455	1 663	1 872	2 081	2 290	2 500	2 709	2 919	3 129
4 400	15.205	13.82					869	1 087	1 305	1 524	1 742	1 961	2 180	2 399	2 618	2 832	3 057	3 277
4 500	15.904	14.14					889	1 112	1 335	1 558	1 782	2 005	2 229	2 453	2 677	2 902	3 126	3 351
4 600	16.619	14.45					909	1 137	1 365	1 593	1 821	2 050	2 278	2 503	2 736	2 966	3 196	3 425
4 800	18.096	15.08					949	1 186	1 424	1 662	1 900	2 139	2 377	2 616	2 855	3 094	3 334	3 573
5 000	19.635	15.71					988	1 236	1 483	1 731	1 979	2 228	2 476	2 725	2 974	3 223	3 472	3 721
5 200	21.237	16.34					1 027	1 285	1 542	1 800	2 058	2 316	2 575	2 833	3 092	3 351	3 610	3 869
5 400	22.902	16.96					1 067	1 334	1 602	1 896	2 137	2 405	2 673	2 942	3 210	3 479	3 748	4 017
5 500	23.758	17.28					1 087	1 359	1 631	1 904	2 177	2 450	2 723	2 996	3 270	3 543	3 817	4 091
5 600	24.630	17.59					1 106	1 384	1 661	1 938	2 216	2 494	2 772	3 050	3 329	3 607	3 886	4 165
5 800	26.421	18.22					1 146	1 433	1 720	2 007	2 295	2 583	2 871	3 159	3 447	3 736	4 024	4 313
6 000	28.274	18.85					1 185	1 482	1 779	2 076	2 374	2 671	2 969	3 267	3 365	3 864	4 162	4 461

标 2　钢制压力容器用封头　JB/T4746—2002

1　适用范围

本标准适用于碳素钢、低合金钢、高合金钢焊制的压力容器用由冲压，旋压及卷制成形的封头。

2　型式参数

2.1　封头的名称、断面形状、类型代号以及型式参数关系见标表 2－1。

2.2　各种类型封头的尺寸、内表面积、容积及质量分别见标表 2－2，标表 2－3。

标表 2－1　封头的名称及型式参数

名　称		断　面　形　状	类型代号	型式参数关系
椭圆形封头	以内径为基准	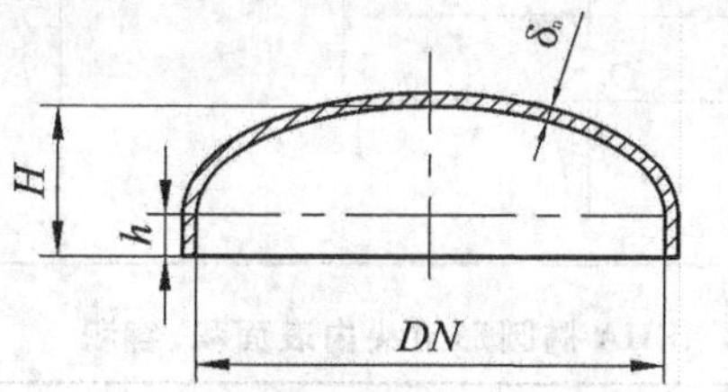	EHA	$D_i/2(H-h)=2$
椭圆形封头	以外径为基准	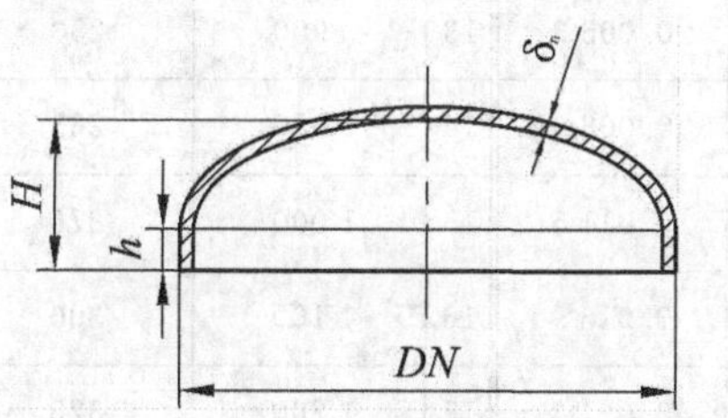	EHB	$D_0/2(H-h)=2$
碟形封头		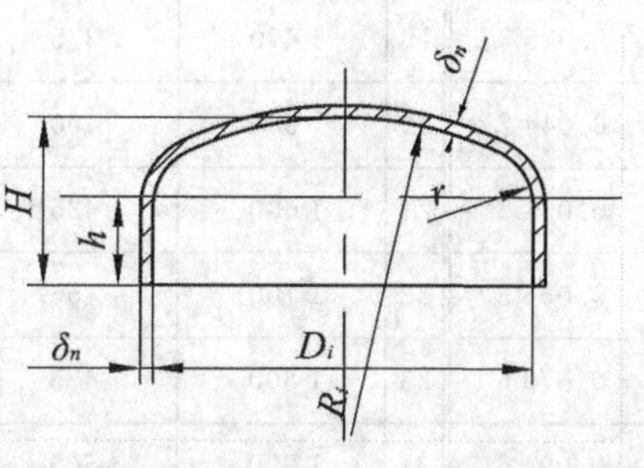	DHA	$R_i=1.0D_i$ $r=0.15D_i$
			DHB	$R_i=1.0D_i$ $r=0.10D_i$

（续表）

名　称	断　面　形　状	类型代号	型式参数关系
折边锥形封头	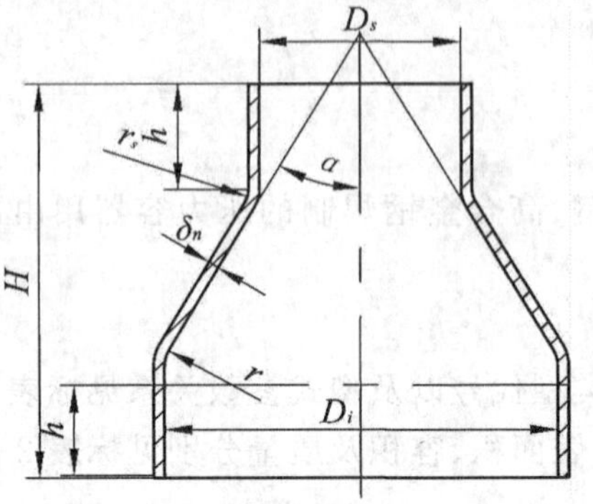	CHA CHB CHC	$r=0.15D_i$ $\alpha=30°$ $r=0.15D_i$ $\alpha=45°$ $r=0.15D_i$ $\alpha=60°$ $r=0.10D_{is}$
球冠形封头	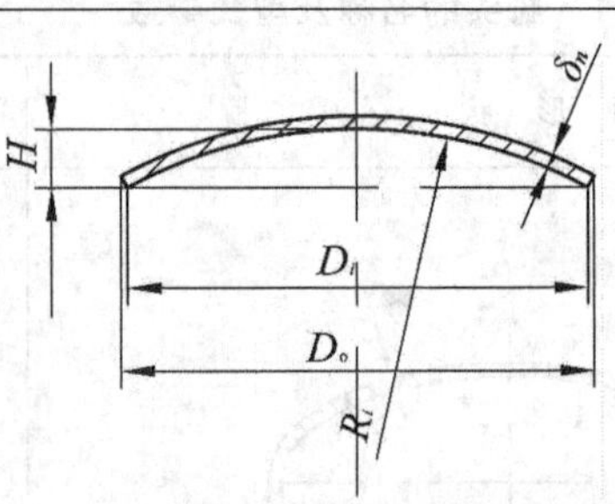	PSH	$R_i=D_i$

标表 2-2　EHA 椭圆形封头内表面积、容积

序号	公称直径 DN (mm)	总深度 H (mm)	内表面积 A (m^2)	容积 V (m^3)	序号	公称直径 DN (mm)	总深度 H (mm)	内表面积 A (m^2)	容积 V (m^3)
1	300	100	0.121 1	0.005 3	13	900	250	0.948 7	0.111 3
2	350	113	0.160 3	0.008 0	14	950	263	1.052 9	0.130 0
3	400	125	0.204 9	0.011 5	15	1 000	275	1.162 5	0.150 5
4	450	138	0.254 8	0.015 9	16	1 100	300	1.398 0	0.198 0
5	500	150	0.310 3	0.021 3	17	1 200	325	1.655 2	0.254 5
6	550	163	0.371 1	0.027 7	18	1 300	350	1.934 0	0.320 8
7	600	175	0.437 4	0.035 3	19	1 400	375	2.234 6	0.397 7
8	650	188	0.509 0	0.044 2	20	1 500	400	2.556 8	0.486 0
9	700	200	0.586 1	0.054 5	21	1 600	425	2.900 7	0.586 4
10	750	213	0.668 6	0.066 3	22	1 700	450	3.266 2	0.699 9
11	800	225	0.756 6	0.079 6	23	1 800	475	3.653 5	0.827 0
12	850	238	0.849 9	0.094 6	24	1 900	500	4.062 4	0.968 7

（续表）

序号	公称直径 DN (mm)	总深度 H (mm)	内表面积 A (m^2)	容积 V (m^3)	序号	公称直径 DN (mm)	总深度 H (mm)	内表面积 A (m^2)	容积 V (m^3)
25	2 000	525	4.493 0	1.125 7	46	4 100	1 065	18.737 0	9.549 8
26	2 100	565	5.044 3	1.350 8	47	4 200	1 090	19.649 3	10.252 3
27	2 200	590	5.522 9	1.545 9	48	4 300	1 115	20.583 2	10.988 3
28	2 300	615	6.023 3	1.758 8	49	4 400	1 140	21.538 9	11.758 8
29	2 400	640	6.545 3	1.990 5	50	4 500	1 165	22.516 2	12.564 4
30	2 500	665	7.089 1	2.241 7	51	4 600	1 190	23.515 2	13.406 0
31	2 600	690	7.654 5	2.513 1	52	4 700	1 215	24.535 9	14.284 4
32	2 700	715	8.241 5	2.805 5	53	4 800	1 240	25.578 2	15.200 3
33	2 800	740	8.850 3	3.119 8	54	4 900	1 265	26.642 2	16.154 5
34	2 900	765	9.480 7	3.456 7	55	5 000	1 290	27.728 0	17.147 9
35	3 000	790	10.132 9	3.817 0	56	5 100	1 315	28.835 3	18.181 1
36	3 100	815	10.806 7	4.201 5	57	5 200	1 340	29.964 4	19.255 0
37	3 200	840	11.502 1	4.611 0	58	5 300	1 365	31.115 2	20.370 4
38	3 300	865	12.219 3	5.046 3	59	5 400	1 390	32.287 6	21.528 1
39	3 400	890	12.958 1	5.508 0	60	5 500	1 415	33.481 7	22.728 8
40	3 500	915	13.718 6	5.997 2	61	5 600	1 440	34.697 5	23.973 3
41	3 600	940	14.500 8	6.514 4	62	5 700	1 465	35.935 0	25.262 4
42	3 700	965	15.304 7	7.060 5	63	5 800	1 490	37.194 1	26.596 9
43	3 800	990	16.130 3	7.636 4	64	5 900	1 515	38.475 0	27.977 6
44	3 900	1 015	16.977 5	8.242 7	65	6 000	1 540	39.777 5	29.405 3
45	400	1 040	17.846 4	8.880 2					

标表 2-3　EHA 椭圆形封头质量

kg

序号	公称直径 DN (mm)	封头名义厚度 δn(mm)																	
		2	3	4	5	6	8	10	12	14	16	18	20	22	24	26	28	30	32
1	300	1.9	2.8	3.8	4.8	5.8	7.8												
2	350	2.5	3.7	5.0	6.3	7.6	10.3												
3	400		4.8	6.4	8.0	9.7	13.1	16.5	20.0	23.6									
4	450		5.9	7.9	10.0	12.0	16.2	20.4	24.8	29.2									
5	500		7.2	9.6	12.1	14.6	19.6	24.7	30.0	35.3	40.7	46.2	51.8						
6	550		8.6	11.5	14.4	17.4	23.4	29.5	35.7	41.9	48.3	54.8	61.4						
7	600		10.1	13.5	17.0	20.4	27.5	34.6	41.8	49.2	56.7	64.2	71.9						
8	650		11.7	15.7	19.7	23.8	31.9	40.2	48.5	57.0	65.6	74.4	83.2						
9	700		13.5	18.1	22.7	27.3	36.6	46.1	55.7	65.4	75.3	85.2	95.3						
10	750		15.4	20.6	25.8	31.1	41.7	52.5	63.4	74.4	85.6	96.8	108.3						
11	800			23.3	29.2	35.1	47.1	59.3	71.5	83.9	96.5	109.2	122.0	135.0	148.2	161.4	174.9		
12	850			26.1	32.8	39.4	52.9	66.5	80.2	94.1	108.1	122.3	136.6	151.1	165.8	180.6	195.5		
13	900			29.2	36.5	44.0	58.9	74.1	89.3	104.8	120.4	136.1	152.0	168.1	184.4	200.8	217.3		
14	950			32.3	40.5	48.8	65.3	82.1	99.0	116.1	133.3	150.7	168.3	186.0	203.9	222.0	240.3		
15	1 000			35.7	44.7	53.8	72.1	90.5	109.1	127.9	146.9	166.0	185.3	204.8	224.5	244.4	264.4		
16	1 100				53.7	64.6	86.5	108.6	130.9	153.3	176.0	198.9	221.9	245.2	268.6	292.2	316.1	340.1	364.3
17	1 200				63.5	76.4	102.2	128.3	154.6	181.1	207.8	234.7	261.8	289.1	316.6	344.4	372.3	400.5	428.9
18	1 300					89.2	119.3	149.7	180.3	211.1	242.2	273.4	304.9	336.7	368.6	400.8	433.2	465.9	498.7
19	1 400					102.9	137.7	172.7	208.0	243.5	279.2	315.2	351.4	387.9	424.6	461.5	498.7	536.2	573.8
20	1 500					117.7	157.4	197.4	237.6	278.1	318.9	359.9	401.1	442.7	484.4	526.5	568.8	611.4	654.2

（续表）

序号	公称直径 DN (mm)	封头名义厚度 δn(mm)																	
		2	3	4	5	6	8	10	12	14	16	18	20	22	24	26	28	30	32
21	1 600					133.4	178.4	223.7	269.2	315.0	361.1	407.5	454.1	501.1	548.3	595.7	643.5	691.5	739.8
22	1 700						200.7	251.6	302.8	354.3	406.1	458.1	510.5	563.1	616.0	669.3	722.8	776.6	830.7
23	1 800						224.4	281.2	338.4	395.8	453.6	511.7	570.1	628.7	687.8	747.1	806.7	866.6	926.9
24	1 900						249.3	312.5	375.9	439.7	503.8	568.2	632.9	698.0	763.4	829.1	895.2	961.6	1 028.3
25	2 000						275.6	345.3	415.4	485.8	556.6	627.7	699.1	770.9	843.0	915.5	988.3	1 061.4	1 134.9
26	2 100						309.4	387.7	466.3	545.2	624.6	704.2	784.3	864.7	945.4	1 026.6	1 108.0	1 189.9	1 272.1
27	2 200						338.6	424.2	510.2	596.5	683.2	770.3	857.8	945.6	1 033.8	1 122.4	1 211.4	1 300.7	1 390.5
28	2 300							462.4	556.0	650.1	744.5	839.3	934.5	1 030.1	1 126.1	1 222.5	1 319.3	1 416.5	1 514.1
29	2 400							502.2	603.9	706.0	808.4	911.3	1 014.6	1 118.3	1 222.4	1 327.0	1 431.9	1 537.3	1 643.0
30	2 500							543.7	653.7	764.1	875.0	986.3	1 098.0	1 210.1	1 322.7	1 435.6	1 549.1	1 662.9	1 777.2
31	2 600							586.8	705.5	824.6	944.2	1 064.2	1 184.6	1 305.5	1 426.8	1 548.6	1 670.8	1 793.5	1 916.6
32	2 700							631.6	759.3	887.4	1 016.0	1 145.0	1 274.5	1 404.5	1 534.9	1 665.8	1 797.2	1 929.0	2 061.3
33	2 800							678.0	815.0	952.5	1 090.4	1 228.9	1 367.8	1 507.1	1 647.0	1 787.3	1 928.2	2 069.4	2 211.2
34	2 900							726.0	872.7	1 019.9	1 167.5	1 315.6	1 464.3	1 613.4	1 763.0	1 913.1	2 063.7	2 214.8	2 366.4
35	3 000							775.7	932.4	1 089.5	1 247.2	1 405.4	1 564.1	1 723.3	1 883.0	2 043.2	2 203.9	2 365.1	2 526.9
36	3 100								994.0	1 161.5	1 329.5	1 498.1	1 667.2	1 836.7	2 006.9	2 177.5	2 348.7	2 520.4	2 692.6
37	3 200								1 057.7	1 235.8	1 414.5	1 593.7	1 773.5	1 953.8	2 134.7	2 316.1	2 498.1	2 680.6	2 863.6
38	3 300										1 502.1	1 692.4	1 883.2	2 074.6	2 266.5	2 459.0	2 652.0	2 845.7	3 039.8
39	3 400										1 592.3	1 793.9	1 996.1	2 198.9	2 402.2	2 606.1	2 810.6	3 015.7	3 221.4
40	3 500										1 685.2	1 898.5	2 112.4	2 326.8	2 541.9	2 757.6	2 973.8	3 190.7	3 408.1

标3 钢制管法兰型式、参数(欧洲体系) HG20592—1997

1 适用范围

本标准适用于公称压力为 *PN* 0.25 MPa(2.5 bar)～25.0 MPa(250 bar)的钢制管法兰和法兰盖。

本标准也适用于采用法兰作为连接形式的阀门、泵、化工机械、管路附件和设备零部件。

2 公称通径和钢管外径

2.1 本标准适用的钢管外径包括A、B两个系列,A系列为国际通用系列(俗称英制管)、B系列为国内沿用系列(俗称公制管)。其公称通径 *DN* 和钢管外径按标表3-1规定。

标表3-1 公称通径和钢管外径 mm

公称通径 *DN*		10	15	20	25	32	40	50	65	80	100	125	150	200	250	300
钢管外径	A	17.2	21.3	26.9	33.7	42.4	48.3	60.3	76.1	88.9	114.3	139.7	168.3	219.1	273	323.9
	B	14	18	25	32	38	45	57	76	89	108	133	159	219	273	325

公称通径 *DN*		350	400	450	500	600	700	800	900	1 000	1 200	1 400	1 600	1 800	2 000
钢管外径	A	355.6	406.4	457	508	610	711	813	914	1 016	1 219	1 422	1 626	1 829	2 032
	B	377	426	480	530	630	720	820	920	1 020	1 220	1 420	1 620	1 820	2 020

2.2 *PN* 25.0 MPa(250 bar)管法兰适用的钢管外径系列按标表3-2规定。

标表3-2 *PN* 25.0 MPa(250 bar)管法兰适用的钢管外径系列 mm

公称通径 *DN*		10～65	80	100	125	150	200	250
钢管外径	A	同标表3-1	101.6	127	152.4	177.8	244.5	298.5
	B		102	127	159	180	—	—

3 公称压力

法兰的公称压力 *PN* 包括下列十个等级:

0.25 MPa(2.5 bar)、0.6 MPa(6 bar)、1.0 MPa(10 bar)、1.6 MPa(16 bar)、2.5 MPa(25 bar)、4.0 MPa(40 bar)、6.3 MPa(63 bar)、10.0 MPa(100 bar)、16.0 MPa(160 bar)、25.0 MPa(250 bar)。

4 法兰类型

4.1 法兰类型按标图3-1及标表3-3的规定。

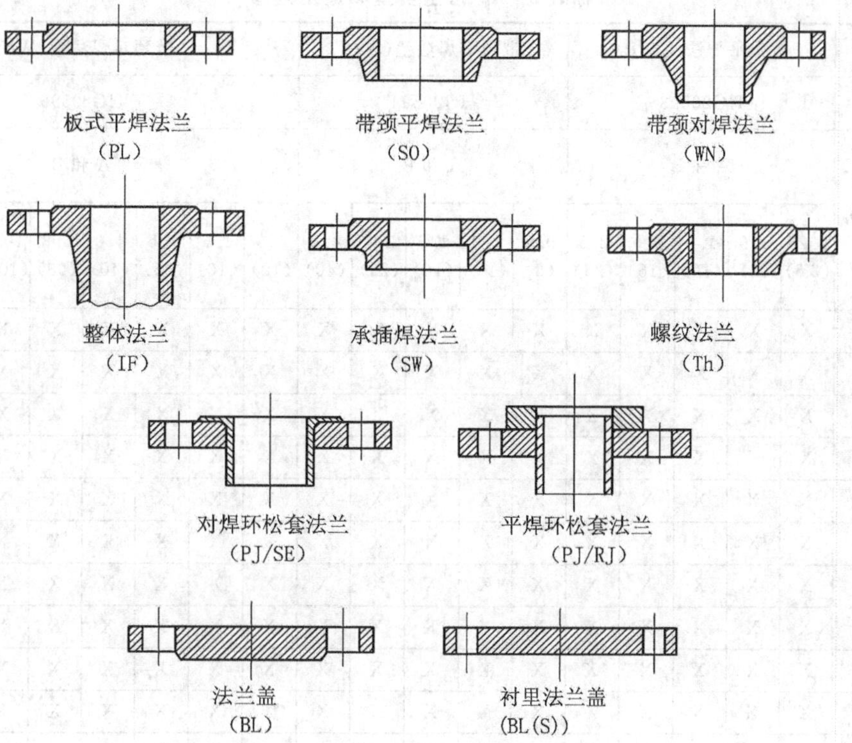

标图 3 - 1　法兰类型

标表 3 - 3　法兰类型及代号

法 兰 类 型	法兰类型代号	标 准 号
板式焊法兰	PL	HG20593
带颈平焊法兰	SO	HG20594
带颈对焊法兰	WN	HG20595
整体法兰	IF	HG20596
承插焊法兰	SW	HG20597
螺纹法兰	Th	HG20598
对焊环松套法兰	PJ/SE	HG20599
平焊环松套法兰	PJ/RJ	HG20600
法兰盖	BL	HG20601
衬里法兰盖	BL(S)	HG20602

4.2　法兰类型和适用范围按标表 3 - 4 规定。

标表 3-4　法兰类型和适用范围

法兰类型	板式平焊法兰(PL)					带颈平焊法兰(SO)					带颈对焊法兰(WN)							
标 准 号	HG20593					HG20594					HG20595							
适用钢管外径系列	A 和 B					A 和 B					A 和 B							
PN,MPa (bar) / *DN*, mm	0.25 (2.5)	0.6 (6)	1.0 (10)	1.6 (16)	2.5 (25)	0.6 (6)	1.0 (10)	1.6 (16)	2.5 (25)	4.0 (40)	1.0 (10)	1.6 (16)	2.5 (25)	4.0 (40)	6.3 (63)	10.0 (100)	16.0 (160)	25.0 (250)
10	X	X	X	X	X	X	X	X	X	X	X	X	X	X	X	X	X	X
15	X	X	X	X	X	X	X	X	X	X	X	X	X	X	X	X	X	X
20	X	X	X	X	X	X	X	X	X	X	X	X	X	X	X	X	X	X
25	X	X	X	X	X	X	X	X	X	X	X	X	X	X	X	X	X	X
32	X	X	X	X	X	X	X	X	X	X	X	X	X	X	X	X	X	X
40	X	X	X	X	X	X	X	X	X	X	X	X	X	X	X	X	X	X
50	X	X	X	X	X	X	X	X	X	X	X	X	X	X	X	X	X	X
65	X	X	X	X	X	X	X	X	X	X	X	X	X	X	X	X	X	X
80	X	X	X	X	X	X	X	X	X	X	X	X	X	X	X	X	X	X
100	X	X	X	X	X	X	X	X	X	X	X	X	X	X	X	X	X	X
125	X	X	X	X	X	X	X	X	X	X	X	X	X	X	X	X	X	X
150	X	X	X	X	X	X	X	X	X	X	X	X	X	X	X	X	X	X
200	X	X	X	X	X	X	X	X	X	X	X	X	X	X	X	X	X	X*
250	X	X	X	X	X	X	X	X	X	X	X	X	X	X	X	X	X	X*
300	X	X	X	X	X	X	X	X	X	X	X	X	X	X	X	X	X	X
350	X	X	X	X	X		X	X	X	X	X	X	X	X	X	X		
400	X	X	X	X	X		X	X	X	X	X	X	X	X	X	X		
450	X	X	X	X	X		X	X	X	X	X	X	X	X				
500	X	X	X	X	X		X	X	X	X	X	X	X	X				
600	X	X	X	X	X		X	X	X	X	X	X	X	X				
700	X	X									X	X	X					
800	X	X									X	X	X					
900	X	X									X	X	X					
1 000	X	X									X	X	X					
1 200	X	X									X	X						
1 400	X	X									X	X						
1 600	X	X									X	X						
1 800	X	X									X	X						
2 000	X	X									X	X						

注：带 * 者仅适用于 A 系列钢管。

4.3　密封面型式见标图 3－2。

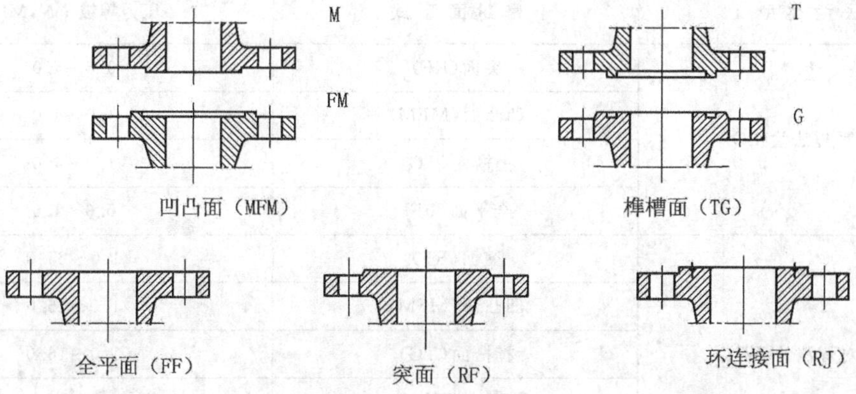

标图 3－2　密封面型式

4.4　各种密封面型式法兰适用的压力、通径范围按标表 3－5 的规定。

标表 3－5　密 封 面 型 式

密封面型式		代号	公称压力 PN，MPa									
			0.25	0.6	1.0	1.6	2.5	4.0	6.3	10.0	16.0	25.0
突　面		RF(注)	DN 10～2 000				DN 10～1 200	DN 10～600	DN 10～400		DN 10～300	
凹凸面		MFM	—		DN 10～600				DN 10～400		DN 10～300	—
	凹面	FM										
	凸面	M										
榫槽面		TG	—		DN 10～600				DN 10～400		DN 10～300	—
	榫面	T										
	槽面	G										
全平面		FF	DN 10～600		DN 10～2 000		—					
环连接面		RJ	—						DN 15～400		DN 15～300	

注：PN≤4.0 MPa 的突面法兰采用非金属平垫片；采用聚四氟乙烯包覆垫和柔性石墨复合垫时，可车制密纹水线，密封面代号为 RF(A)。

5　密封面型式选用

5.1　各种类型法兰的密封面型式按标表 3－6 规定。

标表 3－6　法兰类型与密封面型式

法 兰 类 型	密 封 面 型 式	压力等级 PN，MPa
板式平焊法兰(PL)	突面(RF)	0.25～2.5
	全平面(FF)	0.25～1.6

(续表)

法 兰 类 型	密 封 面 型 式	压力等级 PN,MPa
带颈平焊法兰(SO)	突面(RF)	0.6～4.0
	凹凸面(MFM)	1.0～4.0
	榫槽面(TG)	1.0～4.0
	全平面(FF)	0.6～1.6
带颈对焊法兰(WN)	突面(RF)	1.0～25.0
	凹凸面(MFM)	1.0～16.0
	榫槽面(TG)	1.0～16.0
	环连接面(RJ)	6.3～25.0
	全平面(FF)	1.0～1.6
整体法兰(IF)	突面(RF)	0.6～25.0
	凹凸面(MFM)	1.0～16.0
	榫槽面(TG)	1.0～16.0
	环连接面(RJ)	6.3～25.0
	全平面(FF)	0.6～1.6
承插焊法兰(SW)	突面(RF)	1.0～10.0
	凹凸面(MFM)	1.0～10.0
	榫槽面(TG)	1.0～10.0
螺纹法兰(Th)	突面(RF)	0.6～4.0
	全平面(FF)	0.6～1.6
对焊环松套法兰(PJ/SE)	突面(RF)	0.6～4.0
平焊环松套法兰(PJ/RJ)	突面(RF)	0.6～1.6
	凹凸面(MFM)	1.0～1.6
	榫槽面(TG)	1.0～1.6
法兰盖(BL)	突面(RF)	0.25～25.0
	凹凸面(MFM)	1.0～16.0
	榫槽面(TG)	1.0～16.0
	环连接面(RJ)	6.3～25.0
	全平面(FF)	0.25～1.6
衬里法兰盖(BL(S))	突面(RF)	0.6～4.0
	凸面(M)	1.0～4.0
	榫面(T)	1.0～4.0

5.2　法兰密封面型式的选用可按标表 3 - 6 选用。

6　连接尺寸

法兰的连接尺寸按标图 3 - 3 和标表 3 - 7 规定(标表 3 - 7 黑线框内为不同压力等级具有相同连接尺寸的法兰)。

具有基本相同的连接尺寸(包括密封面尺寸),可以与本标准法兰配合使用的国内外管法兰标准参见附录 B 所示。

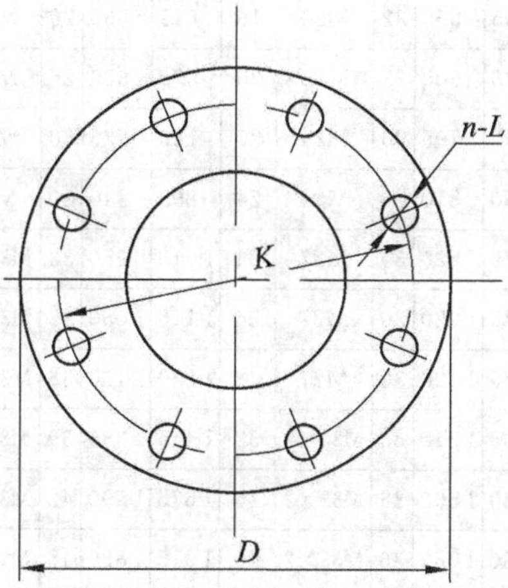

标图 3 - 3　连接尺寸

标表 3 - 7　连 接 尺 寸

mm

公称通径	*PN* 0.25 MPa(2.5 bar)					*PN* 0.6 MPa(6 bar)					*PN* 1.0 MPa(10 bar)					*PN* 1.6 MPa(16 bar)				
DN	*D*	*K*	*L*	*Th*	*n*	*D*	*K*	*L*	*Th*	*n*	*D*	*K*	*L*	*Th*	*n*	*D*	*K*	*L*	*Th*	*n*
10	75	50	11	M10	4	75	50	11	M10	4	90	60	14	M12	4	90	60	14	M12	4
15	80	55	11	M10	4	80	55	11	M10	4	95	65	14	M12	4	95	65	14	M12	4
20	90	65	11	M10	4	90	65	11	M10	4	105	75	14	M12	4	105	75	14	M12	4
25	100	75	11	M10	4	100	75	11	M10	4	115	85	14	M12	4	115	85	14	M12	4
32	120	90	14	M12	4	120	90	14	M12	4	140	100	18	M16	4	140	100	18	M16	4
40	130	100	14	M12	4	130	100	14	M12	4	150	110	18	M16	4	150	110	18	M16	4
50	140	110	14	M12	4	140	110	14	M12	4	165	125	18	M16	4	165	125	18	M16	4
65	160	130	14	M12	4	160	130	14	M12	4	185	145	18	M16	4(8)[注1]	185	145	18	M16	4(8)[注1]
80[注2]	190	150	18	M16	4	190	150	18	M16	4	200	160	18	M16	8	200	160	18	M16	8
100	210	170	18	M16	4	210	170	18	M16	4	220	180	18	M16	8	220	180	18	M16	8
125	240	200	18	M16	8	240	200	18	M16	8	250	210	18	M16	8	250	210	18	M16	8
150	265	225	18	M16	8	265	225	18	M16	8	285	240	22	M20	8	285	240	22	M20	8
200	320	280	18	M16	8	320	280	18	M16	8	340	295	22	M20	8	340	295	22	M20	12
250	375	335	18	M16	12	375	335	18	M16	12	395	350	22	M20	12	405	355	26	M24	12
300	440	395	22	M20	12	440	395	22	M20	12	445	400	22	M20	12	460	410	26	M24	12

（续表）

公称通径	PN 0.25 MPa(2.5 bar)					PN 0.6 MPa(6 bar)					PN 1.0 MPa(10 bar)					PN 1.6 MPa(16 bar)				
DN	*D*	*K*	*L*	*Th*	*n*	*D*	*K*	*L*	*Th*	*n*	*D*	*K*	*L*	*Th*	*n*	*D*	*K*	*L*	*Th*	*n*
350	490	445	22	M20	12	490	445	22	M20	12	505	460	22	M20	16	520	470	26	M24	16
400	540	495	22	M20	16	540	495	22	M20	16	565	515	26	M24	16	580	525	30	M27	16
450	595	550	22	M20	16	595	550	22	M20	16	615	565	26	M24	20	640	585	30	M27	20
500	645	600	22	M20	20	645	600	22	M20	20	670	620	26	M24	20	715	650	33	M30×2	20
600	755	705	26	M24	20	755	705	26	M24	20	780	725	30	M27	20	840	770	36	M33×2	20
700	860	810	26	M24	24	860	810	26	M24	24	895	840	30	M27	24	910	840	36	M33×2	24
800	975	920	30	M27	24	975	920	30	M27	24	1 015	950	33	M30×2	24	1 025	950	39	M36×3	24
900	1 075	1 020	30	M27	24	1 075	1 020	30	M27	24	1 115	1 050	33	M30×2	28	1 125	1 050	39	M36×3	28
1 000	1 175	1 120	30	M27	28	1 175	1 120	30	M27	28	1 230	1 160	36	M33×2	28	1 255	1 170	42	M39×3	28
1 200	1 375	1 320	30	M27	32	1 405	1 340	33	M30×2	32	1 455	1 380	39	M36×3	32	1 485	1 390	48	M45×3	32
1 400	1 575	1 520	30	M27	36	1 630	1 560	36	M33×2	36	1 675	1 590	42	M39×3	36	1 685	1 590	48	M45×3	36
1 600	1 790	1 730	30	M27	40	1 830	1 760	36	M33×2	40	1 915	1 820	48	M45×3	40	1 930	1 820	55	M52×4	40
1 800	1 990	1 930	30	M27	44	2 045	1 970	39	M36×3	44	2 115	2 020	48	M45×3	44	2 130	2 020	55	M52×4	44
2 000	2 190	2 130	30	M27	48	2 265	2 180	42	M39×3	48	2 325	2 230	48	M45×3	48	2 345	2 230	60	M56×4	48

注①：也可采用 8 个螺栓孔。

②：*PN* 1.0～4.0 MPa、*DN* 80 法兰的连接尺寸相同。

③：*Th*——螺栓公称直径。

续标表 3－7

mm

公称通径	PN 2.5 MPa(25 bar)					PN 4.0 MPa(40 bar)					PN 6.3 MPa(63 bar)				
DN	*D*	*K*	*L*	*Th*	*n*	*D*	*K*	*L*	*Th*	*n*	*D*	*K*	*L*	*Th*	*n*
10	90	60	14	M12	4	90	60	14	M12	4	100	70	14	M12	4
15	95	65	14	M12	4	95	65	14	M12	4	105	75	14	M12	4
20	105	75	14	M12	4	105	75	14	M12	4	130	90	18	M16	4
25	115	85	14	M12	4	115	85	14	M12	4	140	100	18	M16	4
32	140	100	18	M16	4	140	100	18	M16	4	155	110	22	M20	4
40	150	110	18	M16	4	150	110	18	M16	4	170	125	22	M20	4
50	165	125	18	M16	4	165	125	18	M16	4	180	135	22	M20	4
65	185	145	18	M16	8	185	145	18	M16	8	205	160	22	M20	8
80注2	200	160	18	M16	8	200	160	18	M16	8	215	170	22	M20	8
100	235	190	22	M20	8	235	190	22	M20	8	250	200	26	M24	8
125	270	220	26	M24	8	270	220	26	M24	8	295	240	30	M27	8
150	300	250	26	M24	8	300	250	26	M24	8	345	280	33	M30×2	8

(续表)

公称通径 DN	PN 2.5 MPa(25 bar)					PN 4.0 MPa(40 bar)					PN 6.3 MPa(63 bar)				
	D	K	L	Th	n	D	K	L	Th	n	D	K	L	Th	n
200	360	310	26	M24	12	375	320	30	M27	12	415	345	36	M33×2	12
250	425	370	30	M27	12	450	385	33	M30×2	12	470	400	36	M33×2	12
300	485	430	30	M27	16	515	450	33	M30×2	16	530	460	36	M33×2	16
350	555	490	33	M30×2	16	580	510	36	M33×2	16	600	525	39	M36×3	16
400	620	550	36	M33×2	16	660	585	39	M36×3	16	670	585	42	M39×3	16
450	670	600	36	M33×2	20	685	610	39	M36×3	20					
500	730	660	36	M33×2	20	755	670	42	M39×3	20					
600	845	770	39	M36×3	20	890	795	48	M45×3	20					
700	960	875	42	M39×3	24										
800	1 085	990	48	M45×3	24										
900	1 185	1 090	48	M45×3	28										
1 000	1 320	1 210	55	M52×4	28										
1 200	1 530	1 420	55	M52×4	32										

续标表 3－7 mm

公称通径 DN	PN 2.5 MPa(25 bar)					PN 4.0 MPa(40 bar)					PN 6.3 MPa(63 bar)				
	D	K	L	Th	n	D	K	L	Th	n	D	K	L	Th	n
10	100	70	14	M12	4	100	70	14	M12	4	125	85	18	M16	4
15	105	75	14	M12	4	105	75	14	M12	4	130	90	18	M16	4
20	130	90	18	M16	4	130	90	18	M16	4	135	95	18	M16	4
25	140	100	18	M16	4	140	100	18	M16	4	150	105	22	M20	4
32	155	110	22	M20	4	155	110	22	M20	4	165	120	22	M20	4
40	170	125	22	M20	4	170	125	22	M20	4	185	135	26	M24	4
50	195	145	26	M24	4	195	145	26	M24	4	200	150	26	M24	8
65	220	170	26	M24	8	220	170	26	M24	8	230	180	26	M24	8
80	230	180	26	M24	8	230	180	26	M24	8	255	200	30	M27	8
100	265	210	30	M27	8	265	210	30	M27	8	300	235	33	M30×2	8
125	315	250	33	M30×2	8	315	250	33	M30×2	8	340	275	33	M30×2	12
150	355	290	33	M30×2	12	355	290	33	M30×2	12	390	320	36	M33×2	12
200	430	360	36	M33×2	12	430	360	36	M33×2	12	485	400	42	M39×3	12
250	505	430	39	M36×3	12	515	430	42	M39×3	12	585	490	48	M45×3	16
300	585	500	42	M39×3	16	585	500	42	M39×3	16	690	590	52	M48×3	16
350	655	560	48	M45×3	16										
400	715	620	48	M45×3	16										

7　密封面尺寸

7.1　突面、凹凸面、榫槽面法兰的密封面尺寸按标图 3－4 及标表 3－8 规定。

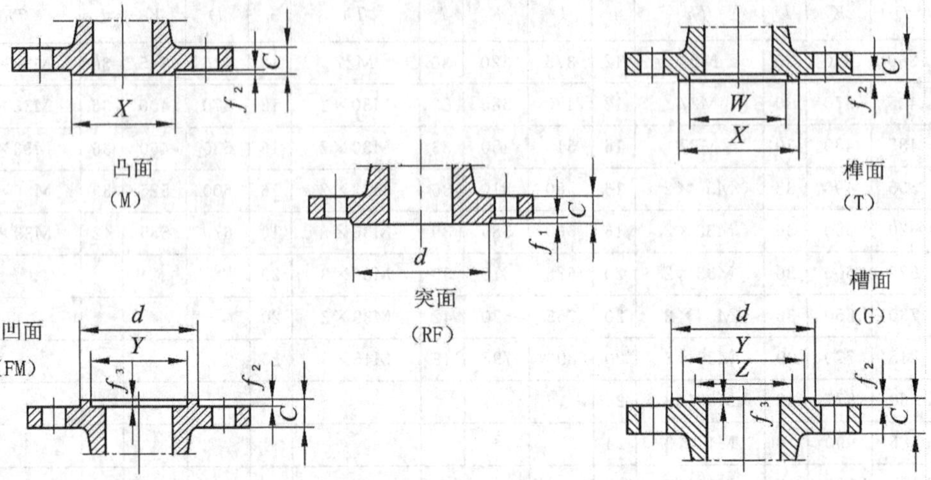

标图 3－4　突面(RF)、凹凸面(MFM)、榫槽面(TG)的密封面尺寸

标表 3－8　密封面尺寸(突面、凹凸面、榫槽面)　　mm

公称通径 DN	d						f_1	f_2	f_3	W	X	Y	Z
	PN, MPa(bar)												
	0.25 (2.5)	0.6 (6)	1.0 (10)	1.6 (16)	2.5 (25)	≥4.0 (≥40)							
10	33	33	41	41	41	41				24	34	35	23
15	38	38	46	46	46	46				29	39	40	28
20	48	48	56	56	56	56				36	50	51	35
25	58	58	65	65	65	65				43	57	58	42
32	69	69	76	76	76	76		4	3	51	65	66	50
40	78	78	84	84	84	84				61	75	76	60
50	88	88	99	99	99	99				73	87	88	72
65	108	108	118	118	118	118	2			95	109	110	94
80	124	124	132	132	132	132				106	120	121	105
100	144	144	156	156	156	156				129	149	150	128
125	174	174	184	184	184	184				155	175	176	154
150	199	199	211	211	211	211				183	203	204	182
200	254	254	266	266	274	284		4.5	3.5	239	259	260	238
250	309	309	319	319	330	345				292	312	313	291
300	363	363	370	370	389	409				343	363	364	342

(续表)

公称通径 DN	d						f_1	f_2	f_3	W	X	Y	Z
	PN, MPa(bar)												
	0.25 (2.5)	0.6 (6)	1.0 (10)	1.6 (16)	2.5 (25)	≥4.0 (≥40)							
350	413	413	429	429	448	465				395	421	422	394
400	463	463	480	480	503	535				447	473	474	446
450	518	518	530	548	548	560	2	5	4	497	523	524	496
500	568	568	582	609	609	615				549	575	576	548
600	667	667	682	720	720	735				649	675	676	648
700	772	772	794	794	820								
800	878	878	901	901	928								
900	978	978	1 001	1 001	1 028								
1 000	1 078	1 078	1 112	1 112	1 140								
1 200	1 295	1 295	1 328	1 328	1 350		5						
1 400	1 510	1 510	1 530	1 530									
1 600	1 710	1 710	1 750	1 750									
1 800	1 918	1 918	1 950	1 950									
2 000	2 125	2 125	2 150	2 150									

注：凹凸面和榫槽面适用于 PN 1.0～16.0 MPa 的法兰。

8　标记及标记示例

8.1　标记

法兰应按下列规定标记

[a]法兰(法兰盖)[b]　[c]—[d]　[e]　[f]　[g]　[h]

a. 标准号：

各种类型管法兰均以本标准的标准号统一标记：HG20592。

b. 法兰类型代号按标表 3－3 的规定。

螺纹法兰采用按 GB7306 规定的锥管螺纹时，标记为“Th(Rc)”或“(Rp)”；

螺纹法兰采用按 GB/T12716 规定的锥管螺纹时，标记为“Th(NRT)”；

螺纹法兰如未标记螺纹代号，则为 Rp。

c. 法兰公称通径 DN (mm)与适用钢管外径系列；

整体法兰、法兰盖、衬里法兰盖、螺纹法兰，适用钢管外径系列的标记可省略；

适用于国际通用系列钢管(俗称英制管)的法兰，标记为“DN (A)”；

适用于国内沿用系列钢管(俗称公制管)的法兰，适用钢管外径系列的标记可省略。

d. 法兰公称压力 PN，MPa。

e. 密封面型式代号按标表 3－5 的规定，突面法兰如车制密纹水线，则标记为“RF(A)”。

f. 应由用户提供的钢管壁厚。

带颈对焊法兰、对焊环松套法兰应标注钢管壁厚。

g. 材料牌号。

h. 其他。采用与本标准规定不一致的要求或附加要求，如密封面的表面粗糙度等。

8.2　标记示例

示例 1：公称通径 1 200 mm、公称压力 0.6 MPa、配用公制管的突面板式平焊钢制管法兰，材料为 Q235－A，其标记为：

HG　20592　法兰　PL1200－0.6　RF　Q235－A

标 4　化工配管用无缝及焊接钢管尺寸选用系列　HG20553—1993

1　钢管类别和常用钢号

钢管类别：常用钢号、标准及使用温度范围详见标表 4－1。

标表 4－1　常用钢号、标准及使用温度范围

钢管类别	标准号	常用钢号	使用温度，℃			备　注
			正　常	最　高	最　低	
碳素钢管	GB3087 GB8163 GB9948	10	－40～425	475	－40	相当 ASTM A53－A A106－A
		20	－20～425	475	－20	相当 ASTM A53－B A106－B
低合金钢管	GB8163	16Mn	－40～450	475	－40	相当 ASTM A333－1，6
		09MnV	－70～100	100	－70	相当 ASTM A333－7，9
合金钢管	GB5310 GB9948	12CrMo	上限 525			相当 ASTM A335－P_2
		15CrMo	上限 550			相当 ASTM A335－P_{12}
		12Cr1MoV	上限 575			相当 ASTM A335－P_{11}
		1Cr5Mo	上限 600			相当 ASTM A335－P_5
不锈钢管	GB2270	0Cr18Ni9Ti	－196～600	700	－196	相当 ASTM A312－TP321
		00Cr18Ni10	－196～425	425	－196	相当 ASTM A312－TP304L
		0Cr18Ni12Mo2Ti	－196～700	700	－196	相当 ASTM A312－TP316
		00Cr17Ni14Mo2	－196～450	450	－196	相当 ASTM A312－TP316L

2　钢管外径和壁厚

本标准共有三个系列，标表 4－1 中各类钢管均适用。

2.1　Ia 系列

Ia 系列为优先选用系列，作为今后化工配管用钢管的基本系列，钢管的外径等效采用 ISO 4200，壁厚采用“壁厚系列号”（英文为 Schedule Number，简写为 Sch. No.）表示。

钢管的尺寸和理论质量见标表 4－2。标表 4－2 中壁厚系列号的壁厚值基本上采用 ANSI B36.10 加以圆整，然后取 ISO 221 中相近的壁厚值。

大直径焊接钢管的尺寸和理论质量见标表 4－3。标表 4－3 中焊接钢管的外径采用 API5L 圆整到正整数，并符合 ISO 4200。

2.2　Ib 系列

Ib 系列是 Ia 系列的代用系列。钢管的外径是将 Ia 系列的外径圆整到正整数，并符合 GB8163 和 GB2270 钢管的外径和壁厚值。由于 *DN* 250 以上的钢管外径圆整后与 GB8163、GB2270 的钢管外径差异较大，故 Ib 系列仅制订到 *DN* 250 为止，*DN* 250 以上的钢管仍按 Ia 系列选用。

钢管的尺寸和理论质量见标表 4－2。

标表 4－2 Ia 系列钢管的尺寸和理论质量

公称直径 DN		外径 mm	壁厚和理论质量													
			Sch. 5S		Sch. 10S		Sch. 10		Sch. 20		Sch. 30		Sch. 40S		Sch. 40	
A	B		mm	kg/m	mm	kg/m	mm	kg/m	mm	kg/m	mm	kg/m	mm	kg/m	mm	kg/m
6	$\frac{1}{8}$	10.2	1.0	0.23	1.2	0.27							1.8	0.37	1.8	0.37
8	$\frac{1}{4}$	13.5	1.2	0.36	1.6	0.47							1.8	0.52	2.3	0.64
10	$\frac{3}{8}$	17.2	1.2	0.47	1.6	0.62							2.3	0.85	2.3	0.85
15	$\frac{1}{2}$	21.3	1.6	0.78	2.0	0.95							2.9	1.32	2.9	1.32
20	$\frac{3}{4}$	26.9	1.6	1.00	2.0	1.23							2.9	1.72	2.9	1.72
25	1	33.7	1.6	1.27	2.9	2.20							3.2	2.41	3.2	2.41
(32)	$1\frac{1}{4}$	42.4	1.6	1.61	2.9	2.82							3.6	3.44	3.6	3.44
40	$1\frac{1}{2}$	48.3	1.6	1.84	2.9	3.25							3.6	3.97	3.6	3.97
50	2	60.3	1.6	2.32	2.9	4.10			3.2	4.51			4.0	5.55	4.0	5.55
(65)	$2\frac{1}{2}$	76.1	2.0	3.65	3.2	5.75			4.5	7.95			5.0	8.77	5.0	8.77
80	3	88.9	2.0	4.29	3.2	6.76			4.5	9.37			5.6	11.50	5.6	11.50
100	4	114.3	2.0	5.54	3.2	8.76			5.0	13.48			6.3	16.78	6.3	16.78
(125)	5	139.7	2.9	9.78	3.6	12.08			5.0	16.61			6.3	20.72	6.3	20.72
150	6	168.3	2.9	11.83	3.6	14.62			5.6	22.47			7.1	28.22	7.1	28.22
200	8	219.1	2.9	15.46	4.0	21.22			6.3	33.06	7.1	37.12	8.0	41.65	8.0	41.65
250	10	273.0	3.6	23.92	4.0	26.53			6.3	41.43	8.0	52.28	8.8	57.33	8.8	57.33
300	12	323.9	4.0	31.55	4.5	35.44			6.3	49.34	8.8	68.38	10.0	77.41	10.0	77.41
350	14	355.6	4.0	34.68	5.0	43.23	6.3	54.27	8.0	68.57	10.0	85.22	10.0	85.22	11.0	93.48
400	16	406.4	4.0	39.69	5.0	49.49	6.3	62.16	8.0	78.60	10.0	97.75	10.0	97.75	12.5	121.42
450	18	457.0	4.0	44.68	5.0	55.73	6.3	70.02	8.0	88.58	11.0	120.98	10.0	110.23	14.2	155.06
500	20	508.0	5.0	62.02	5.6	69.38	6.3	77.94	10.0	122.81	12.5	152.74	10.0	122.81	16.0	194.12
(550)	22	559.0	5.0	68.31	5.6	76.42	6.3	85.87	10.0	135.38	12.5	168.46	10.0	135.38	—	—
600	24	610.0	5.6	83.47	6.3	93.79	6.3	93.79	10.0	147.96	14.2	208.63	10.0	147.96	17.5	255.69

注：① 壁厚系列号(Sch. No.)后缀加 S 者，仅用于奥氏体不锈钢钢管。

② 本表可用于无缝或焊接钢管。

③ 尽可能不选用括号内的规格。

续标表 4-2

壁厚和理论质量													
Sch. 60		Sch. 80S		Sch. 80		Sch. 100		Sch. 120		Sch. 140		Sch. 160	
mm	kg/m	mm	kg/m	mm	kg/m	mm	kg/m	mm	kg/m	mm	kg/m	mm	kg/m
		2.3	0.45	2.3	0.45								
		2.9	0.76	2.9	0.76								
		3.2	1.10	3.2	1.10								
		3.6	1.57	3.6	1.57							4.5	1.86
		4.0	2.26	4.0	2.26							5.6	2.94
		4.5	3.24	4.5	3.24							6.3	4.26
		5.0	4.61	5.0	4.61							6.3	5.61
		5.0	5.34	5.0	5.34							7.1	7.21
		5.6	7.55	5.6	7.55							8.8	11.18
		7.1	12.08	7.1	12.08							10.0	16.30
		8.0	15.96	8.0	15.96							11.0	21.13
		8.8	22.89	8.8	22.89			11.0	28.02			14.2	35.05
		10.0	31.98	10.0	31.98			12.5	39.21			16.0	48.81
		11.0	42.67	11.0	42.67			14.2	53.96			17.5	65.08
10.0	51.56	12.5	63.68	12.5	63.68	16.0	80.14	17.5	87.00	20.0	98.20	22.2	107.79
12.5	80.30	12.5	80.30	16.0	101.40	17.5	110.26	22.2	137.30	25.0	137.48	28.0	169.17
14.2	108.45	12.5	95.99	17.5	132.23	22.2	166.17	25.0	184.27	28.0	204.31	32.0	230.34
16.0	133.99	12.5	105.76	20.0	165.52	25.0	203.81	28.0	226.20	32.0	255.36	36.0	283.73
17.5	167.83	12.5	121.42	22.2	210.33	28.0	261.28	30.0	278.45	36.0	328.83	40.0	361.42
20.0	215.53	12.5	137.02	25.0	266.33	30.0	315.89	36.0	373.75	40.0	411.33	45.0	457.20
20.0	240.68	12.5	152.74	28.0	331.43	32.0	375.62	40.0	461.64	45.0	513.79	50.0	564.71
25.0	329.21	12.5	168.46	28.0	366.64	36.0	464.30	40.0	511.94	50.0	627.60	55.0	683.58
25.0	360.65	12.5	184.18	32.0	456.11	40.0	562.25	45.0	626.98	55.0	752.75	60.0	813.78

标表 4－3　Ia 系列大直径焊接钢管的尺寸和理论质量

公称直径 DN		外径 mm	壁厚(mm)										
			6.3	7.1	8.0	8.8	10.0	11.0	12.5	14.2	16.0	17.5	20.0
A	B		理论质量(kg/m)										
(650)	26	660	101.56	114.31	128.63	141.32	160.29	176.05	199.59				
700	28	711	109.48	123.24	138.69	152.38	172.87	189.88	215.31				
(750)	30	762	117.40	132.17	148.75	163.45	185.44	203.72	231.03				
800	32	813	125.33	141.10	158.81	174.52	198.02	217.55	246.75	279.72			
(850)	34	864			168.87	185.59	210.60	231.38	262.47	297.58			
900	36	914			178.74	196.44	222.93	244.95	277.89	315.08	354.31		
(950)	38	965			188.80	207.50	235.50	258.78	293.61	332.94	374.44		
1 000	40	1 016			198.86	218.57	248.06	272.62	309.33	350.80	394.56	430.90	491.23

标 5　钢制管法兰盖(欧洲体系)　HG20601—1997

1　适用范围

各种密封面型式法兰盖适用的压力、通径范围按标表 5－1 的规定。

标表 5－1　适 用 范 围　　mm

密封面型式	公称压力 PN，MPa(bar)									
	2.25 (2.5)	0.6 (6)	1.0 (10)	1.6 (16)	2.5 (25)	4.0 (40)	6.3 (63)	10.0 (100)	16.0 (160)	25.0 (250)
突面(RF)	DN 10～2 000		DN 10～1 200		DN 10～600		DN 10～400		DN 10～300	
凹凸面(MFM)	—		DN 10～600				DN 10～400		DN 10～300	—
榫槽面(TG)	—		DN 10～600				DN 10～400		DN 10～300	—
全平面(FF)	DN 10～600		DN 10～1 200		—					
环连接面(RJ)	—						DN 15～400		DN 15～300	

2　法兰盖尺寸

法兰盖尺寸按标图 5－1 及标表 5－2、5－3 的规定。

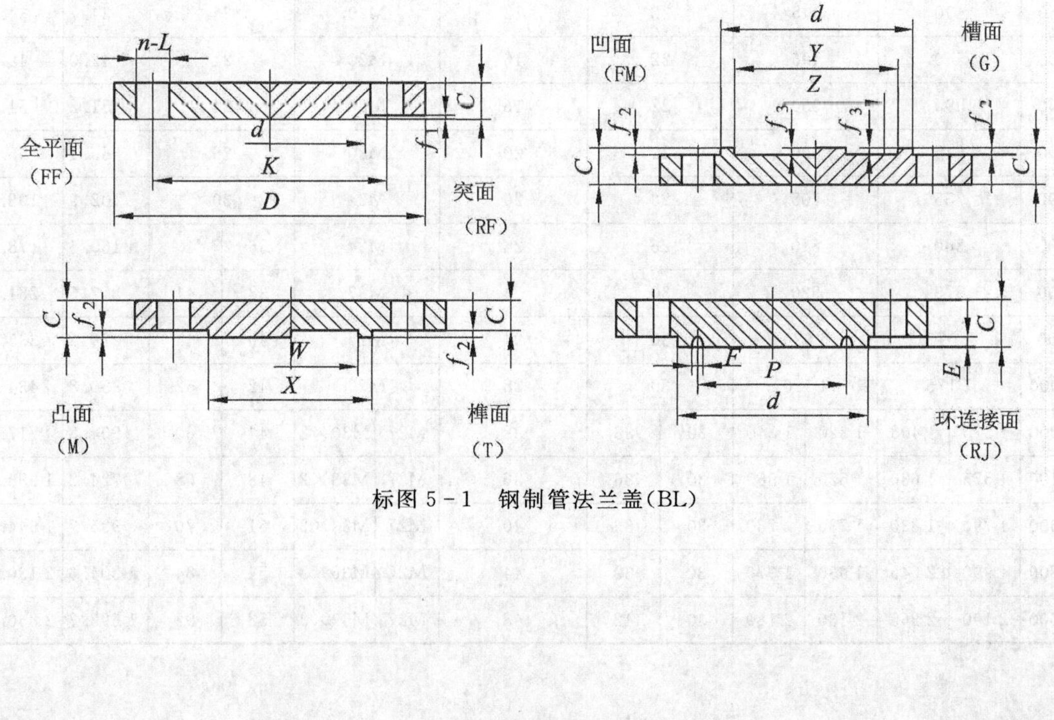

标图 5－1　钢制管法兰盖(BL)

标表 5－2　*PN* 0.25 MPa(2.5 bar)及 *PN* 0.6 MPa(6 bar)钢制管法兰盖　　mm

公称直径 *DN*	连接尺寸										法兰盖厚度 *C*		理论质量 (kg)	
	法兰盖外径 *D*		螺栓孔中心圆直径 *K*		螺栓孔直径 *L*		螺栓孔数量 *n*		螺纹 *Th*					
	0.25	0.6	0.25	0.6	0.25	0.6	0.25	0.6	0.25	0.6	0.25	0.6	0.25	0.6
10	75		50		11		4		M10		12		0.38	
15	80		55		11		4		M10		12		0.44	
20	90		65		11		4		M10		14		0.66	
25	100		75		11		4		M10		14		0.82	
32	120		90		14		4		M12		16		1.34	
40	130		100		14		4		M12		16		1.59	
50	140		110		14		4		M12		16		1.86	
65	160		130		14		4		M12		16		2.45	
80	190		150		18		4		M16		18		3.86	
100	210		170		18		4		M16		18		4.75	
125	240		200		18		8		M16		20	18	6.78	6.10
150	265		225		18		8		M16		20		8.34	8.34
200	320		280		18		8		M16		22		13.5	13.5
250	375		335		18		12		M16		24		20.2	20.2
300	440		395		22		12		M20		24		27.8	27.8
350	490		445		22		12		M20		24		34.7	34.7
400	540		495		22		16		M20		24		42.0	42.0
450	595		550		22		16		M20		24		51.2	51.2
500	645		600		22		20		M20		26		65.1	65.1
600	755		705		26		20		M24		30		102.9	102.9
700	860		810		26		24		M24		36	40	160.5	178.3
800	975		920		30		24		M27		38	44	217.5	251.9
900	1 075		1 020		30		24		M27		40	48	279.5	335.4
1 000	1 175		1 120		30		28		M27		42	52	350.8	434.3
1 200	1 375	1 405	1 320	1 340	30	33	32		M27	M30×2	44	60	504.8	717.0
1 400	1 575	1 630	1 520	1 560	30	36	36		M27	M33×2	48	68	724.2	1 093.8
1 600	1 790	1 830	1 730	1 760	30	36	40		M27	M33×2	51	76	995.7	1 544.1
1 800	1 990	2 045	1 930	1 970	30	39	44		M27	M36×3	54	84	1 304.6	2 130.1
2 000	2 190	2 265	2 130	2 180	30	42	48		M27	M39×3	58	92	1 698.7	2 860.5

标表 5－3　*PN* 1.0 MPa(10 bar)及 *PN* 1.6 MPa(16 bar) 钢制管法兰盖　　mm

公称直径 *DN*	连接尺寸										法兰盖厚度 *C*		理论质量 (kg)	
	法兰盖外径 *D*		螺栓孔中心圆直径 *K*		螺栓孔直径 *L*		螺栓孔数量 *n*		螺纹 *Th*					
	1.0	1.6	1.0	1.6	1.0	1.6	1.0	1.6	1.0	1.6	1.0	1.6	1.0	1.6
10	90		60		14		4		M12		14		0.63	
15	95		65		14		4		M12		14		0.71	
20	105		75		14		4		M12		16		1.01	
25	115		85		14		4		M12		16		1.23	
32	140		100		18		4		M16		18		2.03	
40	150		110		18		4		M16		18		2.35	
50	165		125		18		4		M16		20		3.20	
65	185		145		18		4		M16		20		4.06	
80	200		160		18		8		M16		20		4.61	
100	220		180		18		8		M16		22		6.21	
125	250		210		18		8		M16		22		8.12	
150	285		240		22		8		M20		24		11.4	
200	340		295		22		8	12	M20		24		16.5	16.2
250	395	405	350	355	22	26	12		M20	M24	26		24.1	25.0
300	445	460	400	410	22	26	12		M20	M24	26	28	30.8	35.1
350	505	520	460	470	22	26	16		M20	M24	26	30	39.6	48.0
400	565	580	515	525	26	30	16		M24	M27	26	32	49.4	63.5
450	615	640	565	585	26	30	20		M24	M27	28	36	62.9	86.9
500	670	715	620	650	26	33	20		M24	M30×2	28	36	75.1	108.6
600	780	840	725	770	30	36	20		M27	M33×2	34	44	123.7	184.3
700	895	910	840	840	30	36	24		M27	M33×2	38	48	182.5	235.7
800	1 015	1 025	950	950	33	39	24		M30×2	M36×3	42	52	259.9	325.0
900	1 115	1 125	1 050	1 050	33	39	28		M30×2	M36×3	46	58	343.8	437.1
1 000	1 230	1 255	1 160	1 170	36	42	28		M33×2	M39×3	52	64	473.2	601.7
1 200	1 455	1 485	1 380	1 390	39	48	32		M36×3	M45×3	60	76	764.7	998.2

标 6　钢制管法兰技术条件(整体条件)　HG20603—1997

(1) 法兰用材的公称压力 PN 和工作温度范围按标表 6-1 的规定。

标表 6-1　管法兰用材的公称压力和工作温度

类　别	钢　号(标准号)	公称压力 PN,MPa	工作温度,℃
Q235	Q235A(GB3274)	≤1.0	0～+350
	Q235B(GB3274)	≤1.6	0～+350
20	20(GB711)	≤4.0	0～+350
	20R(GB6654)	≤25.0	−20～+475
	20(JB4726)	≤25.0	−20～+475
	09Mn2VD(JB4727)	≤25.0	−50～+350
	09MnNiD(JB4727)	≤25.0	−70～+350
16Mn	16MnR(GB6654)	≤25.0	−20～+475
	16MnDR(GB3531)	≤25.0	−40～+350
	16Mn(JB4726)	≤25.0	−20～+475
	16MnD(JB4727)	≤25.0	−40～+350
1Cr-0.5Mo	15CrMoR(GB6654)	≤25.0	>−20～+550
	15CrMo(JB4726)		
$2\frac{1}{4}$Cr-1Mo	12Cr2Mo1R(GB150、GB6654)	≤25.0	>−20～+575
	12Cr2Mo1(JB4726)		
5Cr-0.5Mo	1Cr5Mo(JB4726)	≤25.0	>−20～+600
304L	00Cr19Ni10(GB4237、JB4728)	≤25.0	−196～+425
304	0Cr18Ni9(GB4237、JB4728)		−196～+700
321	0Cr18Ni10Ti(GB4237、JB4728)(1Cr18Ni9Ti)		
316L	00Cr17Ni14Mo2(GB4237、JB4728)		−196～+425
316	0Cr17Ni12Mo2(GB4237、JB4728)		−196～+700

注：① 采用铸件材料的整体法兰其公称压力和工作温度按有关标准的规定。

② 采用钢管材料的奥氏体不锈钢对焊环公称压力和工作温度按有关钢管使用标准的规定。

(2) 锻件(包括锻轧件)的级别及其技术要求应符合 JB4726～4728 的相应要求。

(3) 公称压力 PN 为 0.25 MPa～6.3 MPa 的碳素钢、奥氏体不锈钢锻件允许采用Ⅰ级锻件。

标 7　钢制管法兰压力——温度等级（欧洲体系）　HG20604—1997

1　适用范围

本标准适用于 HG20592 所规定的钢制管法兰和法兰盖。

2　最高无冲击工作压力

2.1　公称压力 *PN* 为 0.25 MPa(2.5 bar)～25.0 MPa(250 bar)的钢制管法兰和法兰盖在工作温度下的最高无冲击工作压力按标表 2－42～51 的规定。中间温度时，采用内插法确定。

标表 7－1～标表 7－3 所列法兰材料类别按 HG20603 的规定。表中铁素体钢 100℃的最高无冲击工作压力值可使用至 120℃，奥氏体不锈钢 20℃的最高无冲击工作压力值可使用至 50℃。

标表 7－1　最高无冲击工作压力　MPa

公称压力 *PN* (MPa)	法兰材料类别	工作温度(℃)														
		≤20	100	150	200	250	300	350	400	425	450	475	500	510	520	530
0.25	Q235	0.25	0.25	0.225	0.2	0.175	0.15									
	20	0.25	0.25	0.225	0.2	0.175	0.15	0.125	0.088							
	16Mn	0.25	0.25	0.245	0.238	0.225	0.2	0.175	0.138	0.113						
	1Cr－0.5Mo	0.25	0.25	0.25	0.25	0.25	0.25	0.238	0.228	0.223	0.218	0.205	0.185	0.155	0.123	0.095
	$2\frac{1}{4}$Cr－1Mo	0.25	0.25	0.25	0.25	0.25	0.25	0.25	0.228	0.223	0.218	0.2	0.138	0.125	0.11	0.095
	5Cr－0.5Mo	0.25	0.25	0.25	0.25	0.25	0.25	0.25	0.25							
	304L	0.223	0.201	0.18	0.163	0.152	0.141	0.134	0.129		0.124					
	304	0.234	0.212	0.191	0.174	0.161	0.15	0.143	0.139		0.136		0.133			
	321	0.247	0.231	0.217	0.206	0.194	0.186	0.179	0.173		0.169		0.166			
	316L	0.241	0.221	0.201	0.186	0.174	0.161	0.154	0.15		0.144					
	316	0.25	0.234	0.212	0.197	0.186	0.173	0.167	0.16		0.157		0.154			

注：工作温度高于表列温度时，缺乏确切的数值。

标表 7-2　最高无冲击工作压力　　MPa

公称压力 *PN* (MPa)	法兰材料类别	工作温度(℃)														
		≤20	100	150	200	250	300	350	400	425	450	475	500	510	520	530
0.6	Q235	0.60	0.60	0.54	0.48	0.42	0.36									
	20	0.60	0.60	0.54	0.48	0.42	0.36	0.3	0.21							
	16Mn	0.60	0.60	0.59	0.57	0.54	0.48	0.42	0.33	0.27						
	1Cr-0.5Mo	0.60	0.60	0.60	0.60	0.60	0.60	0.57	0.546	0.534	0.522	0.492	0.444	0.372	0.294	0.228
	$2\frac{1}{4}$Cr-1Mo	0.6	0.6	0.6	0.6	0.6	0.6	0.60	0.546	0.534	0.522	0.48	0.33	0.3	0.264	0.228
	5Cr-0.5Mo	0.60	0.60	0.60	0.60	0.60	0.60	0.60	0.60							
	304L	0.54	0.48	0.43	0.39	0.37	0.34	0.32	0.31		0.3					
	304	0.56	0.51	0.46	0.42	0.39	0.36	0.34	0.33		0.33		0.32			
	321	0.59	0.55	0.52	0.49	0.47	0.45	0.43	0.42		0.41		0.4			
	316L	0.58	0.53	0.48	0.45	0.42	0.39	0.37	0.36		0.35					
	316	0.6	0.56	0.51	0.47	0.45	0.42	0.4	0.38		0.38		0.37			

注：工作温度高于表列温度时，缺乏确切的数值。

标表 7-3　最高无冲击工作压力　　MPa

公称压力 *PN* (MPa)	法兰材料类别	工作温度(℃)														
		≤20	100	150	200	250	300	350	400	425	450	475	500	510	520	530
1.0	Q235	1.0	1.0	0.9	0.8	0.7	0.6									
	20	1.0	1.0	0.9	0.8	0.7	0.6	0.5	0.35							
	16Mn	1.0	1.0	0.98	0.95	0.9	0.8	0.7	0.55	0.45						
	1Cr-0.5Mo	1.0	1.0	1.0	1.0	1.0	1.0	0.95	0.91	0.89	0.87	0.82	0.74	0.62	0.49	0.38
	$2\frac{1}{4}$Cr-1Mo	1.0	1.0	1.0	1.0	1.0	1.0	1.0	0.91	0.89	0.87	0.8	0.55	0.5	0.44	0.38
	5Cr-0.5Mo	1.0	1.0	1.0	1.0	1.0	1.0	1.0	1.0							
	304L	0.89	0.8	0.72	0.65	0.61	0.56	0.54	0.52		0.5					
	304	0.94	0.85	0.76	0.7	0.64	0.6	0.57	0.56		0.54		0.53			
	321	0.99	0.92	0.87	0.82	0.78	0.74	0.72	0.69		0.68		0.66			
	316L	0.96	0.88	0.8	0.74	0.7	0.64	0.62	0.6		0.58					
	316	1.0	0.94	0.85	0.79	0.74	0.69	0.67	0.64		0.63		0.62			

注：工作温度高于表列温度时，缺乏确切的数值。

2.2 工作温度系指压力作用下法兰金属的温度。工作温度低于20℃时,法兰的最高无冲击工作压力值与20℃时相同。

2.3 如果一个法兰接头上的两个法兰具有不同的压力额定值,该接头的最高无冲击工作压力值按较低值,并应控制安装时的螺柱扭矩,防止过紧。

2.4 工作温度高于表列温度而缺乏确切(额定)数值时,可根据使用经验或计算,由设计者自行确定。

2.5 采用表列以外的材料时,法兰的最高无冲击工作压力可根据材料许用应力相当的原则,参照表列材料予以确定,但不得大于公称压力。

标 8　钢制管法兰用非金属平垫片
（欧洲体系）　HG20606—1997

1　适用范围

本标准适用于 HG20592 所规定的公称压力 *PN* 0.25 MPa（2.5 bar）～4.0 MPa（40 bar）的钢制管法兰用非金属平垫片。

2　材料与使用条件

2.1　材料

钢制管法兰用非金属平垫片的材料通常包括：

（1）天然橡胶及合成橡胶，如天然橡胶、氯丁橡胶、丁苯橡胶、丁腈橡胶、乙丙橡胶、氟橡胶等。

（2）石棉橡胶板（GB3985 的 XB350、XB450）和耐油石棉橡胶板（GB539 的 NY400）。

注：当石棉因有害健康等原因而禁止使用时，可采用 3、4 所列的无石棉材料垫或柔性石墨复合垫。

（3）合成纤维的橡胶压制板（无机、有机）。

（4）改性或填充的聚四氟乙烯板。

2.2　使用条件

非金属平垫片的使用条件应符合标表 8－1 的规定。

标表 8－1　非金属平垫片的使用条件

<table>
<tr><th rowspan="2">类　别</th><th rowspan="2" colspan="2">名　称</th><th rowspan="2">代　号</th><th colspan="2">使　用　条　件</th></tr>
<tr><th>P，压力等级（MPa）</th><th>t，温度（℃）</th></tr>
<tr><td rowspan="6">橡　胶</td><td colspan="2">天然橡胶</td><td>NR</td><td>≤1.6</td><td>－50～＋90</td></tr>
<tr><td colspan="2">氯丁橡胶</td><td>CR</td><td>≤1.6</td><td>－40～＋100</td></tr>
<tr><td colspan="2">丁腈橡胶</td><td>NBR</td><td>≤1.6</td><td>－30～＋110</td></tr>
<tr><td colspan="2">丁苯橡胶</td><td>SBR</td><td>≤1.6</td><td>－30～＋100</td></tr>
<tr><td colspan="2">乙丙橡胶</td><td>EPDM</td><td>≤1.6</td><td>－40～＋130</td></tr>
<tr><td colspan="2">氟 橡 胶</td><td>Viton</td><td>≤1.6</td><td>－50～＋200</td></tr>
<tr><td rowspan="3">石棉橡胶</td><td rowspan="2" colspan="2">石棉橡胶板</td><td>XB350</td><td>≤2.5</td><td>≤300</td></tr>
<tr><td>XB450</td><td colspan="2" rowspan="2">P · t≤650 MPa · ℃</td></tr>
<tr><td colspan="2">耐油石棉橡胶板</td><td>NY400</td></tr>
<tr><td rowspan="2">合成纤维橡胶</td><td rowspan="2">合成纤维的
橡胶压制板</td><td>无机</td><td rowspan="2">—</td><td rowspan="2">≤4.0</td><td>－40～＋290</td></tr>
<tr><td>有机</td><td>－40～＋200</td></tr>
<tr><td>聚四氟乙烯</td><td colspan="2">改性或填充的
聚四氟乙烯板</td><td>—</td><td>≤4.0</td><td>－196～＋260</td></tr>
</table>

注：合成纤维橡胶压制板和改性、填充聚四氟乙烯尚无相应产品标准，使用时应注明公认的厂商牌号。

2.3　不同密封面法兰用垫片的公称压力范围见标表 8－2。

标表 8－2　不同密封面法兰用垫片的公称压力范围

密封面型式(代号)	公称压力 PN,MPa(bar)	密封面型式(代号)	公称压力 PN,MPa(bar)
全平面(FF)	0.25～1.6(2.5～16)	凹凸面(MFM)	1.0～4.0(10～40)
突面(RF)	0.25～4.0(2.5～40)	榫槽面(TG)	1.0～4.0(10～40)

3　垫片型式与尺寸

3.1　垫片按密封面型式分为 FF 型、RF 型、MFM 型和 TG 型,分别适用于全平面、突面、凹凸面和榫槽面法兰。

3.2　垫片尺寸

(1) 全平面法兰用 FF 型垫片尺寸按标表 8－3 规定。

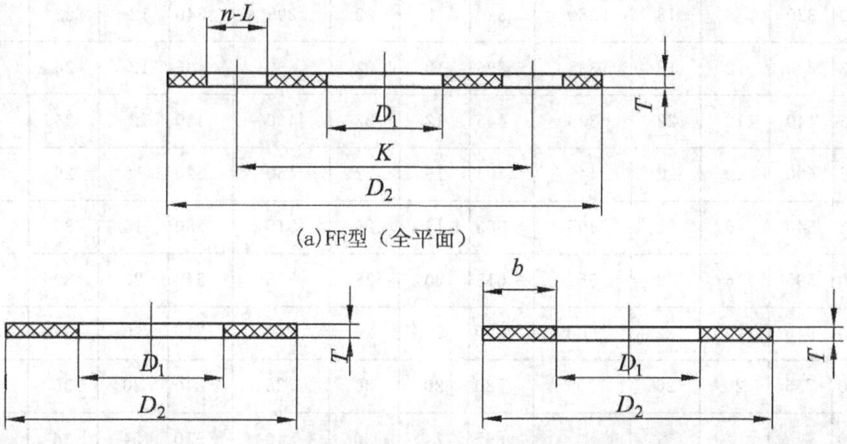

(a)FF型（全平面）

(b)RF、MFM、TG型（突面、凹凸面、榫槽面）

(c)RF-E型（突面、带内包边）

标图 8－1　垫片的型式

标表 8－3　全平面法兰用 FF 型垫片尺寸　mm

公称通径 DN	垫片内径 D_1	PN 0.25(2.5 bar)～0.6(6 bar)				PN 1.0 MPa(10 bar)				PN 1.6 MPa(16 bar)				垫片厚度 T
		垫片外径 D_2	螺栓孔数量 n	螺栓孔直径 L	螺栓孔中心圆直径 K	垫片外径 D_2	螺栓孔数量 n	螺栓孔直径 L	螺栓孔中心圆直径 K	垫片外径 D_2	螺栓孔数量 n	螺栓孔直径 L	螺栓孔中心圆直径 K	
10	18	75	4	11	50	90	4	14	60	90	4	14	60	1.5
15	22	80	4	11	55	95	4	14	65	95	4	14	65	
20	27	90	4	11	65	105	4	14	75	105	4	14	75	
25	34	100	4	11	75	115	4	14	85	115	4	14	85	
32	43	120	4	14	90	140	4	18	100	140	4	18	100	
40	49	130	4	14	100	150	4	18	110	150	4	18	110	

（续表）

公称通径 DN	垫片内径 D_1	PN 0.25(2.5 bar)～0.6(6 bar)				PN 1.0 MPa(10 bar)				PN 1.6 MPa(16 bar)				垫片厚度 T
		垫片外径 D_2	螺栓孔数量 n	螺栓孔直径 L	螺栓孔中心圆直径 K	垫片外径 D_2	螺栓孔数量 n	螺栓孔直径 L	螺栓孔中心圆直径 K	垫片外径 D_2	螺栓孔数量 n	螺栓孔直径 L	螺栓孔中心圆直径 K	
50	61	140	4	14	110	165	4	18	125	165	4	18	125	
65	77	160	4	14	130	185	4	18	145	185	4	18	145	
80	89	190	4	18	150	200	8	18	160	200	8	18	160	
100	115	210	4	18	170	220	8	18	180	220	8	18	180	
125	141	240	8	18	200	250	8	18	210	250	8	18	210	1.5
150	169	265	8	18	225	285	8	22	240	285	8	22	240	
200	220	320	8	18	280	340	8	22	295	340	12	22	295	
250	273	375	12	18	335	395	12	22	350	405	12	26	355	
300	325	440	12	22	395	445	12	22	400	460	12	26	410	
350	377	490	12	22	445	505	16	22	460	520	16	26	470	
400	426	540	16	22	495	565	16	26	515	580	16	30	525	
450	480	595	16	22	550	615	20	26	565	640	20	30	585	
500	530	645	20	22	600	670	20	26	620	715	20	33	650	
600	630	755	20	26	705	780	20	30	725	840	20	36	770	
700	720					895	24	30	840	910	24	36	840	
800	820					1 015	24	33	950	1 025	24	39	950	
900	920					1 115	28	33	1 050	1 125	28	39	1 050	3
1 000	1 020					1 230	28	36	1 160	1 255	28	42	1 170	
1 200	1 220					1 455	32	39	1 380	1 485	32	48	1 390	
1 400	1 422					1 675	36	42	1 590	1 685	36	48	1 590	
1 600	1 626					1 915	40	48	1 820	1 930	40	55	1 820	
1 800	1 829					2 115	44	48	2 020	2 130	44	55	2 020	
2 000	2 032					2 325	48	48	2 230	2 345	48	60	2 230	

(2) 突面法兰用 RF 型垫片尺寸按标表 8－4 规定。根据需要，石棉橡胶板、耐油石棉橡胶板或合成纤维的橡胶压制板 RF 型垫片可带不锈钢(304)内包边(RF－E 型)，其包边尺寸按标表 8－4 所示。

标表 8－4　突面法兰用 RF 和 RF－E 型垫片尺寸

mm

公称通径 DN	垫片内径 D_1	公称压力 PN,MPa(bar)						垫片厚度 T	包边宽度 b
		0.25 (2.5)	0.6 (6)	1.0 (10)	1.6 (16)	2.5 (25)	4.0 (40)		
		垫片外径 D_2							
10	18	39	39	46	46	46	46		
15	22	44	44	51	51	51	51		
20	27	54	54	61	61	61	61		
25	34	64	64	71	71	71	71		
32	43	76	76	82	82	82	82		
40	49	86	86	92	92	92	92		
50	61	96	96	107	107	107	107		
65	77	116	116	127	127	127	127	1.5	3
80	89	132	132	142	142	142	142		
100	115	152	152	162	162	168	168		
125	141	182	182	192	192	194	194		
150	169	207	207	218	218	224	224		
200	220	262	262	273	273	284	290		
250	273	317	317	328	329	340	352		
300	325	373	373	378	384	400	417		
350	377	423	423	438	444	457	474		
400	426	473	473	489	495	514	546		
450	480	528	528	539	555	564	571		3
500	530	578	578	594	617	624	628		
600	630	679	679	695	734	731	747		
700	720	784	784	810	804	833			
800	820	890	890	917	911	942			
900	920	990	990	1 017	1 011	1 042		3	4
1 000	1 020	1 090	1 090	1 124	1 128	1 155			
1 200	1 220	1 290	1 307	1 341	1 342	1 365			
1 400	1 422	1 490	1 524	1 548	1 542				
1 600	1 626	1 700	1 724	1 772	1 765				5
1 800	1 829	1 900	1 931	1 972	1 965				
2 000	2 032	2 100	2 138	2 182	2 170				

(3) 凹凸面法兰用 MFM 型垫片及榫槽面法兰用 TG 型垫片尺寸按标表 8－5 规定。

(4) 标表 8－3～5 所列的垫片尺寸适用于 HG20592 所列 A、B 两个钢管外径系列的钢制管法兰。

(5) 除榫槽面法兰用 TG 型垫片外,其余型式的垫片内径 D_1 适用于一般情况,但也可根据需要改小,但应在订货时注明修改后的内径尺寸。

标表 8－5　凹凸面法兰用 MFM 型垫片及榫槽面法兰用 TG 型垫片尺寸　　mm

公称通径 DN	垫片内径 D_1		垫片外径 D_2	垫片厚度 T
	TG	MFM		
10	24	18	34	1.5
15	29	22	39	
20	36	27	50	
25	43	34	57	
32	51	43	65	
40	61	49	75	
50	73	61	87	
65	95	77	109	
80	106	89	120	
100	129	115	149	
125	155	141	175	
150	183	169	203	
200	239	220	259	
250	292	273	312	
300	343	325	363	
350	395	377	421	3
400	447	426	473	
450	497	480	523	
500	549	530	575	
600	649	630	675	

标 9　钢制管法兰用紧固件(欧洲体系)　HG20613—1997

1　适用范围

本标准适用于钢制管法兰用紧固件(六角头螺栓、等长双头螺栓、全螺纹螺柱和螺母)。

2　型式、规格、尺寸

2.1　紧固件的型式有六角头螺栓、等长双头螺柱、全螺纹螺柱、Ⅰ型六角螺母。

2.2　六角头螺栓

(1) 管法兰用六角头螺栓的型式和尺寸应符合 GB5782(粗牙)和 GB5785(细牙)的要求,如标图 9-1 所示,螺栓的端部应采用倒角端。

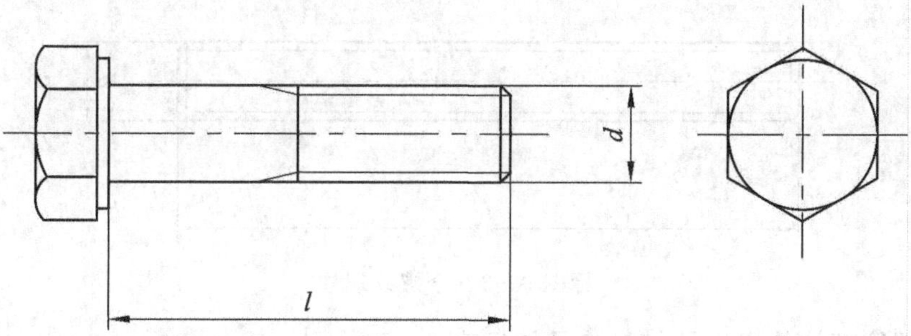

标图 9-1　六角头螺栓

(2) 六角头螺栓的规格及性能等级如标表 9-1 所示。

标表 9-1　六角头螺栓的规格和性能等级

标　准	规　格	性能等级(商品级)
GB5782-A 级和 B 级(粗牙)	M10、M12、M16、M20、M24、M27	8.8、A2-50、A2-70
GB5785-A 级和 B 级(细牙)	M30×2、M33×2、M36×3、M39×3、M45×3、M48×3、M52×4、M56×4	8.8、A2-50、A2-70

2.3　等长双头螺柱

(1) 管法兰用等长双头螺柱的型式和尺寸应符合 GB901 的要求,但螺柱的两端应采用倒角端,如标图 9-2 所示。螺纹规格 M30×2、M33×2、M36×3、M39×3、M45×3、M48×

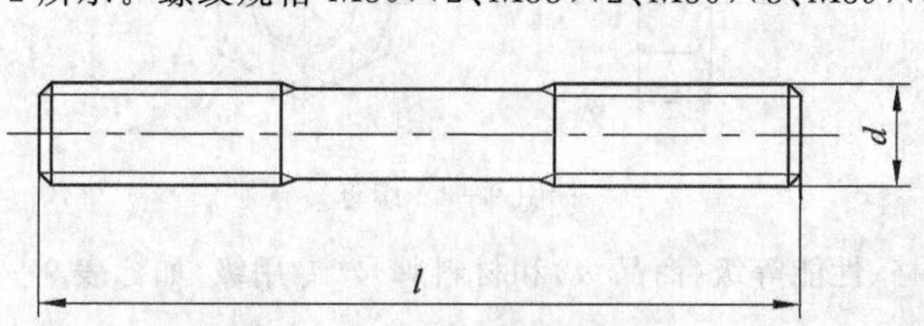

标图 9-2　等长双头螺柱

3、M52×4、M56×4 的双头螺柱采用细牙，螺纹尺寸和公差应符合 GB196 和 GB197，螺柱末端按 GB2 倒角端的要求，其余均应符合 GB901 的要求。

(2) 等长双头螺柱的规格及材料牌号如标表 9－2 所示。

标表 9－2　等长双头螺柱的规格和材料牌号

标　准	规　　格	性能等级 (商品级)	材 料 牌 号 (专用级)
GB901－B 级 (商品级) HG20613 (专用级)	M10、M12、M16、M20、M24、M27、 M30×2、M33×2、M36×3、 M39×3、M45×3、M48×3、 M52×4、M56×4	8.8、 A2－50、 A2－70	35CrMoA、25Cr2MoVA、 0Cr18Ni9、0Cr17Ni12Mo2

2.4　全螺纹螺柱

(1) 管法兰用全螺纹螺柱的型式和尺寸如标图 9－3 所示。螺纹尺寸和公差应符合 GB196 和 GB197，螺柱端部按 GB2 倒角端的要求，其余均应符合 GB901 的要求。

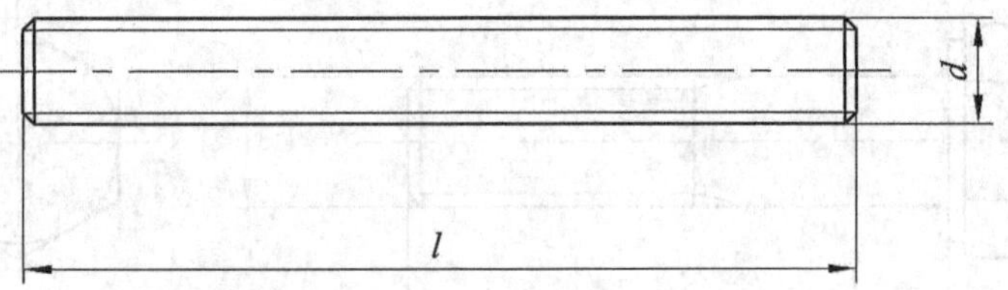

标图 9－3　全螺纹螺柱

(2) 全螺纹螺柱的规格及材料牌号如标表 9－3 所示。

标表 9－3　全螺纹螺柱的规格和材料牌号

标　　准	规　　格	材 料 牌 号 (专用级)
HG20613	M10、M12、M16、M20、M24、M27、M30×2、 M33×2、M36×3、M39×3、M45×3、 M48×3、M52×4、M56×4	35CrMoA、25Cr2MoVA、 0Cr18Ni9、0Cr17Ni12Mo2

2.5　螺母

(1) 管法兰用螺母的型式和尺寸应符合 GB6170、6171 的要求，如标图 9－4 所示。

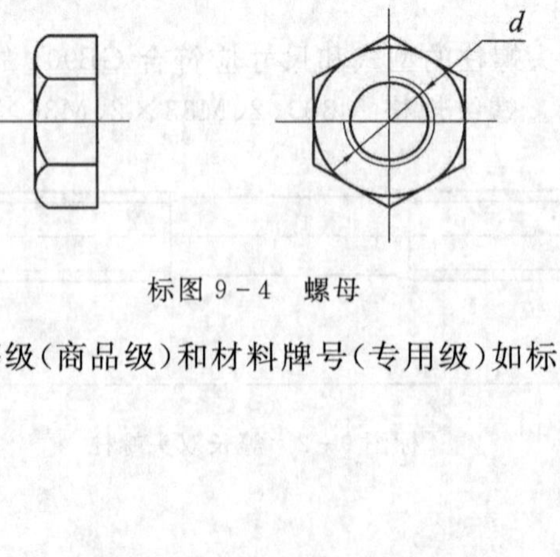

标图 9－4　螺母

(2) 螺母的规格、性能等级(商品级)和材料牌号(专用级)如标表 9－4 所示。

标表 9-4　螺母的规格、性能等级和材料牌号

标　准	规　格	性能等级(商品级)	材料牌号(专用级)
GB6170-A级和B级(粗牙,商品级)(注)	M10、M12、M16、M20、M24、M27	8	30CrMo、0Cr18Ni9、0Cr17Ni12Mo2
GB6171-A级和B级(细牙,商品级)(注)	M30×2、M33×2、M36×3、M39×3、M45×3、M48×3、M52×4、M56×4		

注：专用级螺母标准号应为 HG20613。

3　标记示例和钢印标记

3.1　标记示例

例 1：螺纹规格 M16、公称长度 l=80 mm、性能等级 8.8 级的六角头螺栓，其标记为：

GB5782　螺栓　M16×80　8.8 级

例 2：螺纹规格 M30×2、公称长度 l=160 mm、材料牌号为 35CrMoA 的双头螺柱，其标记为：

HG20613　双头螺柱　M30×2×160　35CrMoA

例 3：螺纹规格为 M24、公称长度 l=120 mm、材料牌号为 25Cr2MoVA 的全螺纹螺柱，其标记为：

HG20613　全螺纹螺柱　M24×120　25Cr2MoVA

例 4：螺纹规格为 M12、性能等级 8 级的 1 型六角螺母，其标记为：

GB6170　螺母 M12　8 级

3.2　在六角头螺栓的头部顶面、螺柱顶部、螺母的侧面以钢印或其他方法标记其性能等级或材料牌号的代号。

3.3　性能等级或材料牌号的代号如标表 9-5 和标表 9-6 所示。

标表 9-5　性能等级标志代号

性能等级	4.8	8.8	A2-50	A2-70	4	8
代　号	4.8	8.8	A2		4	8

标表 9-6　材料牌号标志代号

材料牌号	30CrMo	35CrMoA	25Cr2MoVA	0Cr18Ni9	0Cr17Ni12Mo2
代　号	30CM	35CM	25CMV	304	316

注：进行低温冲击试验的 35CrMoA，其代号后应加上“L”。

标表 9－7　紧固件使用压力和温度范围

螺栓、螺柱的型式（标准号）	产品等级	规　格	性能等级（商品级）	公称压力 PN MPa(bar)	使用温度 ℃	材料牌号（专用级）	公称压力 PN MPa(bar)	使用温度 ℃
六角头螺栓（GB5782 粗牙）（GB5785 细牙）	A 级和 B 级	M10～M27(粗牙) M30×2～M56×4（细牙）	8.8	≤1.6(16)	>－20～＋250			
			A2－50		－196～＋500			
			A2－70		－196～＋100			
双头螺柱（GB901 商品级）（HG20613 专用级）	B 级	M10～M27(粗牙) M30×2～M56×4（细牙）	8.8	≤4.0(40)	>－20～＋250	35CrMoA	≤10.0(100)	－100～＋500
			A2－50		－196～＋500	25Cr2MoVA		>－20～＋550
			A2－70		－196～＋500	0Cr18Ni9		－196～＋600
						0Cr17Ni12Mo2		－196～＋600
全螺纹螺柱（HG20613 专用级）	B 级	M10～M27(粗牙) M30×2～M56×4（细牙）				35CrMoA	≤25.0(250)	－100～＋500
						25Cr2MoVA		>－20～＋550
						0Cr18Ni9		－196～＋600
						0Cr17Ni12Mo2		－196～＋600

标表 9-8　六角螺栓、螺柱与螺母的配用

等级	规　格	六角螺栓、螺柱		螺　母		公称压力 *PN* MPa(bar)	工作温度 ℃
		型式及产品等级（标准号）	性能等级或材料牌号	型式及产品等级（标准号）	性能等级或材料牌号		
商品级	M10～M27 M30×2～M56×4	六角螺栓 A 级和 B 级 （GB5782、GB5785）	8.8 级	1 型六角螺母 A 级和 B 级 （GB6170、GB6171）	8 级	≤1.6(16)	＞−20～+250
	M10～M27 M30×2～M56×4	双头螺柱 B 级 （GB901）	8.8 级	1 型六角螺母 A 级和 B 级 （GB6170、GB6171）	8 级	≤4.0(40)	＞−20～+250
专用级	M10～M27 M30×2～M56×4	双头螺柱 B 级 （GB20613）	35CrMoA	六角螺母 （HG20613）	30CrMo	≤10.0(100)	−100～+500
			25Cr2MoVA				＞−20～+550
			0Cr18Ni9		0Cr18Ni9		−196～+600
			0Cr17Ni12Mo2		0Cr17Ni12Mo2		
专用级	M10～M27 M30×2～M56×4	全螺纹螺柱 B 级 （HG20613）	35CrMoA	六角螺母 （HG20613）	30CrMo	≤25.0(250)	−100～+500
			25Cr2MoVA				＞−20～+550
			0Cr18Ni9		0Cr18Ni9		−196～+600
			0Cr17Ni12Mo2		0Cr17Ni12Mo2		

标表 9－9 法兰、垫片、紧固件选配表

垫片型式	使用压力 PN(MPa)	密封面型式(注①)	密封面表面粗糙度	法兰型式	垫片最高使用温度,℃	紧固件型式	紧固件性能等级或材料牌号(注②、③、④)				
							200℃	250℃	300℃	500℃	550℃
橡胶垫片(注⑤)	≤1.6	突面、凹凸面、榫槽面、全平面	密纹水线或 Ra 6.3～12.5	各种型式	200	六角螺栓 双头螺柱 全螺纹螺柱	8.8 级 35CrMoA 25Cr2MoVA				
石棉橡胶板垫片(注⑥)	≤2.5	突面、凹凸面、榫槽面、全平面	密纹水线或 Ra 6.3～12.5	各种型式	260	六角螺栓 双头螺柱 全螺纹螺柱		8.8 级 35CrMoA 25Cr2MoVA	35CrMoA 25Cr2MoVA		
合成纤维橡胶垫片	≤4.0	突面、凹凸面、榫槽面、全平面	密纹水线或 Ra 6.3～12.5	各种型式	290	六角螺栓 双头螺柱 全螺纹螺柱		8.8 级 35CrMoA 25Cr2MoVA	35CrMoA 25Cr2MoVA		
聚四氟乙烯垫片 (改性或填充)	≤4.0	突面、凹凸面、榫槽面、全平面	密纹水线或 Ra 6.3～12.5	各种型式	260	六角螺栓 双头螺柱 全螺纹螺柱		8.8 级 35CrMoA 25Cr2MoVA	35CrMoA 25Cr2MoVA		
柔性石墨复合垫	1.0～6.3	突面、凹凸面、榫槽面	密纹水线或 Ra 6.3～12.5	各种型式	650(450)	六角螺栓 双头螺柱 全螺纹螺柱		8.8 级 35CrMoA 25Cr2MoVA		35CrMoA 25Cr2MoVA	25Cr2MoVA
聚四氟乙烯包覆垫	0.6～4.0	突面	密纹水线或 Ra 6.3～12.5	各种型式	150(200)	六角螺栓 双头螺柱 全螺纹螺柱	8.8 级 35CrMoA 25Cr2MoVA				
缠绕垫	1.6～16.0	突面、凹凸面、榫槽面	Ra 3.2～6.3	带颈平焊法兰 带颈对焊法兰 整体法兰 承插焊法兰 对焊环松套法兰 法兰盖	650	双头螺柱 全螺纹螺柱				35CrMoA 25Cr2MoVA	25Cr2MoVA

(续表)

垫片型式	使用压力 PN(MPa)	密封面型式(注①)	密封面表面粗糙度	法兰型式	垫片最高使用温度,℃	紧固件型式	紧固件性能等级或材料牌号(注②、③、④)				
							200℃	250℃	300℃	500℃	550℃
金属包覆垫	2.5～10.0	突面	Ra 1.6～3.2(碳钢) Ra 0.8～1.6(不锈钢)	带颈对焊法兰 整体法兰 法兰盖	500	双头螺柱 全螺纹螺柱				35CrMoA 25Cr2MoVA	
齿形组合垫	1.6～25.0	突面、凹凸面	Ra 3.2～6.3	带颈对焊法兰 整体法兰 法兰盖	650	双头螺柱 全螺纹螺柱				35CrMoA 25Cr2MoVA	25Cr2MoVA
金属环垫	6.3～25.0	环连接面	Ra 0.8～1.6(碳钢、铬钼钢) Ra 0.4～0.8(不锈钢)	带颈对焊法兰 整体法兰 法兰盖	600	双头螺柱 全螺纹螺柱				35CrMoA 25Cr2MoVA	25Cr2MoVA

注:① 凹凸面、榫槽面仅用于 PN 1.0～16.0 MPa、DN 10～600 mm 的整体法兰、带颈对焊法兰、承插焊法兰、平焊环松套法兰、法兰盖和衬里法兰盖。
② 表列紧固件使用温度系指紧固件的金属温度。
③ 表列螺栓、螺柱材料可使用在比表列温度低的温度范围(不低于－20℃),但不宜使用在比表列温度高的温度范围。
④ 表列紧固件材料,除 35CrMoA 外,使用温度下限为－20℃;35CrMoA 使用温度低于－20℃时应进行低温夏比冲击试验,最低使用温度－100℃。
⑤ 各种天然橡胶及合成橡胶使用温度范围不同,详见 HG20606。
⑥ 石棉橡胶板的 $P \cdot t \leqslant 650$ MPa·℃。

标 10　压力容器法兰分类与技术条件 JB/T4700—2000

1　适用范围

本标准适用于公称压力 0.25 MPa 至 6.40 MPa，工作温度高于 −70℃～450℃的碳钢、低合金钢制压力容器法兰。

2　选用原则与标准适应的腐蚀裕量

2.1　压力容器法兰宜优先采用本标准法兰，按本标准选用的法兰可免除 GB150 的有关计算。

2.2　本标准中乙型法兰的适用腐蚀裕量为不大于 2 mm，当腐蚀裕量超过 2 mm 但不大于 3 mm 时，应加厚短节厚度 2 mm。长颈对焊法兰的适用腐蚀裕量不大于 3 mm。

3　法兰的分类、材料匹配、工作温度及最大允许工作压力、结构尺寸

3.1　法兰分类及系列参数见标表 10－1 的规定。

3.2　法兰、垫片、螺柱、螺母材料的匹配。

3.2.1　甲型平焊法兰、乙型平焊法兰和长颈对焊法兰（以下简称甲型、乙型、长颈法兰）、垫片、螺柱、螺母材料的匹配及工作温度范围应符合标表 10－2 的规定。

3.2.2　螺柱材料可按标表 10－3～10－5 选用。螺柱的硬度（布氏硬度，HB）应比螺母高 20～30，相同强度级别的材料可以通过不同的热处理状态实现。

3.3　法兰的工作温度及最大允许工作压力、结构尺寸

3.3.1　甲型法兰的工作温度为 −20℃～300℃，乙型法兰的工作温度为 −20℃～350℃，其最大允许工作压力见标表 10－6 的规定，结构尺寸分别按 JB/T4701、JB/T4702 的规定。衬环乙型法兰的使用温度由设计者根据情况决定。

3.3.2　长颈法兰的工作温度为 −70℃～450℃，其最大允许工作压力见标表 10－7 的规定，结构尺寸按 JB/T4703 的规定。衬环法兰的使用温度由设计者根据情况决定。

3.3.3　选用标准法兰时，所选取法兰工作温度应不低于该法兰在使用条件下的设计温度；法兰最大允许工作压力应不小于该法兰在使用条件下的计算压力。当法兰承受轴向拉力或弯矩时，应另行考虑其作用。

3.4　垫片

垫片按 JB/T4704、JB/T4705、JB/T4706 的规定。

3.5　螺柱、螺母

螺柱按 JB/T4707 的规定。

螺母按 GB/T3098.2、GB/T3077、GB/T5779.2 的规定。

4　代号

法兰类型代号应符合标表 10－8 的规定。

密封面型式代号应符合标表 10－9 的规定。

标表 10-1 法兰分类及参数表

类 型	平 焊 法 兰										对焊法兰					
	甲 型				乙 型						长 颈					
标准号	JB/T4701				JB/T4702						JB/T4703					
简 图	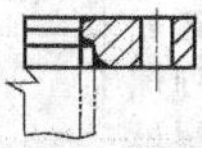				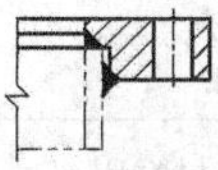						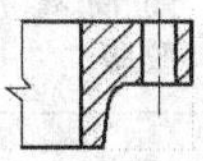					
公称压力 PN (MPa) / 公称直径 DN (mm)	0.25	0.60	1.00	1.60	0.25	0.60	1.00	1.60	2.50	4.00	0.60	1.00	1.60	2.50	4.00	6.40
300	按 PN =1.00															
350																
400																
450	按 PN = 0.60							—								
500																
550							—									
600						—					—					
650																
700																
800																
900					—											
1 000																
1 100																
1 200																
1 300				—												
1 400																—
1 500			—													
1 600		—								—						
1 700									—							
1 800															—	
1 900																
2 000								—								
2 200					按 PN= 0.60											
2 400							—									
2 600		—														
2 800						—										
3 000																

标表 10-2　法兰、垫片、螺柱、螺母材料匹配表

<table>
<tr><th rowspan="2">匹配
法兰类型</th><th colspan="3">垫　片</th><th rowspan="2">匹配</th><th colspan="2">法　兰</th><th rowspan="2">匹配</th><th colspan="3">螺柱与螺母</th></tr>
<tr><th colspan="2">种　类</th><th>适用温度范围,℃</th><th>材　料</th><th>适用温度范围,℃</th><th>螺柱材料</th><th>螺母材料</th><th>适用温度范围,℃</th></tr>
<tr><td rowspan="4">甲型法兰</td><td rowspan="4">非金属软垫片</td><td rowspan="2">GB/T539
耐油石棉橡胶板</td><td rowspan="2">>-20～200</td><td rowspan="4">可选配右列法兰材料</td><td rowspan="2">板材 GB/T3274
Q235-A、B、C</td><td rowspan="2">0～350</td><td rowspan="4">可选配右列螺柱螺母材料</td><td>GB/T700
Q235-A</td><td>GB/T700
Q235-A</td><td>>-20～300</td></tr>
<tr><td rowspan="3">GB/T699
35</td><td rowspan="2">Q235-A</td><td rowspan="2">>-20～300</td></tr>
<tr><td rowspan="2">GB/T3985
石棉橡胶板</td><td rowspan="2">>-20～350</td><td rowspan="2">板材 GB6654
20R
16MnR</td><td rowspan="2">-20～450</td></tr>
<tr><td>GB/T699
25</td><td>>-20～350</td></tr>
<tr><td rowspan="17">乙型法兰与长颈法兰</td><td rowspan="5">非金属软垫片</td><td rowspan="3">GB/T539
耐油石棉橡胶板</td><td rowspan="3">>-20～200</td><td rowspan="5">可选配右列法兰材料</td><td rowspan="2">板材 GB/T3274
Q235-A、B、C</td><td rowspan="2">0～350</td><td rowspan="5">按标表 10-3 选定右列螺柱材料后选定螺母材料</td><td rowspan="3">35</td><td>Q235-A</td><td>>-20～300</td></tr>
<tr><td rowspan="2">25</td><td rowspan="2">>-20～350</td></tr>
<tr><td rowspan="2">GB6654
20R
16MnR</td><td rowspan="2">-20～450</td></tr>
<tr><td rowspan="2">GB/T3985
石棉橡胶板</td><td rowspan="2">>-20～350</td><td rowspan="2">GB/T3077
40MnB
40Cr
40MnVB</td><td rowspan="4">35
45
40Mn</td><td rowspan="4">>-20～400</td></tr>
<tr><td>锻件 JB4726
20
16Mn</td><td>-20～450</td></tr>
<tr><td rowspan="6">缠绕垫片</td><td rowspan="2">石棉或石墨填充带</td><td rowspan="2">-70～450</td><td rowspan="12">可选配右列法兰材料</td><td>板材 GB6654
20R
16MnR</td><td>-20～450</td><td rowspan="2">按标表 10-4 选定右列螺柱材料后选定螺母材料</td><td rowspan="2">40MnB
40Cr
40MnVB</td></tr>
<tr><td>锻件 JB4726
20
16Mn</td><td>-20～450</td></tr>
<tr><td rowspan="4">聚四氟乙烯填充带</td><td rowspan="4">-70～260</td><td>15CrMo</td><td>0～450</td><td rowspan="4">选配右列螺柱螺母材料</td><td rowspan="4">GB/T3077
35CrMoA</td><td rowspan="2">45
40Mn</td><td rowspan="2">>-20～400</td></tr>
<tr><td rowspan="2">锻件 JB4727
16MnD</td><td rowspan="2">-40～350</td></tr>
<tr><td rowspan="2">GB/T3077
30CrMoA
35CrMoA</td><td rowspan="2">-70～450</td></tr>
<tr><td>09MnNiD</td><td>-70～350</td></tr>
<tr><td rowspan="6">金属包垫片</td><td rowspan="4">铜、铝包复材料</td><td rowspan="4">-70～400</td><td rowspan="4">锻件 JB4726
12Cr2Mo1</td><td rowspan="4">0～450</td><td rowspan="4">按标表 10-5 选定右列螺柱材料后选定螺母材料</td><td>40MnVB</td><td>35、45
40Mn</td><td>>-20～400</td></tr>
<tr><td rowspan="2">35CrMoA</td><td>45、40Mn</td><td>>-20～400</td></tr>
<tr><td>30CrMoA
35CrMoA</td><td>-70～450</td></tr>
<tr><td>GB/T3077
25Cr2MoVA</td><td>30CrMoA
25Cr2MoVA</td><td>-20～450</td></tr>
<tr><td rowspan="2">低碳钢、不锈钢包复材料</td><td rowspan="2">-70～450</td><td rowspan="2">锻件 JB4726
20MnMo</td><td rowspan="2">0～450</td><td>PN≥2.5</td><td>25Cr2MoVA</td><td>30CrMoA
25Cr2MoVA</td><td>>-20～450</td></tr>
<tr><td>PN<2.5</td><td>35CrMoA</td><td>30CrMoA</td><td>-70～450</td></tr>
</table>

注:(1) 乙型法兰材料按表列板材及锻件选用,但不宜采用 Cr-Mo 钢制作。相匹配的螺柱、螺母材料按表列规定。

(2) 长颈法兰材料按表列锻件选用,相匹配的螺柱、螺母材料按表列规定。

标表 10－3　螺柱材料选用表

<table>
<tr><th>公称压力 PN (MPa)
公称直径 DN (mm)</th><th>0.25</th><th>0.60</th><th>1.00</th><th>1.60</th><th>2.50</th><th>4.00</th></tr>
<tr><td>300</td><td rowspan="24">—</td><td rowspan="14">—</td><td colspan="4" rowspan="15">40MnB
40Cr</td></tr>
<tr><td>350</td></tr>
<tr><td>400</td></tr>
<tr><td>450</td></tr>
<tr><td>500</td></tr>
<tr><td>550</td></tr>
<tr><td>600</td></tr>
<tr><td>650</td></tr>
<tr><td>700</td></tr>
<tr><td>800</td></tr>
<tr><td>900</td></tr>
<tr><td>1 000</td></tr>
<tr><td>1 100</td></tr>
<tr><td>1 200</td></tr>
<tr><td>1 300</td><td rowspan="10">35(1)</td></tr>
<tr><td>1 400</td><td colspan="2" rowspan="7">40MnB
40Cr</td><td rowspan="7">40MnVB</td><td>40MnB
40Cr</td></tr>
<tr><td>1 500</td><td rowspan="2">40MnVB</td></tr>
<tr><td>1 600</td></tr>
<tr><td>1 700</td><td rowspan="4"></td></tr>
<tr><td>1 800</td></tr>
<tr><td>1 900</td></tr>
<tr><td>2 000</td></tr>
<tr><td>2 200</td><td colspan="4" rowspan="2"></td></tr>
<tr><td>2 400</td></tr>
<tr><td>2 600</td><td rowspan="3">35(1)</td><td colspan="5" rowspan="3"></td></tr>
<tr><td>2 800</td></tr>
<tr><td>3 000</td></tr>
</table>

(1) 对 16Mn、16MnR 法兰材料，当工作温度高于 200℃时，应改选 40MnB。

标表 10－4　螺柱材料选用表

公称直径 DN (mm) ＼ 公称压力 PN (MPa)	0.25	0.60	1.00	1.60	2.50	4.00	6.40
300	—	—	40MnB[(1)、(2)] 40Cr[(2)]	40MnB[(1)、(2)] 40Cr[(2)]	40MnB[(1)、(2)] 40Cr[(2)]	40MnB[(1)、(2)] 40Cr[(2)]	40MnVB[(2)] 35CrMoA
350	—	—	40MnB[(1)、(2)] 40Cr[(2)]	40MnB[(1)、(2)] 40Cr[(2)]	40MnB[(1)、(2)] 40Cr[(2)]	40MnB[(1)、(2)] 40Cr[(2)]	40MnVB[(2)] 35CrMoA
400	—	—	40MnB[(1)、(2)] 40Cr[(2)]	40MnB[(1)、(2)] 40Cr[(2)]	40MnB[(1)、(2)] 40Cr[(2)]	40MnB[(1)、(2)] 40Cr[(2)]	40MnVB[(2)] 35CrMoA
450	—	—	40MnB[(1)、(2)] 40Cr[(2)]	40MnB[(1)、(2)] 40Cr[(2)]	40MnB[(1)、(2)] 40Cr[(2)]	40MnB[(1)、(2)] 40Cr[(2)]	40MnVB[(2)] 35CrMoA
500	—	—	40MnB[(1)、(2)] 40Cr[(2)]	40MnB[(1)、(2)] 40Cr[(2)]	40MnB[(1)、(2)] 40Cr[(2)]	40MnB[(1)、(2)] 40Cr[(2)]	40MnVB[(2)] 35CrMoA
550	—	—	40MnB[(1)、(2)] 40Cr[(2)]	40MnB[(1)、(2)] 40Cr[(2)]	40MnB[(1)、(2)] 40Cr[(2)]	40MnB[(1)、(2)] 40Cr[(2)]	40MnVB[(2)] 35CrMoA
600	—	—	40MnB[(1)、(2)] 40Cr[(2)]	40MnB[(1)、(2)] 40Cr[(2)]	40MnB[(1)、(2)] 40Cr[(2)]	40MnB[(1)、(2)] 40Cr[(2)]	40MnVB[(2)] 35CrMoA
650	—	—	40MnB[(1)、(2)] 40Cr[(2)]	40MnB[(1)、(2)] 40Cr[(2)]	40MnB[(1)、(2)] 40Cr[(2)]	40MnB[(1)、(2)] 40Cr[(2)]	40MnVB[(2)] 35CrMoA
700	—	—	40MnB[(1)、(2)] 40Cr[(2)]	40MnB[(1)、(2)] 40Cr[(2)]	40MnB[(1)、(2)] 40Cr[(2)]	40MnB[(1)、(2)] 40Cr[(2)]	40MnVB[(2)] 35CrMoA
800	—	—	40MnB[(1)、(2)] 40Cr[(2)]	40MnB[(1)、(2)] 40Cr[(2)]	40MnB[(1)、(2)] 40Cr[(2)]	40MnB[(1)、(2)] 40Cr[(2)]	40MnVB[(2)] 35CrMoA
900	—	—	40MnB[(1)、(2)] 40Cr[(2)]	40MnB[(1)、(2)] 40Cr[(2)]	40MnB[(1)、(2)] 40Cr[(2)]	40MnB[(1)、(2)] 40Cr[(2)]	
1 000	—	—	40MnB[(1)、(2)] 40Cr[(2)]	40MnB[(1)、(2)] 40Cr[(2)]	40MnB[(1)、(2)] 40Cr[(2)]	40MnB[(1)、(2)] 40Cr[(2)]	
1 100	—	—	40MnB[(1)、(2)] 40Cr[(2)]	40MnB[(1)、(2)] 40Cr[(2)]	40MnB[(1)、(2)] 40Cr[(2)]	40MnB[(1)、(2)] 40Cr[(2)]	
1 200	—	—	40MnB[(1)、(2)] 40Cr[(2)]	40MnB[(1)、(2)] 40Cr[(2)]	40MnB[(1)、(2)] 40Cr[(2)]	40MnB[(1)、(2)] 40Cr[(2)]	
1 300	—	40MnB[(1)、(2)] 40Cr[(2)]	40MnB[(1)、(2)] 40Cr[(2)]	40MnB[(1)、(2)] 40Cr[(2)]	40MnB[(1)、(2)] 40Cr[(2)]	40MnB[(1)、(2)] 40Cr[(2)]	
1 400	—	40MnB[(1)、(2)] 40Cr[(2)]	40MnB[(1)、(2)] 40Cr[(2)]	40MnB[(1)、(2)] 40Cr[(2)]	40MnVB[(2)] 35CrMoA	40MnB[(1)、(2)] 40Cr[(2)]	
1 500	—	40MnB[(1)、(2)] 40Cr[(2)]	40MnB[(1)、(2)] 40Cr[(2)]	40MnB[(1)、(2)] 40Cr[(2)]	40MnVB[(2)] 35CrMoA	40MnVB[(2)] 35CrMoA	
1 600	—	40MnB[(1)、(2)] 40Cr[(2)]	40MnB[(1)、(2)] 40Cr[(2)]	40MnB[(1)、(2)] 40Cr[(2)]	40MnVB[(2)] 35CrMoA	40MnVB[(2)] 35CrMoA	
1 700	—	40MnB[(1)、(2)] 40Cr[(2)]	40MnB[(1)、(2)] 40Cr[(2)]	40MnB[(1)、(2)] 40Cr[(2)]	40MnVB[(2)] 35CrMoA	—	
1 800	—	40MnB[(1)、(2)] 40Cr[(2)]	40MnB[(1)、(2)] 40Cr[(2)]	40MnB[(1)、(2)] 40Cr[(2)]	40MnVB[(2)] 35CrMoA	—	
1 900	—	40MnB[(1)、(2)] 40Cr[(2)]	40MnB[(1)、(2)] 40Cr[(2)]	40MnB[(1)、(2)] 40Cr[(2)]	40MnVB[(2)] 35CrMoA	—	
2 000	—	40MnB[(1)、(2)] 40Cr[(2)]	40MnB[(1)、(2)] 40Cr[(2)]	40MnB[(1)、(2)] 40Cr[(2)]	40MnVB[(2)] 35CrMoA	—	
2 200	40MnB[(1)、(2)] 40Cr[(2)]	40MnB[(1)、(2)] 40Cr[(2)]	—	—	—	—	
2 400	40MnB[(1)、(2)] 40Cr[(2)]	40MnB[(1)、(2)] 40Cr[(2)]	—	—	—	—	
2 600	40MnB[(1)、(2)] 40Cr[(2)]		—	—	—	—	
2 800	40MnB[(1)、(2)] 40Cr[(2)]		—	—	—	—	
3 000	40MnB[(1)、(2)] 40Cr[(2)]		—	—	—	—	

(1) 对 15CrMo 法兰材料，当工作温度高于 350℃时，应改选 40MnVB。

(2) 当法兰工作温度高于 400℃或低于等于－20℃时，螺柱材料应改选 35CrMoA。

标表 10－5 螺柱材料选用表

公称直径 DN (mm) \ 公称压力 PN (MPa)	0.25	0.60	1.00	1.60	2.50	4.00	6.40
300	—	—	40MnB[1] 35CrMoA	40MnB[1] 35CrMoA	40MnB[1] 35CrMoA	40MnB[1] 35CrMoA	
350	—	—	40MnB[1] 35CrMoA	40MnB[1] 35CrMoA	40MnB[1] 35CrMoA	40MnB[1] 35CrMoA	
400	—	—	40MnB[1] 35CrMoA	40MnB[1] 35CrMoA	40MnB[1] 35CrMoA	40MnB[1] 35CrMoA	
450	—	—	40MnB[1] 35CrMoA	40MnB[1] 35CrMoA	40MnB[1] 35CrMoA	40MnB[1] 35CrMoA	25Cr2MoVA
500	—	—	40MnB[1] 35CrMoA	40MnB[1] 35CrMoA	40MnB[1] 35CrMoA	40MnB[1] 35CrMoA	25Cr2MoVA
550	—	—	40MnB[1] 35CrMoA	40MnB[1] 35CrMoA	40MnB[1] 35CrMoA	40MnB[1] 35CrMoA	25Cr2MoVA
600	—	—	40MnB[1] 35CrMoA	40MnB[1] 35CrMoA	40MnB[1] 35CrMoA	40MnB[1] 35CrMoA	25Cr2MoVA
650	—	—	40MnB[1] 35CrMoA	40MnB[1] 35CrMoA	40MnB[1] 35CrMoA	40MnB[1] 35CrMoA	25Cr2MoVA
700	—	—	40MnB[1] 35CrMoA	40MnB[1] 35CrMoA	40MnB[1] 35CrMoA	40MnB[1] 35CrMoA	25Cr2MoVA
800	—	—	40MnB[1] 35CrMoA	40MnB[1] 35CrMoA	40MnB[1] 35CrMoA	40MnB[1] 35CrMoA	25Cr2MoVA
900	—	—	40MnB[1] 35CrMoA	40MnB[1] 35CrMoA	40MnB[1] 35CrMoA	40MnB[1] 35CrMoA	—
1 000	—	—	40MnB[1] 35CrMoA	40MnB[1] 35CrMoA	40MnB[1] 35CrMoA	40MnB[1] 35CrMoA	—
1 100	—	—	40MnB[1] 35CrMoA	40MnB[1] 35CrMoA	40MnB[1] 35CrMoA	40MnB[1] 35CrMoA	—
1 200	—	—	40MnB[1] 35CrMoA	40MnB[1] 35CrMoA	40MnB[1] 35CrMoA	40MnB[1] 35CrMoA	—
1 300	—	40MnB[1] 35CrMoA	40MnB[1] 35CrMoA	40MnB[1] 35CrMoA	40MnB[1] 35CrMoA	40MnB[1] 35CrMoA	—
1 400	—	40MnB[1] 35CrMoA	40MnB[1] 35CrMoA	40MnB[1] 35CrMoA	25CrMoVA	40MnB[1] 35CrMoA	—
1 500	—	40MnB[1] 35CrMoA	40MnB[1] 35CrMoA	40MnB[1] 35CrMoA	25CrMoVA	25CrMoVA	—
1 600	—	40MnB[1] 35CrMoA	40MnB[1] 35CrMoA	40MnB[1] 35CrMoA	25CrMoVA	25CrMoVA	—
1 700	—	40MnB[1] 35CrMoA	40MnB[1] 35CrMoA	40MnB[1] 35CrMoA	25CrMoVA	—	—
1 800	—	40MnB[1] 35CrMoA	40MnB[1] 35CrMoA	40MnB[1] 35CrMoA	25CrMoVA	—	—
1 900	—	40MnB[1] 35CrMoA	40MnB[1] 35CrMoA	40MnB[1] 35CrMoA	25CrMoVA	—	—
2 000	—	40MnB[1] 35CrMoA	40MnB[1] 35CrMoA	40MnB[1] 35CrMoA	25CrMoVA	—	—
2 200	40MnB[1] 35CrMoA	40MnB[1] 35CrMoA	—	—	—	—	—
2 400	40MnB[1] 35CrMoA	—	—	—	—	—	—
2 600	40MnB[1] 35CrMoA	—	—	—	—	—	—
2 800	40MnB[1] 35CrMoA	—	—	—	—	—	—
3 000	40MnB[1] 35CrMoA	—	—	—	—	—	—

(1) 当法兰工作温度高于 400℃时，螺柱材料应改选 35CrMoA。

标表 10-6　甲型、乙型法兰适用材料及最大允许工作压力

公称压力 PN (MPa)	法兰材料		工作温度，℃				备　注
			>-20～200	250	300	350	
0.25	板材	Q235-A、B	0.16	0.15	0.14	0.13	工作温度下限 0℃
		Q235-C	0.18	0.17	0.15	0.14	工作温度下限 0℃
		20R	0.19	0.17	0.15	0.14	
		16MnR	0.25	0.24	0.21	0.20	
	锻件	20	0.19	0.17	0.15	0.14	
		16Mn	0.26	0.24	0.22	0.21	
		20MnMo	0.27	0.27	0.26	0.25	
0.60	板材	Q235-A、B	0.40	0.36	0.33	0.30	工作温度下限 0℃
		Q235-C	0.44	0.40	0.37	0.33	工作温度下限 0℃
		20R	0.45	0.40	0.36	0.34	
		16MnR	0.60	0.57	0.51	0.49	
	锻件	20	0.45	0.40	0.36	0.34	
		16Mn	0.61	0.59	0.53	0.50	
		20MnMo	0.65	0.64	0.63	0.60	
1.00	板材	Q235-A、B	0.66	0.61	0.55	0.50	工作温度下限 0℃
		Q235-C	0.73	0.67	0.61	0.55	工作温度下限 0℃
		20R	0.74	0.67	0.60	0.56	
		16MnR	1.00	0.95	0.86	0.82	
	锻件	20	0.74	0.67	0.60	0.56	
		16Mn	1.02	0.98	0.88	0.83	
		20MnMo	1.09	1.07	1.05	1.00	
1.60	板材	Q235-B	1.06	0.97	0.89	0.80	工作温度下限 0℃
		Q235-C	1.17	1.08	0.98	0.89	工作温度下限 0℃
		20R	1.19	1.08	0.96	0.90	
		16MnR	1.60	1.53	1.37	1.31	
	锻件	20	1.19	1.08	0.96	0.90	
		16Mn	1.64	1.56	1.41	1.33	
		20MnMo	1.74	1.72	1.68	1.60	
2.50	板材	Q235-C	1.83	1.68	1.53	1.38	工作温度下限 0℃
		20R	1.86	1.69	1.50	1.40	
		16MnR	2.50	2.39	2.14	2.05	
	锻件	20	1.86	1.69	1.50	1.40	
		16Mn	2.56	2.44	2.20	2.08	
		20MnMo	2.92	2.86	2.82	2.73	DN<1 400
		20MnMo	2.67	2.63	2.59	2.50	DN≥1 400
4.00	板材	20R	2.97	2.70	2.39	2.24	
		16MnR	4.00	3.82	3.42	3.27	
	锻件	20	2.97	2.70	2.39	2.24	
		16Mn	4.09	3.91	3.52	3.33	
		20MnMo	4.64	4.56	4.51	4.36	DN<1 500
		20MnMo	4.27	4.20	4.14	4.00	DN≥1 500

标表 10－7 长颈法兰适用材料及最大允许工作压力

公称压力 PN，MPa	法兰材料（锻件）	工作温度，℃								备 注
		－70～<－40	－40～－20	>－20～200	250	300	350	400	450	
0.60	20			0.44	0.40	0.35	0.33	0.30	0.27	
	16Mn			0.60	0.57	0.52	0.49	0.46	0.29	
	20MnMo			0.65	0.64	0.63	0.60	0.57	0.50	
	15CrMo			0.61	0.59	0.55	0.52	0.49	0.46	
	12Cr2Mo1			0.65	0.63	0.60	0.56	0.53	0.50	
	16MnD		0.60	0.60	0.57	0.52	0.49			
	09MnNiD	0.60	0.60	0.60	0.60	0.57	0.53			
1.00	20			0.73	0.66	0.59	0.55	0.50	0.45	
	16Mn			1.00	0.96	0.86	0.81	0.77	0.49	
	20MnMo			1.09	1.07	1.05	1.00	0.94	0.83	
	15CrMo			1.02	0.98	0.91	0.86	0.81	0.77	
	12Cr2Mo1			1.09	1.04	1.00	0.93	0.88	0.83	
	16MnD		1.00	1.00	0.96	0.86	0.81			
	09MnNiD	1.00	1.00	1.00	1.00	0.95	0.88			
1.60	20			1.16	1.05	0.94	0.88	0.81	0.72	
	16Mn			1.60	1.53	1.37	1.30	1.23	0.78	
	20MnMo			1.74	1.72	1.68	1.60	1.51	1.33	
	15CrMo			1.64	1.56	1.46	1.37	1.30	1.23	
	12Cr2Mo1			1.74	1.67	1.60	1.49	1.41	1.33	
	16MnD		1.60	1.60	1.53	1.37	1.30			
	09MnNiD	1.60	1.60	1.60	1.60	1.51	1.41			
2.50	20			1.81	1.65	1.46	1.37	1.26	1.13	
	16Mn			2.50	2.39	2.15	2.04	1.93	1.22	
	20MnMo			2.92	2.86	2.82	2.73	2.58	2.45	$DN<1\,400$
	20MnMo			2.67	2.63	2.59	2.50	2.37	2.24	$DN\geqslant1\,400$
	15CrMo			2.56	2.44	2.28	2.15	2.04	1.93	
	12Cr2Mo1			2.67	2.61	2.50	2.33	2.20	2.09	
	16MnD		2.50	2.50	2.39	2.15	2.04			
	09MnNiD	2.50	2.50	2.50	2.50	2.37	2.20			
4.00	20			2.90	2.64	2.34	2.19	2.01	1.81	
	16Mn			4.00	3.82	3.44	3.26	3.08	1.96	
	20MnMo			4.64	4.56	4.51	4.36	4.13	3.92	$DN<1\,500$
	20MnMo			4.27	4.20	4.14	4.00	3.80	3.59	$DN\geqslant1\,500$
	15CrMo			4.09	3.91	3.64	3.44	3.26	3.08	
	12Cr2Mo1			4.26	4.18	4.00	3.73	3.53	3.35	
	16MnD		4.00	4.00	3.82	3.44	3.26			
	09MnNiD	4.00	4.00	4.00	4.00	3.79	3.52			
6.40	20			4.65	4.22	3.75	3.51	3.22	2.89	
	16Mn			6.40	6.12	5.50	5.21	4.93	3.13	
	20MnMo			7.42	7.30	7.22	6.98	6.61	6.27	$DN<400$
	20MnMo			6.82	6.73	6.63	6.40	6.07	5.75	$DN\geqslant400$
	15CrMo			6.54	6.26	5.83	5.50	5.21	4.93	
	12Cr2Mo1			6.82	6.68	6.40	5.97	5.64	5.36	
	16MnD		6.40	6.40	6.12	5.50	5.21			
	09MnNiD	6.40	6.40	6.40	6.40	6.06	5.64			

标表 10－8　法兰名称及代号

法兰类型	名称及代号
一般法兰	法兰
衬环法兰	法兰 C

标表 10－9　法兰密封面代号

密封面型式		代号
平面密封面	平密封面	RF
凹凸密封面	凹密封面	FM
	凸密封面	M
榫槽密封面	榫密封面	T
	槽密封面	G

5　标记及示例

标记

5.1　法兰标记由七部分组成，如下图所示：

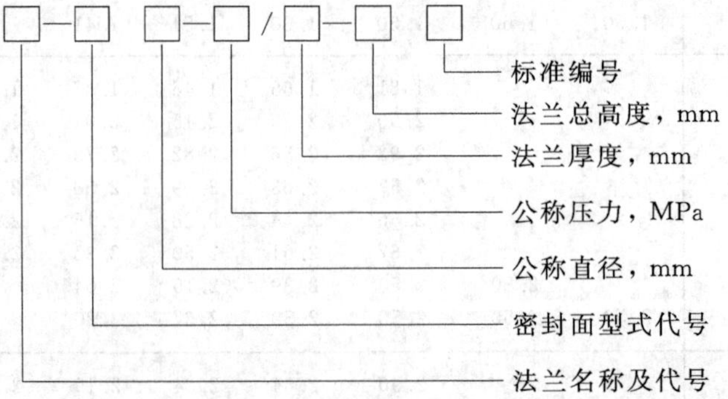

当法兰厚度及法兰总高度均采用标准值时，此两部分标记可省略。

为扩充应用标准法兰，允许修改法兰厚度 δ、法兰总高度 H，但必须满足 GB150 中的法兰强度计算要求。如有修改，两尺寸均应在法兰标记中标明。

5.2　标记示例

5.2.1　标准法兰

公称压力 1.6 MPa、公称直径 800 mm 的衬环榫槽密封面乙型平焊法兰的榫面法兰，且考虑腐蚀裕量为 3 mm(即应增加短节厚度 2 mm，δ_t 改为 18 mm)：

标记：法兰 C－T　800－1.60　JB/T4702—2000，并在图样明细表备注栏中注明：$\delta_t=18$。

5.2.2　修改尺寸的标准法兰

公称压力 2.5 MPa、公称直径 1 000 mm 的平面密封面长颈对焊法兰，其中法兰厚度改为 78 mm 法兰总高度仍为 155 mm：

标记：法兰- RF　1000 - 2.5/78 - 155　JB/T4703—2000。

5.2.3　法兰衬环材料由设计者决定。衬环材料应用括号标注在法兰材料后或图样明细表备注栏中。如：16Mn(环 0Cr18Ni9)。

5.2.4　乙型法兰的短节材料应与法兰材料相同。如不相同，其强度级别应不低于法兰材料，且应与法兰材料间有良好的焊接性，并在图样明细栏中注明，标注方法同 5.2.3 的规定，如：20R(节 16MnR)。短节长度允许加长。加长后，法兰厚度 δ 及法兰总高度 H 均在法兰标记中标明。

标 11　甲型平焊法兰　JB/T4701—2000

1　主题内容及适用范围

本标准规定了钢制压力容器用甲型平焊法兰的结构型式与系列尺寸。

本标准适用于公称压力为 0.25～1.6 MPa、工作温度高于－20℃～300℃的钢制压力容器甲型平焊法兰。

2　结构型式及尺寸

各类密封面的甲型平焊法兰的结构型式及系列尺寸应按标图 11－1 及标表 11－1 规定，法兰及衬环质量列于标表 11－2。

标表 11－1　甲型平焊法兰的结构尺寸

公称直径 DN，mm	法兰，mm							螺柱	
	D	D_1	D_2	D_3	D_4	δ	d	规格	数量
PN=0.25 MPa									
700	815	780	750	740	737	36	18	M16	28
800	915	880	850	840	837	36	18	M16	32
900	1 015	980	950	940	937	40	18	M16	36
1 000	1 130	1 090	1 055	1 045	1 042	40	23	M20	32
1 100	1 230	1 190	1 155	1 141	1 138	40	23	M20	32
1 200	1 330	1 290	1 255	1 241	1 238	44	23	M20	36
1 300	1 430	1 390	1 355	1 341	1 338	46	23	M20	40
1 400	1 530	1 490	1 455	1 441	1 438	46	23	M20	40
1 500	1 630	1 590	1 555	1 541	1 538	48	23	M20	44
1 600	1 730	1 690	1 655	1 641	1 638	50	23	M20	48
1 700	1 830	1 790	1 755	1 741	1 738	52	23	M20	52
1 800	1 930	1 890	1 855	1 841	1 838	56	23	M20	52
1 900	2 030	1 990	1 955	1 941	1 938	56	23	M20	56
2 000	2 130	2 090	2 055	2 041	2 038	60	23	M20	60
PN=0.60 MPa									
450	565	530	500	490	487	30	18	M16	20
500	615	580	550	540	537	30	18	M16	20
550	665	630	600	590	587	32	18	M16	24

（续表）

公称直径 DN，mm	法兰，mm							螺柱	
	D	D_1	D_2	D_3	D_4	δ	d	规格	数量
PN=0.60 MPa									
600	715	680	650	640	637	32	18	M16	24
650	765	730	700	690	687	36	18	M16	28
700	830	790	755	745	742	36	23	M20	24
800	930	890	855	845	842	40	23	M20	24
900	1 030	990	955	945	942	44	23	M20	32
1 000	1 130	1 090	1 055	1 045	1 042	48	23	M20	36
1 100	1 230	1 190	1 155	1 141	1 138	55	23	M20	44
1 200	1 330	1 290	1 255	1 241	1 238	60	23	M20	52
PN=1.0 MPa									
300	415	380	350	340	337	26	18	M16	16
350	465	430	400	390	387	26	18	M16	16
400	515	480	450	440	437	30	18	M16	20
450	565	530	500	490	487	34	18	M16	24
500	630	590	555	545	542	34	23	M20	20
550	680	640	605	595	592	38	23	M20	24
600	730	690	655	645	642	40	23	M20	24
650	780	740	705	695	692	44	23	M20	28
700	830	790	755	745	742	46	23	M20	32
800	930	890	855	845	842	54	23	M20	40
900	1 030	990	955	945	942	60	23	M20	48
PN=1.6 MPa									
300	430	390	355	345	342	30	23	M20	16
350	480	440	405	395	392	32	23	M20	16
400	530	490	455	445	442	36	23	M20	20
450	580	540	505	495	492	40	23	M20	24
500	630	590	555	545	542	44	23	M20	28
550	680	640	605	595	592	50	23	M20	36
600	730	690	655	645	642	54	23	M20	40
650	780	740	705	695	692	58	23	M20	44

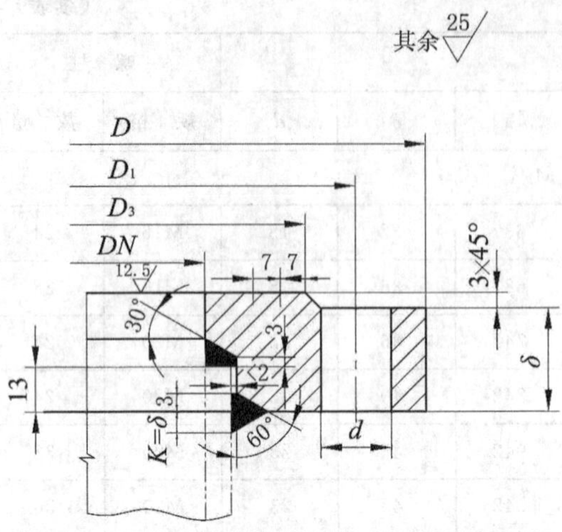

平密封面

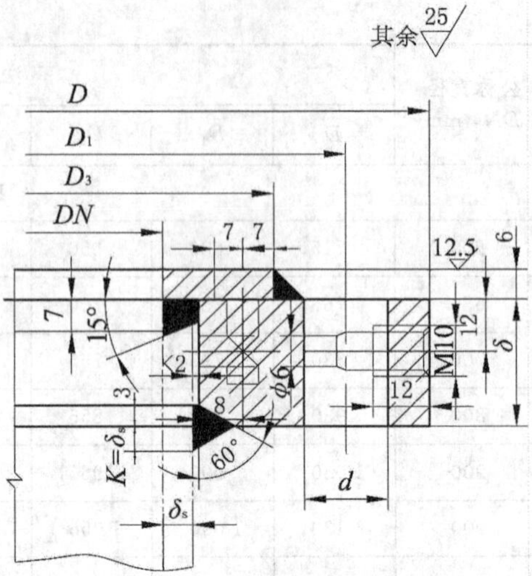

衬环平密封面

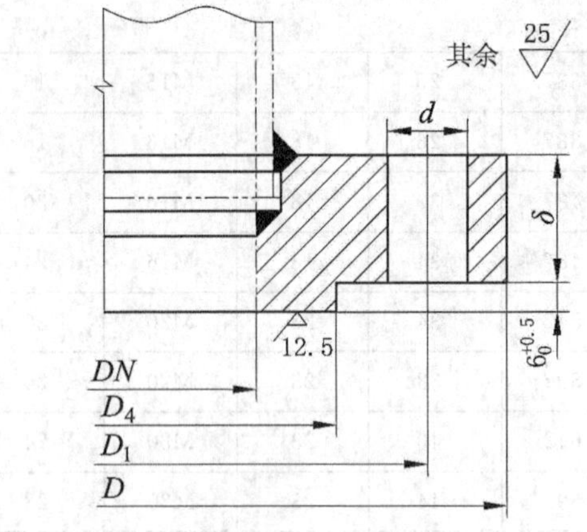

凸面

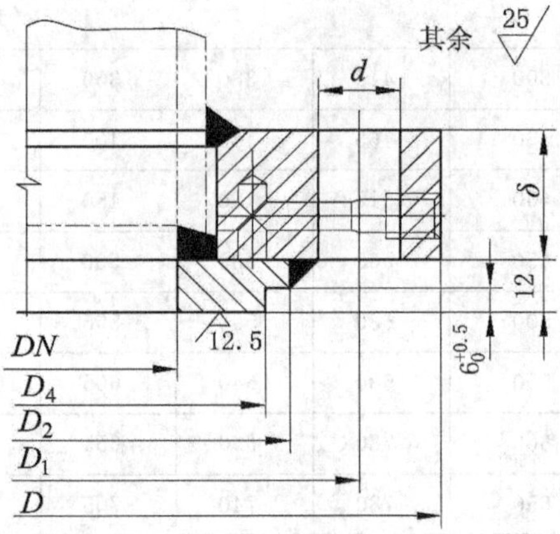

凸面

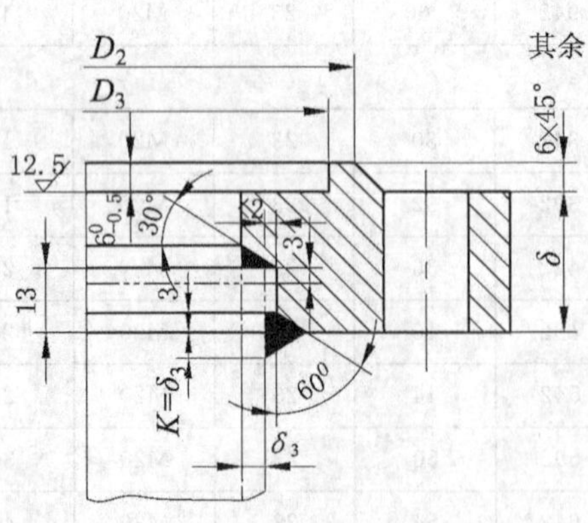

凹凸密封面

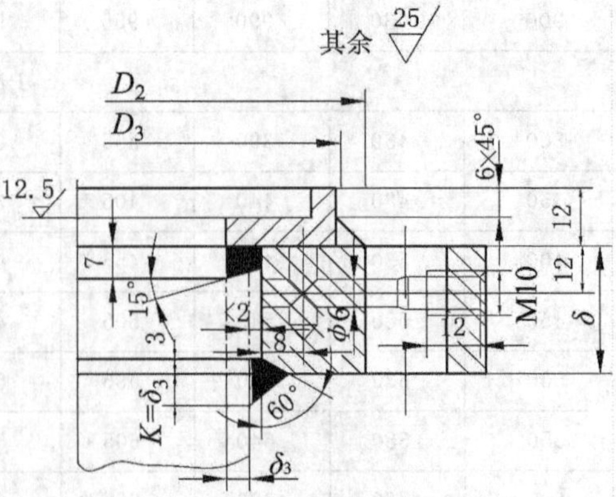

衬环凹凸密封面

标图 11-1　法兰结构型式

标表 11 - 2　甲型平焊法兰及衬环的质量

公称直径 DN，mm	法兰质量，kg			衬环质量，kg		
	平　面	凸　面	凹　面	平　环	凸　环	凹　环
PN=0.25 MPa						
700	37.1	39.0	37.6	2.1	4.6	3.2
800	44.3	46.5	44.9	2.4	5.3	3.6
900	52.0	54.6	52.7	2.7	5.9	4.1
1 000	65.1	68.3	65.9	3.4	7.3	4.9
1 100	71.5	74.7	72.7	3.4	7.7	5.7
1 200	85.3	88.7	86.6	3.7	8.4	6.2
1 300	96.1	99.8	97.5	4.0	9.0	6.8
1 400	103.4	107.4	104.9	4.3	9.7	7.3
1 500	115.2	119.4	116.8	4.6	10.4	7.8
1 600	127.5	132.0	129.2	4.9	11.1	8.3
1 700	140.4	145.2	142.2	5.2	11.8	8.8
1 800	160.2	165.3	162.1	5.5	12.5	9.3
1 900	168.6	174.0	170.6	5.8	13.2	9.8
2 000	189.7	195.4	191.8	6.1	13.8	10.3
PN=0.6 MPa						
450	20.64	21.92	21.00	1.4	3.0	2.1
500	22.7	24.2	23.2	1.5	3.3	2.3
550	26.4	27.9	26.8	1.7	3.7	2.6
600	28.6	30.3	29.1	1.8	4.0	2.8
650	34.5	36.4	35.0	2.0	4.3	3.0
700	42.0	44.3	42.6	2.4	5.2	3.5
800	47.8	50.3	48.4	2.7	5.9	4.0
900	64.6	67.5	65.3	3.0	6.6	4.5
1 000	77.7	80.9	78.5	3.4	7.3	4.9
1 100	96.7	99.9	97.9	3.4	7.7	5.7
1 200	113.9	117.4	115.2	3.7	8.4	6.2

（续表）

公称直径 DN，mm	法兰质量，kg			衬环质量，kg		
	平 面	凸 面	凹 面	平 环	凸 环	凹 环
PN=1.0 MPa						
300	12.5	13.4	12.8	0.9	2.1	1.5
350	14.4	15.4	14.7	1.2	2.4	1.7
400	18.5	19.7	18.8	1.2	2.7	1.9
450	23.2	24.5	23.5	1.4	3.0	2.1
500	29.1	30.7	29.5	1.7	3.7	2.5
550	35.2	37.0	35.7	1.9	4.1	2.8
600	40.3	42.2	40.8	2.1	4.4	3.0
650	47.4	49.5	47.0	2.2	4.8	3.2
700	52.8	55.0	53.3	2.4	5.2	3.5
800	69.5	72.1	70.2	2.7	5.9	4.0
900	84.3	87.1	85.0	3.0	6.6	4.4
PN=1.6 MPa						
300	16.4	17.4	16.6	1.1	2.3	1.6
350	20.0	21.2	20.3	1.2	2.7	1.8
400	25.1	26.4	25.4	1.4	3.0	2.1
450	30.7	32.1	31.0	1.6	3.4	2.3
500	36.8	38.4	37.2	1.7	3.7	2.5
550	44.0	45.7	44.4	1.9	4.2	2.8
600	52.2	54.2	52.7	2.1	4.4	3.0
650	60.2	62.3	60.7	2.2	4.8	3.2

注：衬环法兰中法兰本体的质量可近似取平面法兰的质量。

3 选用规定

3.1 法兰及相匹配的垫片、螺柱、螺母的材料，最大允许工作压力、技术条件及其标记按 JB/T4700 的规定。

3.2 法兰用非金属软垫片应符合 JB/T4704 的规定。

3.3 法兰用等长双头螺柱应符合 JB/T4707 的规定。

标 12　乙型平焊法兰　JB/T4702—2000

1　主题内容及适用范围

本标准规定了钢制压力容器用乙型平焊法兰的结构型式与系列尺寸。

本标准适用于公称压力为 0.25～4.0 MPa、工作温度高于－20℃～350℃的钢制压力容器乙型平焊法兰。

本标准适用腐蚀裕量≤2 mm。当腐蚀裕量为 3 mm 时，应加厚短节厚度 2 mm。

2　结构型式与尺寸

各类密封面的乙型平焊法兰的结构型式及系列尺寸应符合标图 12－1～12－2 和标表 12－1 的规定，法兰及衬环的质量列于标表 12－2。

标表 12－1　乙型平焊法兰的结构尺寸

公称直径 DN，mm	法　兰，mm											螺　柱	
	D	D_1	D_2	D_3	D_4	δ	H	δ_t	α	α_1	d	规格	数量
PN=0.25 MPa													
2 600	2 760	2 715	2 676	2 656	2 653	96	345	16	21	18	27	M24	72
2 800	2 960	2 915	2 876	2 856	2 853	102	350	16	21	18	27	M24	80
3 000	3 160	3 115	3 076	3 056	3 053	104	355	16	21	18	27	M24	84
PN=0.6 MPa													
1 300	1 460	1 415	1 376	1 356	1 353	70	270	16	21	18	27	M24	36
1 400	1 560	1 515	1 476	1 456	1 453	72	270	16	21	18	27	M24	40
1 500	1 660	1 615	1 576	1 556	1 553	74	270	16	21	18	27	M24	40
1 600	1 760	1 715	1 676	1 656	1 653	76	275	16	21	18	27	M24	44
1 700	1 860	1 815	1 776	1 756	1 753	78	280	16	21	18	27	M24	48
1 800	1 960	1 915	1 876	1 856	1 853	80	280	16	21	18	27	M24	52
1 900	2 060	2 015	1 976	1 956	1 953	84	285	16	21	18	27	M24	56
2 000	2 160	2 115	2 076	2 056	2 053	87	285	16	21	18	27	M24	60
2 200	2 360	2 315	2 276	2 256	2 253	90	340	16	21	18	27	M24	64
2 400	2 560	2 515	2 476	2 456	2 453	92	340	16	21	18	27	M24	68
PN=1.0 MPa													
1 000	1 140	1 100	1 065	1 055	1 052	62	260	12	17	14	23	M20	40
1 100	1 260	1 215	1 176	1 156	1 153	64	265	16	21	18	27	M24	32
1 200	1 360	1 315	1 276	1 256	1 253	66	265	16	21	18	27	M24	36
1 300	1 460	1 415	1 376	1 356	1 353	70	270	16	21	18	27	M24	40

（续表）

公称直径 DN, mm	法兰, mm											螺柱	
	D	D_1	D_2	D_3	D_4	δ	H	δ_t	α	α_1	d	规格	数量
PN=1.0 MPa													
1 400	1 560	1 515	1 476	1 456	1 453	74	270	16	21	18	27	M24	44
1 500	1 660	1 615	1 576	1 556	1 553	78	275	16	21	18	27	M24	48
1 600	1 760	1 715	1 676	1 656	1 653	82	280	16	21	18	27	M24	52
1 700	1 860	1 815	1 776	1 756	1 753	88	280	16	21	18	27	M24	56
1 800	1 960	1 915	1 876	1 856	1 853	94	290	16	21	18	27	M24	60
PN=1.6 MPa													
700	860	815	776	766	763	46	200	16	21	18	27	M24	24
800	960	915	876	866	863	48	200	16	21	18	27	M24	24
900	1 060	1 015	976	966	963	56	205	16	21	18	27	M24	28
1 000	1 160	1 115	1 076	1 066	1 063	66	260	16	21	18	27	M24	32
1 100	1 260	1 215	1 176	1 156	1 153	76	270	16	21	18	27	M24	36
1 200	1 360	1 315	1 276	1 256	1 253	85	280	16	21	18	27	M24	40
1 300	1 460	1 415	1 376	1 356	1 353	94	290	16	21	18	27	M24	44
1 400	1 560	1 515	1 476	1 456	1 453	103	295	16	21	18	27	M24	52
PN=2.5 MPa													
300	440	400	365	355	352	35	180	12	17	14	23	M20	16
350	490	450	415	405	402	37	185	12	17	14	23	M20	16
400	540	500	465	455	452	42	190	12	17	14	23	M20	20
450	590	550	515	505	502	43	190	12	17	14	23	M20	20
500	660	615	576	566	563	43	190	16	21	18	27	M24	20
550	710	665	626	616	613	45	195	16	21	18	27	M24	20
600	760	715	676	666	663	50	200	16	21	18	27	M24	24
650	810	765	726	716	713	60	205	16	21	18	27	M24	24
700	860	815	776	766	763	66	210	16	21	18	27	M24	28
800	960	915	876	866	863	77	220	16	21	18	27	M24	32
PN=4.0 MPa													
300	460	415	376	366	363	42	190	16	21	18	27	M24	16
350	510	465	426	416	413	44	190	16	21	18	27	M24	16
400	560	515	476	466	463	50	200	16	21	18	27	M24	20
450	610	565	526	516	513	61	205	16	21	18	27	M24	20
500	660	615	576	566	563	68	210	16	21	18	27	M24	24
550	710	665	626	616	613	75	220	16	21	18	27	M24	28
600	760	715	676	666	663	81	225	16	21	18	27	M24	32

注：法兰短节与容器筒体连接部位的焊接坡口型式和尺寸由设计或制造单位决定。

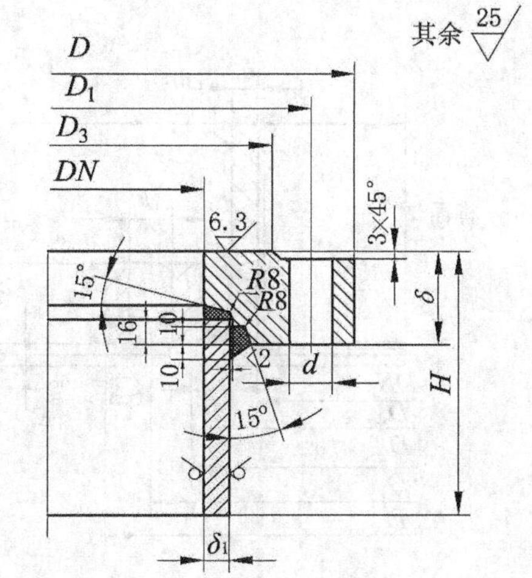

(a) 平密封面

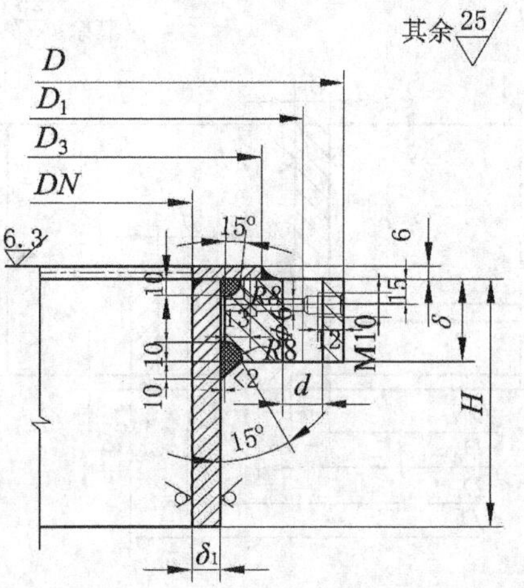

(b) 衬环平密封面

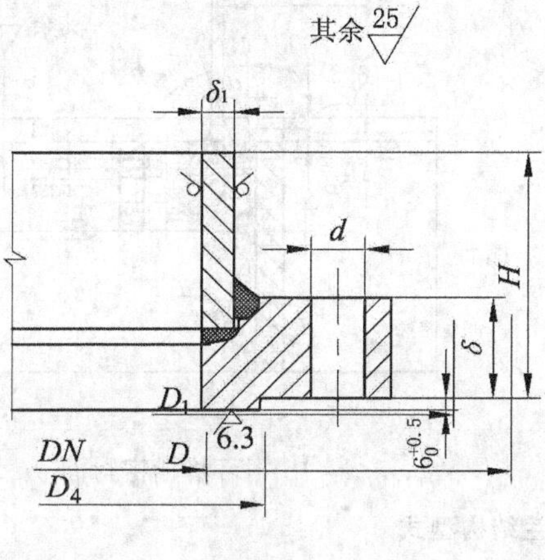

凸面

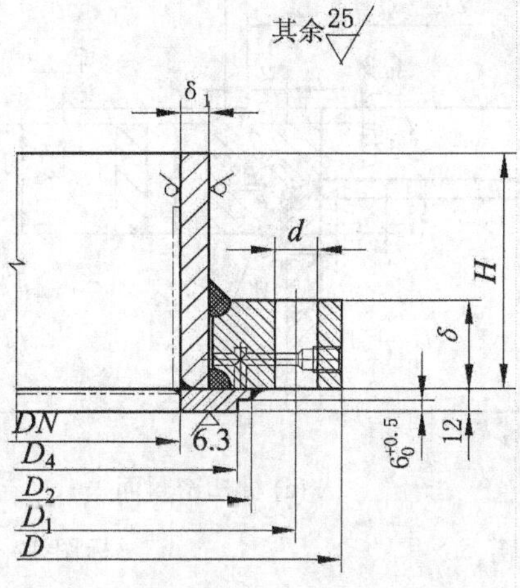

凸面

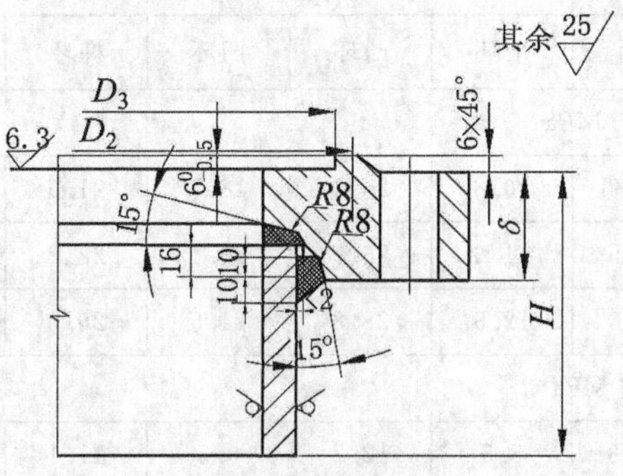

(c) 凹凸密封面

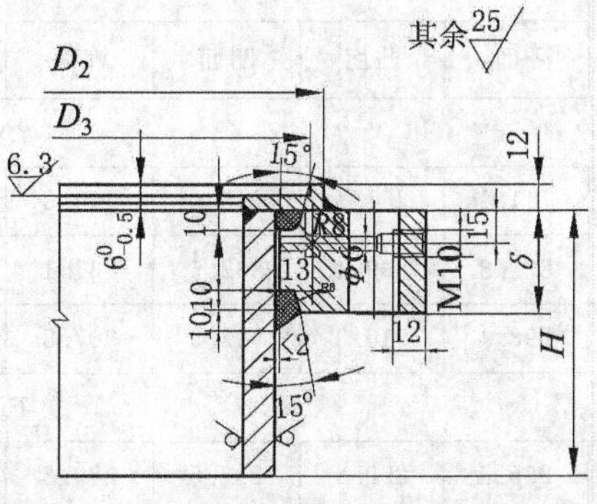

(d) 衬环凹凸密封面

标图 12－1

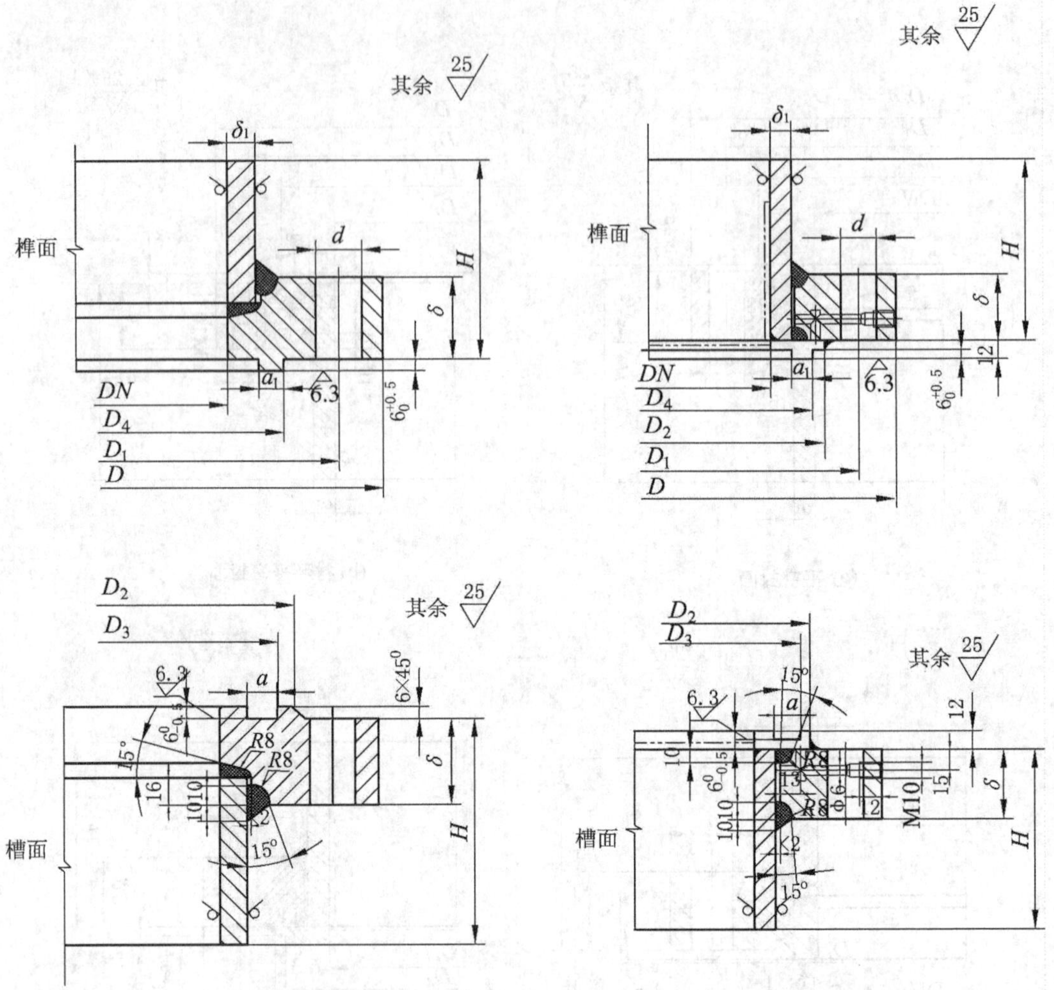

(a) 榫槽密封面　　(b)衬环榫槽密封面

标图 12－2　法兰结构型式

标表 12－2　乙型平焊法兰及衬环的质量

公称直径 DN，mm	法兰质量，kg					衬环质量，kg				
	平面	凸面	凹面	榫面	槽面	平环	凸环	凹环	榫环	槽环
PN＝0.25 MPa										
2 600	741.1	751.4	745.0	749.2	732.9	10.8	25.0	18.7	21.6	21.4
2 800	828.3	839.4	832.6	837.1	819.5	11.6	26.9	20.1	23.2	22.9
3 000	898.4	910.3	902.9	907.8	889.0	12.5	28.8	21.5	25.0	24.8
PN＝0.6 MPa										
1 300	285.4	290.6	287.5	289.6	281.3	5.5	12.7	9.5	11.1	10.9
1 400	311.7	317.3	313.9	316.2	307.2	5.9	13.7	10.3	11.9	11.8
1 500	339.8	345.7	342.1	344.5	335.0	6.3	14.6	11.0	12.7	12.6

（续表）

公称直径 DN，mm	法兰质量，kg					衬环质量，kg				
	平面	凸面	凹面	榫面	槽面	平环	凸环	凹环	榫环	槽环
PN=0.6 MPa										
1 600	367.5	373.9	370.0	372.6	362.4	6.8	15.6	11.7	13.6	13.4
1 700	396.0	402.8	398.6	401.4	390.6	7.2	16.6	12.4	14.4	14.2
1 800	425.2	432.4	428.4	430.9	419.5	7.6	17.5	13.1	15.2	15.0
1 900	462.6	470.1	465.5	468.6	456.6	8.0	18.5	13.8	16.0	15.8
2 000	493.6	501.6	496.7	500.0	487.3	8.4	19.5	14.6	16.9	16.7
2 200	602.9	611.7	606.3	609.9	596.0	9.2	21.2	15.8	18.4	18.2
2 400	666.2	675.7	669.9	673.8	658.6	10.0	23.1	17.2	20.0	19.8
PN=1.0 MPa										
1 000	188.5	192.5	189.3	191.1	185.9	4.2	9.0	5.7	7.1	7.3
1 100	229.7	234.2	231.5	233.3	226.2	4.7	10.8	8.1	9.4	9.2
1 200	254.1	259.0	256.0	258.0	250.3	5.1	11.8	8.8	10.3	10.1
1 300	284.4	289.6	286.5	288.6	280.3	5.5	12.7	9.5	11.1	10.9
1 400	316.2	321.8	318.4	320.7	311.7	5.9	13.7	10.3	11.9	11.8
1 500	349.4	355.4	351.8	354.2	344.7	6.3	14.6	11.0	12.7	12.6
1 600	384.1	390.5	386.6	389.2	379.0	6.8	15.6	11.7	13.6	13.4
1 700	426.9	433.7	429.5	432.3	421.5	7.2	16.6	12.4	14.4	14.2
1 800	471.9	479.1	474.7	477.6	466.2	7.6	17.5	13.1	15.2	15.0
PN=1.6 MPa										
700	109.2	112.6	109.8	111.5	106.9	3.6	7.6	4.7	6.1	6.0
800	127.5	131.4	128.1	130.1	124.9	4.1	8.6	5.4	7.1	6.8
900	156.9	161.2	157.6	159.8	153.9	4.6	9.6	6.0	7.8	7.6
1 000	213.3	218.1	214.1	216.5	210.0	4.7	10.6	6.6	8.6	8.4
1 100	255.2	324.2	192.3	260.6	249.8	5.0	10.8	8.1	9.4	9.2
1 200	298.5	303.3	300.4	302.3	294.7	5.1	11.8	8.8	10.2	10.0
1 300	345.0	350.2	347.1	349.2	340.9	5.5	12.7	9.5	11.1	10.9
1 400	393.4	399.0	395.6	397.9	389.0	5.9	13.7	10.3	11.9	11.8

（续表）

公称直径 DN，mm	法兰质量，kg					衬环质量，kg				
	平面	凸面	凹面	榫面	槽面	平环	凸环	凹环	榫环	槽环
PN=2.5 MPa										
300	34.8	36.0	35.1	35.7	34.0	1.4	2.9	1.9	2.3	2.4
350	41.4	42.9	41.7	42.4	40.5	1.6	3.3	2.1	2.6	2.7
400	50.3	51.9	50.6	51.4	49.2	1.8	3.7	2.4	3.0	3.0
450	56.9	58.8	57.4	58.2	55.8	2.0	4.1	2.7	3.3	3.4
500	76.7	79.2	77.1	78.4	75.0	2.6	5.5	3.4	4.5	4.3
550	86.2	88.9	86.7	88.1	84.4	2.9	6.0	3.8	4.9	4.8
600	99.3	102.2	99.8	101.2	97.3	3.1	6.5	4.1	5.3	5.2
650	120.7	123.8	121.2	122.8	118.5	3.3	7.0	4.4	5.7	5.6
700	137.3	140.7	137.9	139.6	135.0	3.6	7.5	4.7	6.1	6.0
800	173.2	177.1	173.8	175.8	170.6	4.1	8.6	5.4	7.0	6.8
PN=4.0 MPa										
300	47.8	49.3	48.1	48.9	46.7	1.6	3.4	2.2	2.8	2.7
350	56.5	58.3	56.8	57.7	55.3	1.9	4.0	2.5	3.2	3.1
400	68.4	70.4	68.7	69.8	67.0	2.1	4.5	2.8	3.6	3.5
450	87.0	89.3	87.4	88.6	85.5	2.4	5.0	3.1	4.1	3.9
500	102.5	105.0	102.9	104.2	100.8	2.6	5.5	3.4	4.5	4.3
550	119.2	121.9	119.7	121.1	117.4	2.9	6.0	3.8	4.9	4.8
600	135.9	138.8	136.4	137.9	133.9	3.1	6.5	4.1	5.3	5.2

注：衬环法兰中法兰本体的质量，可近似取平面法兰的质量。

3　选用规定

3.1　法兰及相匹配的垫片、螺柱、螺母的材料、最大允许工作压力、技术条件及其标记按 JB/T4700 的规定。

3.2　法兰用非金属软垫片、缠绕垫片、金属包垫片应分别符合 JB/T4704、JB/T4705、JB/T4706 的规定。

3.3　法兰用等长双头螺柱应符合 JB/T4707 的规定。

3.4　为适应腐蚀裕量要求加厚的短节厚度应在图样明细表的备注栏中注明：如：δ_t=××。

标 13　非金属软垫片　JB/T4704—2000

1　主题内容及适用范围

本标准规定了压力容器用非金属软垫片的尺寸和技术要求。

本标准适用于 JB/T4701—2000《甲型平焊法兰》、JB/T4702—2000《乙型平焊法兰》和 JB/T4703—2000《长颈对焊法兰》用非金属软垫片。

2　适用材料

GB/T539—1995《耐油石棉橡胶板》和 GB/T3985—1995《石棉橡胶板》。

3　标记示例

公称直径 1 000 mm、公称压力 2.50 MPa 用非金属软垫片：

垫片　1000－2.50　JB/T4704—2000

4　结构型式与尺寸

平密封面、凹凸密封面、衬环平密封面和衬环凹凸密封面法兰用非金属软垫片按标图 13－1 和标表 13－1 的规定。

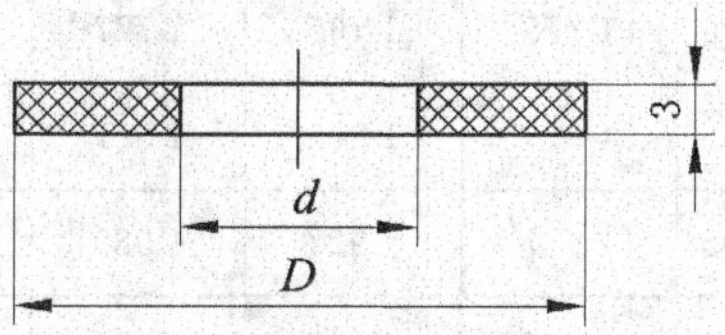

标图 13－1

标表 13－1　非金属软垫片的尺寸

公称压力 PN，MPa	0.25		0.6		1.0		1.6		2.5		4.0	
公称直径 DN，mm	D	d	D	d	D	d	D	d	D	d	D	d
300	按 PN＝1.00				339/354	303/310	344/354	304/310	354	310	365	315
350					389/404	353/360	394/404	354/360	404	360	415	365
400					439/454	403/410	444/454	404/410	454	410	465	415
450	按 PN＝1.00		489	453	489/504	453/460	494/504	454/460	504	460	515	465
500			539	503	544/554	504/510	544/554	504/510	565	515	565	515
550			589	553	594/604	554/560	594/604	554/560	615	565	615	565
600			639	603	644/654	604/610	644/654	604/610	665	615	665	615
650			689	653	694/704	654/660	694/704	654/660	715	665	737	687

（续表）

公称压力 *PN*，MPa	0.25		0.6		1.0		1.6		2.5		4.0	
公称直径 *DN*，mm	*D*	*d*	*D*	*d*	*D*	*d*	*D*	*d*	*D*	*d*	*D*	*d*
700	739	703	744	704	744/754	704/710	765	715	765	715	787	737
800	839	803	844	804	844/854	804/810	865	815	865	815	887	837
900	939	903	944	904	944/954	904/910	965	915	987	937	999	939
1 000	1 044	1 004	1 044	1 004	1 054	1 010	1 065	1 015	1 087	1 037	1 099	1 039
1 100	1 140	1 100	1 140	1 100	1 155	1 105	1 155	1 105	1 177	1 127	1 208	1 148
1 200	1 240	1 200	1 240	1 200	1 255	1 205	1 255	1 205	1 277	1 227	1 308	1 248
1 300	1 340	1 300	1 355	1 305	1 355	1 305	1 355	1 305	1 377	1 327	1 408	1 348
1 400	1 440	1 400	1 455	1 405	1 455	1 405	1 455	1 405	1 477	1 427	1 508	1 448
1 500	1 540	1 500	1 555	1 505	1 555	1 505	1 577	1 527	1 589	1 529	1 608	1 548
1 600	1 640	1 600	1 655	1 605	1 655	1 605	1 677	1 627	1 689	1 629	1 708	1 648
1 700	1 740	1 700	1 755	1 705	1 755	1 705	1 777	1 727	1 808	1 748		
1 800	1 840	1 800	1 855	1 805	1 855	1 805	1 877	1 827	1 908	1 848		
1 900	1 940	1 900	1 955	1 905	1 977	1 927	1 989	1 929	2 008	1 948		
2 000	2 040	2 000	2 055	2 005	2 077	2 027	2 089	2 029	2 108	2 048		
2 200	2 255	2 205	2 255	2 205								
2 400	2 455	2 405	2 455	2 405								
2 600	2 655	2 605			—		—		—		—	
2 800	2 855	2 805	—									
3 000	3 055	3 005										

注：表中粗实线范围内的数据（分母部分除外）为甲型平焊法兰用软垫片尺寸，分母部分为长颈对焊法兰用软垫片尺寸。

标 14　等长双头螺柱　JB/T4707—2000

1　主题内容与适用范围

本标准规定了压力容器法兰用等长双头螺柱的结构尺寸和技术要求。

本标准适用于 JB/T4701—2000《甲型平焊法兰》、JB/T4702—2000《乙型平焊法兰》和 JB/T4703—2000《长颈对焊法兰》用等长双头螺柱，也适用于其他非标准压力容器法兰用等长双头螺柱。

2　等长双头螺柱的型式和尺寸

等长双头螺柱的型式与尺寸按标图 14－1～14－2 和标表 14－1 规定。

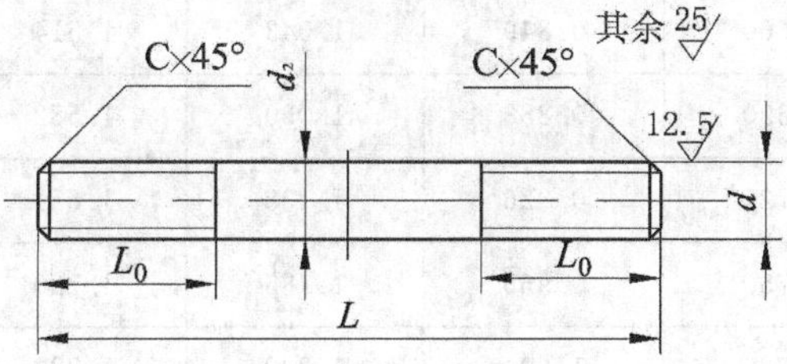

标图 14－1　A 型螺柱

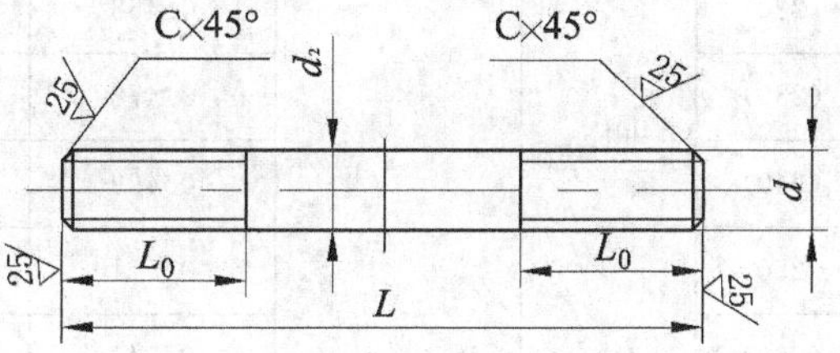

标图 14－2　B 型螺柱

标表 14－1　等长双头螺柱的尺寸　mm

d		16	20	24	27	30	36
L_0		40	50	60	65	70	80
C		2	2.5	3	4	4	5
r		5	6	6	6	6	7
d_2	A 型	16	20	24	27	30	36
	B 型	$13.9^{+0.3}_{-0}$	$17.3^{+0.3}_{-0}$	$20.8^{+0.3}_{-0}$	$23.8^{+0.3}_{-0}$	$26.3^{+0.3}_{-0}$	$31.7^{+0.3}_{-0}$
L		单件质量　kg≈					
公称尺寸	极限偏差						
100	±1.3	0.133	0.208	—	—	—	—
110	±1.5	0.147	0.229				
120		0.160	0.250				
130		0.173	0.270	0.390			
140		0.187	0.291	0.420			
150		0.200	0.312	0.450			

（续表）

d		16	20	24	27	30	36
L		单件质量　kg≈					
公称尺寸	极限偏差						
160	±1.5	0.213	0.333	0.480	—	—	—
170	±1.5	0.227	0.354	0.510	—	—	—
180	±1.5	0.240	0.374	0.540	0.695	0.853	—
190	±1.5	0.253	0.395	0.570	0.733	0.901	—
200	±1.5	—	0.416	0.600	0.772	0.948	—
(210)	±1.5	—	0.437	0.630	0.811	0.995	—
220	±1.5	—	0.458	0.660	0.849	1.043	1.514
(230)	±1.5	—	0.478	0.690	0.883	1.090	1.582
(240)	±1.5	—	0.499	0.720	0.926	1.138	1.651
250	±1.5	—	0.521	0.750	0.965	1.185	1.720
(260)	±1.5	—	0.541	0.780	1.004	1.232	1.789
280	±1.5	—	0.583	0.840	1.081	1.327	1.926
300	±1.5	—	0.625	0.900	1.160	1.422	2.064
320	±1.5	—	—	—	—	1.516	2.201
350	±1.5	—	—	—	—	1.658	2.407
380	±1.5	—	—	—	—	1.800	2.614
400	±2.0	—	—	—	—	1.895	2.751
420	±2.0	—	—	—	—	—	2.889
450	±2.0	—	—	—	—	—	3.095
480	±2.0	—	—	—	—	—	3.301

注：① 表中带括号的公称尺寸应尽量不采用。
② 若用户需要，无螺纹部分允许和适当加长。

3　A 型螺柱无螺纹部分直径 d_2 等于螺纹外径；B 型螺柱 d_2 等于螺纹根径 d_1，且 d_2 与 d 的连接处需用圆弧 r 过渡。

4　螺纹基本尺寸按 GB/T196 规定的粗牙普通螺纹，公差按 GB/T197 规定的 6 g。

5　对双头螺柱材料的要求：

Q235－A 按 GB/T700 的规定。

35 按 GB/T699 的规定，应在正火状态下使用。

40MnB、40MnVB、40Cr、35CrMoA、25Cr2MoVA 按 GB/T3077 的规定，并需经调质处理。40MnB、40MnVB、40Cr 的回火温度不得低于 550℃，调质后的力学性能按标表 14－2 的规定。

标表 14－2　40MnB、40MnVB、40Cr、35CrMoA 和 25Cr2MoVA 等材料调质后的力学性能

钢　号	螺柱规格	抗拉强度 σ_b	屈服点 σ_s	伸长率 δ_5 (%)	冲击功 A_{ku} (J)
		MPa			
40MnB	≤M22	≥805	≥685	≥13	≥34
	M24～M36	≥765	≥635		
40Cr	≤M22	≥805	≥685	≥13	≥34
	M24～M36	≥765	≥635		
40MnVB	≤M22	≥835	≥735	≥12	≥34
	M24～M36	≥805	≥685		
35CrMoA	≤M22	≥835	≥735	≥13	≥54
	M24～M36	≥805	≥685		
25Cr2MoVA	≤M48	≥835	≥735	≥14	47

6　螺纹长度 L_0 的允差为 $+2t$，t 为粗牙螺纹的螺距。

7　其他技术条件按 GB/T5779.1 的规定。

8　标记。

标 15　管壳式换热器用缠绕垫片

JB/T4719—1992

1　主题内容与适用范围

本标准规定了钢制管壳式换热器用缠绕垫片的结构型式和尺寸。

本标准适用于设计温度高于－20℃至450℃，设计压力不大于6.4 MPa的钢制管壳式换热器用缠绕垫片。

2　垫片名称及位置按标图15－1

3　代号

3.1　垫片名称和代号按标表15－1。

3.2　钢带牌号的标准和代号按标表15－1。

标表15－1　钢带牌号的标准和代号

钢带牌号	钢带标准	代　号	硬度　HB　（最大值）
0Cr19Ni9	GB4329	1	187
0Cr18Ni11Ti	GB4329	2	
00Cr19Ni11	GB4329	3	
00Cr17Ni14Mo2	GB4329	4	
08F	GB3526	5	90
其他	相应标准	6	—

3.3　填料的标准和代号按标表15－2。

标表15－2　填料的标准和代号

填　　料	填料标准	代　号	使用温度　℃
石　　棉	建标11	1	＞－20～450
聚四氟乙烯	ZBG33005	2	＞－20～260
柔性石墨	ZBJ22019	3	＞－20～450
其　　他	相应标准	4	按图样或合同要求

4　标记及示例

4.1　标记

4.1.1　管箱垫片、浮头垫片及头盖垫片应标注管程数（本标准只有1、2、4、6管程）

4.1.2　6管程换热器的管箱垫片、浮头垫片及头盖垫片还应标注换热管规格。换热管规格代号：

缠绕垫 □ □ □—□—□—□ □ JB/T4719—1992

- 换热管规格代号
- 管程数
- 换热器公称压力 *PN*，MPa
- 换热器公称直径 *DN*，mm
- 填料代号
- 钢带牌号代号
- 垫片名称代号

A——表示外径×壁厚为 ϕ19×2 mm 的无缝钢管；

B——表示外径×壁厚为 ϕ25×2.5 mm 的无缝钢管。

4.2　标记示例

例：*DN* 800 mm，*PN* 2.5 MPa，4 管程、ϕ25×2.5 mm 的换热管，钢带为 0Cr19Ni9，填料为石棉的管箱垫片：

缠绕垫 G　11 - 800 - 2.5 - 4　JB/T4719—1992

例 2：*DN* 1 000 mm，*PN* 4.0 MPa，6 管程、ϕ19 × 2 mm 的换热管，钢带为 00Cr17Ni14Mo2，填料为聚四氟乙烯的浮头垫片：

缠绕垫 F　42 - 1000 - 4.0 - 6A　JB/T4719—1992

5　结构型式及尺寸

5.1　符号说明

D——垫片外径，mm；

d——垫片内径，mm；

d_1——内定位加强环内径，mm；

M_A——4 管程、A 管、采用中心接管时的分程隔板中心距，mm；

M_B——4 管程、B 管、采用中心接管时的分程隔板中心距，mm；

W_A——6 管程、A 管、分程隔板中心距(管箱垫片及头盖垫片的 W_A 与浮头垫片的 W_A 相等)，mm；

W_B——6 管程、B 管、分程隔板中心距(管箱垫片及头盖垫片的 W_B 与浮头垫片的 W_B 相等)，mm。

5.2　垫片结构型式及尺寸按标图 15 - 1 及标表 15 - 1

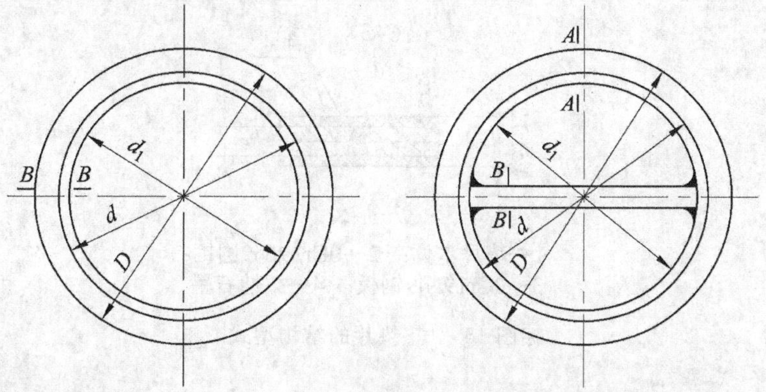

(a) 1管程管箱垫片、管箱侧垫片及外头盖垫片
2管程浮头垫片及头盖垫片

(b) 2管程管箱垫片；
4管程浮头垫片及头盖垫片

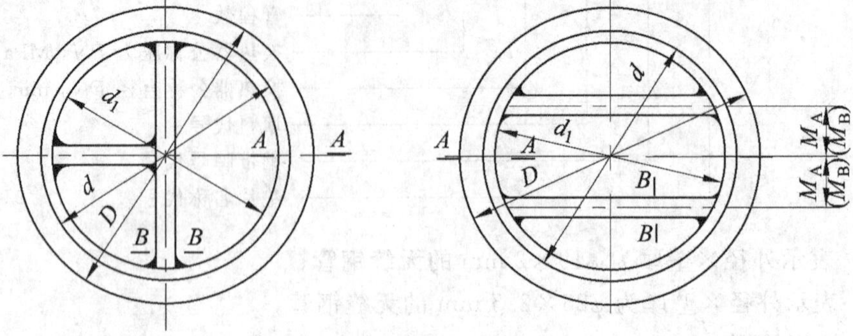

(c)4管程管箱垫片

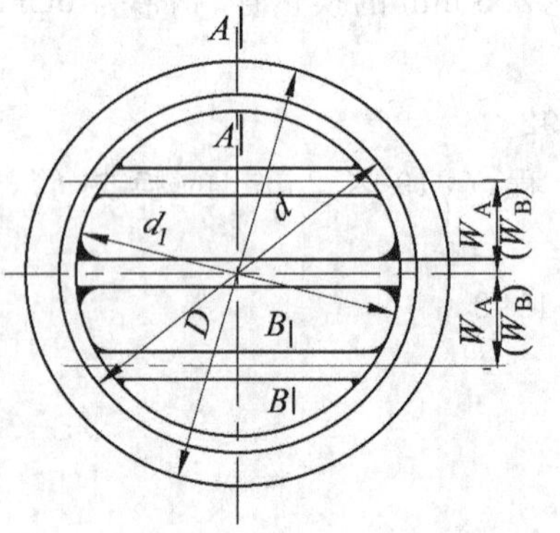

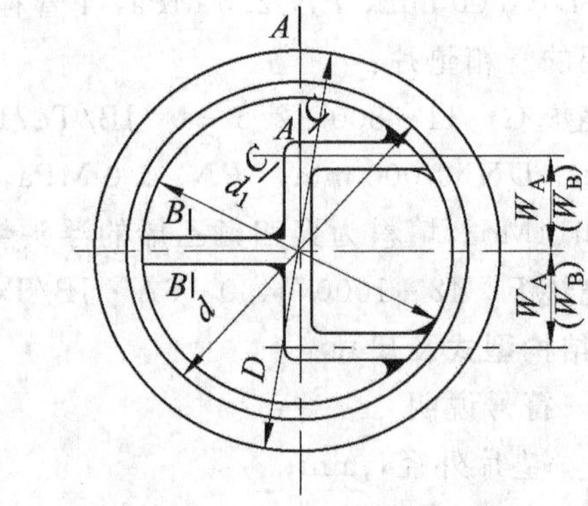

(d)6管程管箱垫片　　　　(e)6管程浮头垫片及头盖垫片

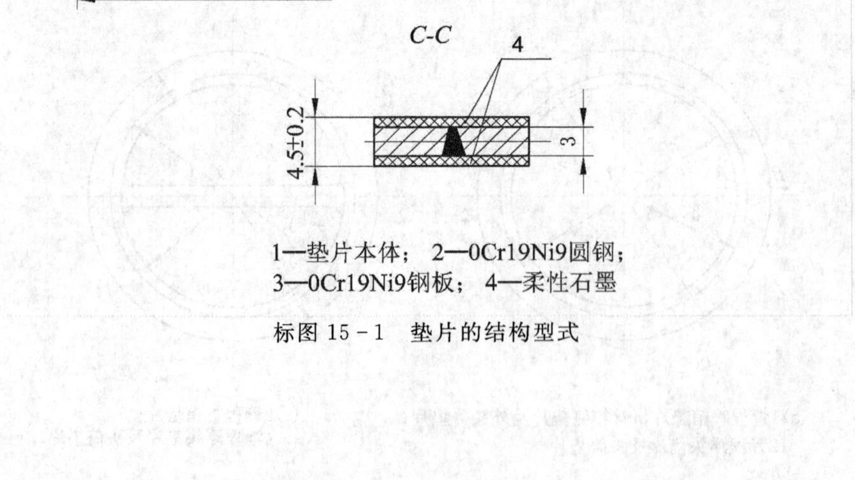

1—垫片本体； 2—0Cr19Ni9圆钢；
3—0Cr19Ni9钢板； 4—柔性石墨

标图 15－1　垫片的结构型式

标表 15－3　垫片基本参数

mm

垫片名称	浮头垫片					管箱垫片 头盖垫片 管箱侧垫片			外头盖垫片			管箱垫片 头盖垫片 管箱侧垫片			外头盖垫片		
PN (MPa)	1.0、1.6、2.5、4.0、6.4					0.25						0.6					
尺寸 / DN	D	d	d_1	W_A	W_B	D	d	d_1	D	d	d_1	D	d	d_1	D	d	d_1
159(1)	—	—	—	—	—	—	—	—	—	—	—	—	—	—	—	—	—
219(1)	—	—	—	—	—	—	—	—	—	—	—	—	—	—	—	—	—
273(1)	—	—	—	—	—	—	—	—	—	—	—	—	—	—	—	—	—
325(1)	298	282	278	—	—	—	—	—	—	—	—	—	—	—	—	—	—
426(1)、400	392	372	368	—	—	—	—	—	—	—	—	439	407	403	—	—	—
450	—	—	—	—	—	—	—	—	—	—	—	489	457	453	—	—	—
500	492	472	468	—	—	—	—	—	—	—	—	539	507	503	—	—	—
600	592	572	568	144	136	—	—	—	—	—	—	639	607	603	—	—	—
700	692	672	668	161.5	158.5	—	—	—	—	—	—	744	712	708	—	—	—
800	792	764	760	179.5	181	—	—	—	—	—	—	844	812	808	—	—	—
900	892	864	860	215	226	—	—	—	—	—	—	944	912	908	—	—	—
1 000	992	964	960	232.5	249	—	—	—	—	—	—	1 044	1 012	1 008	—	—	—
1 100	1 092	1 060	1 056	268	271.5	—	—	—	—	—	—	1 140	1 104	1 100	—	—	—
1 200	1 192	1 160	1 156	285.5	294	—	—	—	—	—	—	1 240	1 204	1 200	—	—	—
1 300	1 282	1 250	1 246	321	317	1 340	1 304	1 300	—	—	—	1 355	1 315	1 311	—	—	—
1 400	1 382	1 350	1 346	338.5	339.5	1 440	1 404	1 400	—	—	—	1 455	1 415	1 411	—	—	—
1 500	1 482	1 446	1 442	374	362	1 540	1 504	1 500	—	—	—	1 555	1 515	1 511	—	—	—
1 600	1 582	1 546	1 542	391.5	384.5	1 640	1 604	1 600	—	—	—	1 655	1 615	1 611	—	—	—
1 700	1 682	1 646	1 642	409	430	1 740	1 704	1 700	—	—	—	1 755	1 715	1 711	—	—	—
1 800	1 782	1 746	1 742	427	452.5	1 840	1 804	1 800	—	—	—	1 855	1 815	1 811	—	—	—

（续表）

垫片名称	管箱垫片 头盖垫片 管箱侧垫片			外头盖垫片			管箱垫片 头盖垫片 管箱侧垫片			外头盖垫片			管箱垫片 头盖垫片 管箱侧垫片			外头盖垫片		
PN（MPa）	1.0						1.6						2.5					
尺寸 / *DN*	*D*	*d*	d_1	*D*	*d*	d_1	*D*	*d*	d_1	*D*	*d*	d_1	*D*	*d*	d_1	*D*	*d*	d_1
159(1)	—	—	—	—	—	—	202	170	166	—	—	—	202	170	166	—	—	—
219(1)	—	—	—	—	—	—	258	226	222	—	—	—	258	226	222	—	—	—
273(1)	—	—	—	—	—	—	312	276	272	—	—	—	312	276	272	—	—	—
325(1)	354	322	318	—	—	—	354	322	318	—	—	—	354	322	318	454	422	418
426(1)、400	454	422	418	554	522	518	454	422	418	554	522	518	454	422	418	565	525	521
450	504	472	468	—	—	—	504	472	468	—	—	—	504	472	468	—	—	—
500	554	522	518	654	622	618	554	522	518	654	622	618	565	525	521	665	625	621
600	654	622	618	754	722	718	654	622	618	765	725	721	665	625	621	765	725	721
700	754	722	718	854	822	818	765	725	721	865	825	821	765	725	721	865	825	821
800	854	822	818	954	922	918	865	825	821	965	925	921	865	825	821	987	947	943
900	954	922	918	1 054	1 022	1 018	965	925	921	1 065	1 025	1 021	987	947	943	1 087	1 047	1 043
1 000	1 054	1 022	1 018	1 155	1 115	1 111	1 065	1 025	1 021	1 155	1 115	1 111	1 087	1 047	1 043	1 177	1 137	1 133
1 100	1 155	1 115	1 111	1 255	1 215	1 211	1 155	1 115	1 111	1 255	1 215	1 211	1 177	1 137	1 133	1 277	1 237	1 233
1 200	1 255	1 215	1 211	1 355	1 315	1 311	1 255	1 215	1 211	1 355	1 315	1 311	1 277	1 237	1 233	1 377	1 337	1 333
1 300	1 355	1 315	1 311	1 455	1 415	1 411	1 355	1 315	1 311	1 455	1 415	1 411	1 377	1 337	1 333	1 477	1 437	1 433
1 400	1 455	1 415	1 411	1 555	1 515	1 511	1 455	1 415	1 411	1 577	1 537	1 533	1 477	1 437	1 433	1 589	1 539	1 535
1 500	1 555	1 515	1 511	1 655	1 615	1 611	1 577	1 537	1 533	1 677	1 637	1 633	1 589	1 539	1 535	1 689	1 639	1 635
1 600	1 655	1 615	1 611	1 755	1 715	1 711	1 677	1 637	1 633	1 777	1 737	1 733	1 689	1 639	1 635	1 808	1 758	1 754
1 700	1 755	1 715	1 711	1 855	1 815	1 811	1 777	1 737	1 733	1 877	1 837	1 833	1 808	1 758	1 754	1 908	1 858	1 854
1 800	1 855	1 815	1 811	1 977	1 937	1 933	1 877	1 837	1 833	1 989	1 939	1 935	1 908	1 858	1 854	2 008	1 958	1 954

（续表）

垫片名称	管箱垫片 头盖垫片 管箱侧垫片		外头盖垫片		管箱垫片 头盖垫片 管箱侧垫片		外头盖垫片		管箱垫片 头盖垫片 管箱侧垫片		外头盖垫片	
PN (MPa)	1.6				2.5				4.0			
尺寸 *DN*	*D*	*d*	*D*	*d*	*D*	*d*	*D*	*d*	*D*	*d*	*D*	*d*
1 300	1 355	1 305	1 455	1 405	1 377	1 327	1 477	1 427	—	—	—	—
1 400	1 455	1 405	1 577	1 527	1 477	1 427	1 589	1 529	—	—	—	—
1 500	1 577	1 527	1 677	1 627	1 589	1 529	1 689	1 629	—	—	—	—
1 600	1 677	1 627	1 777	1 727	1 689	1 629	1 808	1 748	—	—	—	—
1 700	1 777	1 727	1 877	1 827	1 808	1 748	1 908	1 848	—	—	—	—
1 800	1 877	1 827	1 989	1 929	1 908	1 848	2 008	1 948	—	—	—	—

注：4 管程的 M_A、M_B 尺寸由使用单位给出，或按图样制造。

(1) 为采用钢管作筒体的公称直径。此公称直径系指钢管的外径。

标 16　外头盖侧法兰　JB/T4721—1992

1　主题内容与适用范围

本标准规定了浮头式换热器、冷凝器用外头盖侧法兰(以下简称“侧法兰”)的结构型式与尺寸。

本标准适用于公称压力 0.6 MPa 至 6.4 MPa、工作温度高于 −20℃至 450℃的钢制侧法兰。

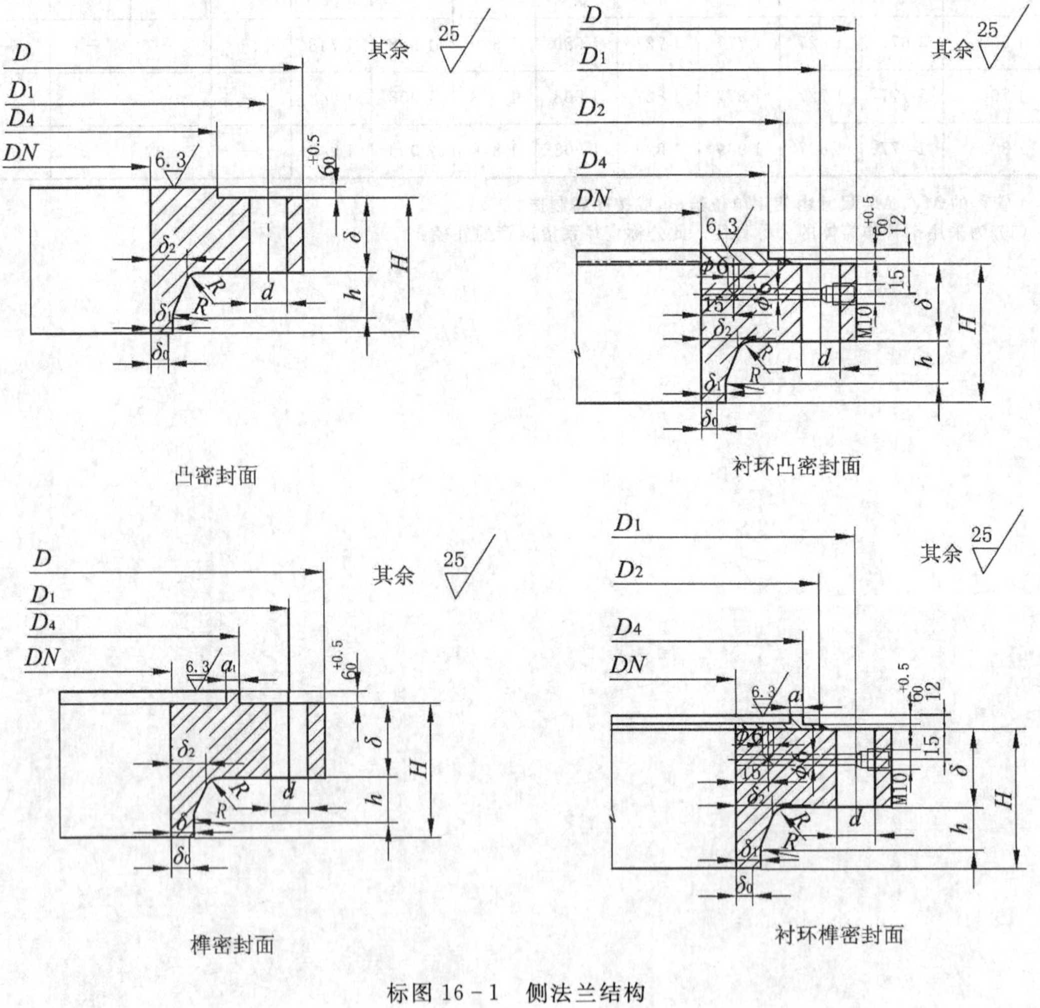

凸密封面　　衬环凸密封面

榫密封面　　衬环榫密封面

标图 16－1　侧法兰结构

2　标记、代号及标记示例

2.1　标记

□—□　□—□　□

侧法兰类型代号　密封面类型代号　公称直径，mm　公称压力，MPa　标准号

2.2　代号

侧法兰类型代号按标表 16－1 的规定。

标表 16－1　侧法兰类型代号

侧法兰类型	代　号
一般法兰	侧法兰
衬环法兰	侧法兰 C

标表 16－2　侧法兰结构尺寸

mm

公称直径 DN	法兰													螺柱		对接圆筒最小厚度 δ_0
	D	D_1	D_2	D_3	D_4	δ	H	h	a_1	δ_1	δ_2	R	d	规格	数量	
PN=0.6 MPa																
1 200	1 460	1 415	1 376	1 356	1 353	50	115	36	18	16	28	12	27	M24	40	12
1 300	1 560	1 515	1 476	1 456	1 453	54	120								44	
1 400	1 660	1 615	1 576	1 556	1 553	58	125								48	
1 500	1 760	1 715	1 676	1 656	1 653	66	135								52	
1 600	1 860	1 815	1 776	1 756	1 753	68	135	42			30					14
1 700	1 960	1 915	1 876	1 856	1 853	76	140									
1 800	2 060	2 015	1 976	1 956	1 953	78	150	48			32				56	
1 900	2 160	2 115	2 076	2 056	2 053	86	155								60	
PN=1.0 MPa																
300	540	500	465	455	452	30	90	30	14	12	22	12	23	M20	20	8
400	640	600	565	555	552	32	90								24	
500	740	700	665	655	652	34	90								28	
600	840	800	765	755	752	38	95								32	
700	940	900	865	855	852	38	110	42			26					
800	1 040	1 000	965	955	952	46	110								36	10
900	1 140	1 100	1 065	1 055	1 052	58	120								40	
1 000	1 260	1 215	1 176	1 156	1 153	60	130	48	18	14	30		27	M24	32	
1 100	1 360	1 315	1 276	1 256	1 253	66	140								36	12

（续表）

公称直径 DN	法兰													螺柱		对接圆筒最小厚度 δ_0
	D	D_1	D_2	D_3	D_4	δ	H	h	a_1	δ_1	δ_2	R	d	规格	数量	
PN=1.0 MPa																
1 200	1 460	1 415	1 376	1 356	1 353	68	140	48			32				40	
1 300	1 560	1 515	1 476	1 456	1 453	70	145	54			34		27	M24	44	
1 400	1 660	1 615	1 576	1 556	1 553	74	155	60		16	36	12			48	14
1 500	1 760	1 715	1 676	1 656	1 653	76	165	66	18		38				52	
1 600	1 870	1 815	1 776	1 756	1 753	78	175	72			40					
1 700	1 970	1 915	1 876	1 856	1 853	80	180	78			42		30	M27	56	
1 800	2 095	2 040	1 998	1 978	1 975	90	190			18	44	15				16
1 900	2 195	2 140	2 098	2 078	2 075	92	200	84			46				60	
PN=1.6 MPa																
300	540	500	465	455	452	30	90								20	
400	640	600	565	555	552	34	95	36	14	12	24		23	M20	24	8
500	740	700	665	655	652	42	100								28	
600	860	815	776	766	763	52	120	42			26				24	10
700	960	915	876	866	863	52	130	48		14	30					
800	1 060	1 015	976	966	963	52	130	54			34	12			28	
900	1 160	1 115	1 076	1 066	1 063	60	140						27	M24	32	12
1 000	1 260	1 215	1 176	1 156	1 153	64	150	60		16	40				36	
1 100	1 360	1 315	1 276	1 256	1 253	64	160	72	18						40	
1 200	1 460	1 415	1 376	1 356	1 353	68	170	84			44				44	14
1 300	1 560	1 515	1 476	1 456	1 453	70	175								52	
1 400	1 695	1 640	1 598	1 578	1 575	72	200	96		18					48	
1 500	1 795	1 740	1 698	1 678	1 675	82	200				50		30	M27	52	16
1 600	1 895	1 840	1 798	1 778	1 775	92	215	90		20		15			56	
1 700	1 995	1 940	1 898	1 878	1 875	100	215	84							64	18
1 800	2 115	2 055	2 010	1 990	1 987	102	230	96	23	22	54		33	M30	56	
1 900	2 215	2 155	2 110	2 090	2 087	116	235								64	20

(续表)

<table>
<tr><th rowspan="2">公称直径 DN</th><th colspan="13">法 兰</th><th colspan="2">螺 柱</th><th rowspan="2">对接圆筒最小厚度 δ_0</th></tr>
<tr><th>D</th><th>D_1</th><th>D_2</th><th>D_3</th><th>D_4</th><th>δ</th><th>H</th><th>h</th><th>a_1</th><th>δ_1</th><th>δ_2</th><th>R</th><th>d</th><th>规格</th><th>数量</th></tr>
<tr><td colspan="17">PN=2.5 MPa</td></tr>
<tr><td>300</td><td>540</td><td>500</td><td>465</td><td>455</td><td>452</td><td>36</td><td>110</td><td rowspan="2">54</td><td>14</td><td rowspan="2">12</td><td rowspan="2">30</td><td rowspan="5">12</td><td>23</td><td>M20</td><td rowspan="2">20</td><td rowspan="2">8</td></tr>
<tr><td>400</td><td>660</td><td>615</td><td>576</td><td>566</td><td>563</td><td>40</td><td>120</td><td rowspan="10">18</td><td rowspan="4">27</td><td rowspan="4">M24</td></tr>
<tr><td>500</td><td>760</td><td>715</td><td>676</td><td>666</td><td>663</td><td>44</td><td>145</td><td rowspan="4">72</td><td rowspan="4">16</td><td rowspan="4">40</td><td>24</td><td rowspan="3">10</td></tr>
<tr><td>600</td><td>860</td><td>815</td><td>776</td><td>766</td><td>763</td><td>48</td><td>150</td><td>28</td></tr>
<tr><td>700</td><td>960</td><td>915</td><td>876</td><td>866</td><td>863</td><td>52</td><td>155</td><td rowspan="2">32</td></tr>
<tr><td>800</td><td>1 095</td><td>1 040</td><td>998</td><td>988</td><td>985</td><td>66</td><td>160</td><td rowspan="8">15</td><td rowspan="6">30</td><td rowspan="6">M27</td><td rowspan="2">12</td></tr>
<tr><td>900</td><td>1 195</td><td>1 140</td><td>1 098</td><td>1 088</td><td>1 085</td><td>68</td><td>180</td><td rowspan="4">78</td><td>18</td><td>44</td><td>36</td></tr>
<tr><td>1 000</td><td>1 295</td><td>1 240</td><td>1 198</td><td>1 178</td><td>1 175</td><td>78</td><td>195</td><td rowspan="4">20</td><td rowspan="3">46</td><td>40</td><td rowspan="3">14</td></tr>
<tr><td>1 100</td><td>1 395</td><td>1 340</td><td>1 298</td><td>1 278</td><td>1 275</td><td>84</td><td>200</td><td>48</td></tr>
<tr><td>1 200</td><td>1 495</td><td>1 440</td><td>1 398</td><td>1 378</td><td>1 375</td><td>98</td><td>215</td><td>56</td></tr>
<tr><td>1 300</td><td>1 595</td><td>1 540</td><td>1 498</td><td>1 478</td><td>1 475</td><td>106</td><td>220</td><td>84</td><td>48</td><td rowspan="2">60</td><td rowspan="2">16</td></tr>
<tr><td>1 400</td><td>1 715</td><td>1 655</td><td>1 610</td><td>1 590</td><td>1 587</td><td>110</td><td>245</td><td>90</td><td rowspan="6">23</td><td rowspan="2">22</td><td>52</td><td rowspan="2">33</td><td rowspan="2">M30</td></tr>
<tr><td>1 500</td><td>1 815</td><td>1 755</td><td>1 710</td><td>1 690</td><td>1 687</td><td>118</td><td>245</td><td>96</td><td>54</td><td>64</td><td>18</td></tr>
<tr><td>1 600</td><td>1 950</td><td>1 880</td><td>1 829</td><td>1 809</td><td>1 806</td><td>118</td><td>255</td><td>108</td><td rowspan="2">24</td><td>60</td><td rowspan="4">18</td><td rowspan="4">39</td><td rowspan="4">M36</td><td>52</td><td rowspan="2">20</td></tr>
<tr><td>1 700</td><td>2 050</td><td>1 980</td><td>1 929</td><td>1 909</td><td>1 906</td><td>124</td><td>265</td><td rowspan="3">114</td><td>62</td><td>56</td></tr>
<tr><td>1 800</td><td>2 150</td><td>2 080</td><td>2 029</td><td>2 009</td><td>2 006</td><td>130</td><td>275</td><td rowspan="2">26</td><td rowspan="2">64</td><td>64</td><td>22</td></tr>
<tr><td>1 900</td><td>2 250</td><td>2 180</td><td>2 129</td><td>2 109</td><td>2 106</td><td>142</td><td>290</td><td>68</td><td>24</td></tr>
<tr><td colspan="17">PN=4.0 MPa</td></tr>
<tr><td>300</td><td>560</td><td>515</td><td>476</td><td>466</td><td>463</td><td>48</td><td>145</td><td rowspan="4">72</td><td rowspan="5">18</td><td rowspan="4">16</td><td rowspan="4">40</td><td rowspan="3">12</td><td rowspan="3">27</td><td rowspan="3">M24</td><td>20</td><td>10</td></tr>
<tr><td>400</td><td>660</td><td>615</td><td>576</td><td>566</td><td>563</td><td>50</td><td>145</td><td>24</td><td rowspan="3">12</td></tr>
<tr><td>500</td><td>760</td><td>715</td><td>676</td><td>666</td><td>663</td><td>54</td><td>150</td><td rowspan="2">32</td></tr>
<tr><td>600</td><td>895</td><td>840</td><td>798</td><td>788</td><td>785</td><td>68</td><td>165</td><td rowspan="4">15</td><td rowspan="2">30</td><td rowspan="2">M27</td></tr>
<tr><td>700</td><td>995</td><td>940</td><td>898</td><td>888</td><td>885</td><td>74</td><td>175</td><td rowspan="2">78</td><td>18</td><td>44</td><td rowspan="2">40</td><td>14</td></tr>
<tr><td>800</td><td>1 115</td><td>1 055</td><td>1 010</td><td>1 000</td><td>997</td><td>86</td><td>190</td><td rowspan="3">23</td><td rowspan="2">20</td><td>46</td><td rowspan="2">33</td><td rowspan="2">M30</td><td rowspan="2">16</td></tr>
<tr><td>900</td><td>1 215</td><td>1 155</td><td>1 110</td><td>1 100</td><td>1 097</td><td>90</td><td>205</td><td rowspan="2">90</td><td>50</td><td>48</td></tr>
<tr><td>1 000</td><td>1 350</td><td>1 280</td><td>1 229</td><td>1 209</td><td>1 206</td><td>112</td><td>225</td><td>22</td><td>52</td><td>18</td><td>39</td><td>M36</td><td>40</td><td>18</td></tr>
</table>

（续表）

<table>
<tr><th rowspan="2">公称直径
DN</th><th colspan="13">法　　兰</th><th colspan="2">螺　柱</th><th rowspan="2">对接圆筒最小厚度 δ_0</th></tr>
<tr><th>D</th><th>D_1</th><th>D_2</th><th>D_3</th><th>D_4</th><th>δ</th><th>H</th><th>h</th><th>a_1</th><th>δ_1</th><th>δ_2</th><th>R</th><th>d</th><th>规格</th><th>数量</th></tr>
<tr><td colspan="17">PN=4.0 MPa</td></tr>
<tr><td>1 100</td><td>1 450</td><td>1 380</td><td>1 329</td><td>1 309</td><td>1 306</td><td>112</td><td>235</td><td>96</td><td rowspan="5">23</td><td>24</td><td>56</td><td rowspan="5">18</td><td rowspan="5">39</td><td rowspan="5">M36</td><td>44</td><td>20</td></tr>
<tr><td>1 200</td><td>1 550</td><td>1 480</td><td>1 429</td><td>1 409</td><td>1 406</td><td>112</td><td>240</td><td rowspan="3">102</td><td rowspan="4">26</td><td rowspan="3">60</td><td>52</td><td rowspan="4">22</td></tr>
<tr><td>1 300</td><td>1 650</td><td>1 580</td><td>1 529</td><td>1 509</td><td>1 506</td><td>130</td><td>260</td><td>60</td></tr>
<tr><td>1 400</td><td>1 750</td><td>1 680</td><td>1 629</td><td>1 609</td><td>1 606</td><td>150</td><td>280</td><td>64</td></tr>
<tr><td>1 500</td><td>1 850</td><td>1 780</td><td>1 729</td><td>1 709</td><td>1 706</td><td>158</td><td>295</td><td>108</td><td>62</td><td>68</td></tr>
<tr><td colspan="17">PN=6.4 MPa</td></tr>
<tr><td>300</td><td>560</td><td>515</td><td>476</td><td>466</td><td>463</td><td>58</td><td>150</td><td rowspan="3">72</td><td rowspan="2">18</td><td rowspan="3">16</td><td rowspan="3">40</td><td>12</td><td>27</td><td>M24</td><td>24</td><td rowspan="3">12</td></tr>
<tr><td>400</td><td>695</td><td>640</td><td>598</td><td>588</td><td>585</td><td>64</td><td>160</td><td rowspan="2">15</td><td>30</td><td>M27</td><td>28</td></tr>
<tr><td>500</td><td>815</td><td>755</td><td>710</td><td>700</td><td>697</td><td>86</td><td>185</td><td rowspan="3">23</td><td>33</td><td>M30</td><td>32</td></tr>
<tr><td>600</td><td>950</td><td>880</td><td>829</td><td>819</td><td>816</td><td>86</td><td>205</td><td rowspan="2">90</td><td>20</td><td>50</td><td rowspan="2">18</td><td rowspan="2">39</td><td rowspan="2">M36</td><td>32</td><td>14</td></tr>
<tr><td>700</td><td>1 050</td><td>980</td><td>929</td><td>919</td><td>916</td><td>100</td><td>220</td><td>22</td><td>52</td><td>36</td><td>18</td></tr>
</table>

标表 16－3　侧法兰及衬环的质量　　kg

<table>
<tr><th rowspan="2">公称直径
DN　mm</th><th colspan="3">法　兰　质　量</th><th colspan="3">衬　环　质　量</th></tr>
<tr><th>平　面</th><th>凸　面</th><th>榫　面</th><th>平　环</th><th>凸　环</th><th>榫　环</th></tr>
<tr><td colspan="7">PN=0.6 MPa</td></tr>
<tr><td>1 200</td><td>238.2</td><td>256.5</td><td>245.6</td><td>16.7</td><td>31.2</td><td>20.3</td></tr>
<tr><td>1 300</td><td>274.2</td><td>293.9</td><td>282.1</td><td>18.1</td><td>33.7</td><td>21.9</td></tr>
<tr><td>1 400</td><td>309.9</td><td>331.0</td><td>318.4</td><td>19.4</td><td>36.1</td><td>23.5</td></tr>
<tr><td>1 500</td><td>371.3</td><td>393.8</td><td>380.3</td><td>20.7</td><td>38.5</td><td>25.0</td></tr>
<tr><td>1 600</td><td>410.9</td><td>434.9</td><td>420.5</td><td>22.0</td><td>41.0</td><td>26.6</td></tr>
<tr><td>1 700</td><td>478.8</td><td>504.2</td><td>489.0</td><td>23.3</td><td>43.4</td><td>28.2</td></tr>
<tr><td>1 800</td><td>526.5</td><td>553.3</td><td>537.2</td><td>24.6</td><td>45.8</td><td>29.7</td></tr>
<tr><td>1 900</td><td>601.3</td><td>629.4</td><td>612.5</td><td>25.9</td><td>48.3</td><td>31.3</td></tr>
<tr><td colspan="7">PN=1.0 MPa</td></tr>
<tr><td>300</td><td>40.9</td><td>46.3</td><td>43.0</td><td>4.7</td><td>8.9</td><td>5.6</td></tr>
<tr><td>400</td><td>54.0</td><td>60.8</td><td>56.5</td><td>5.9</td><td>11.2</td><td>7.0</td></tr>
</table>

（续表）

公称直径 DN mm	法兰质量			衬环质量		
	平面	凸面	榫面	平环	凸环	榫环
$PN=1.0$ MPa						
500	68.1	76.2	71.0	7.1	13.6	8.4
600	87.7	97.3	91.2	8.3	16.0	9.9
700	106.5	117.5	110.5	9.6	18.3	11.3
800	138.8	151.1	143.2	10.8	20.6	12.7
900	188.3	202.0	193.2	12.0	23.0	14.1
1 000	239.7	255.3	245.4	14.2	26.4	16.5
1 100	285.2	302.1	292.1	15.5	28.8	18.8
1 200	320.1	338.5	327.6	16.8	31.2	20.3
1 300	358.0	377.7	366.0	18.1	33.7	21.9
1 400	409.3	430.4	417.8	19.4	36.1	23.5
1 500	455.7	478.2	464.7	20.7	38.5	25.0
1 600	517.9	542.3	528.0	22.0	41.0	26.6
1 700	569.6	595.5	580.2	23.3	43.4	28.2
1 800	730.2	761.1	741.9	27.8	52.3	33.0
1 900	796.5	829.0	808.7	29.3	55.0	34.8
$PN=1.6$ MPa						
300	41.4	46.9	43.6	4.7	8.9	5.6
400	58.0	64.8	60.5	5.9	11.2	7.0
500	83.2	91.3	86.2	7.1	13.6	8.4
600	130.8	141.2	134.6	9.0	17.2	10.5
700	156.5	168.4	161.2	10.3	19.7	12.5
800	181.0	194.4	186.3	11.6	22.2	14.1
900	226.7	241.6	232.5	12.9	24.7	15.7
1 000	271.3	286.7	277.6	14.2	26.4	17.2
1 100	304.1	321.0	310.9	15.5	28.8	18.8
1 200	357.9	376.2	365.3	16.8	31.2	20.3

（续表）

公称直径 DN　mm	法 兰 质 量			衬 环 质 量		
	平 面	凸 面	榫 面	平 环	凸 环	榫 环
PN=1.6 MPa						
1 300	394.2	413.9	402.1	18.1	33.7	21.9
1 400	510.5	534.9	519.7	22.0	41.2	26.1
1 500	600.9	626.8	610.7	23.4	44.0	27.8
1 600	696.1	723.6	706.5	24.9	46.7	29.6
1 700	779.8	808.9	790.7	26.4	49.5	31.3
1 800	907.7	940.8	921.3	29.6	55.8	36.3
1 900	1 068.6	1 103.3	1 082.7	31.2	58.7	38.2
PN=2.5 MPa						
300	52.1	57.5	54.4	4.7	8.9	5.8
400	78.6	86.1	81.8	6.4	12.2	7.8
500	113.4	122.4	117.1	7.7	14.7	9.4
600	140.3	150.7	144.5	9.0	17.2	11.0
700	172.1	184.0	176.8	10.3	19.7	12.5
800	260.9	276.3	266.7	13.2	25.4	15.7
900	307.4	324.5	313.8	14.6	28.2	17.5
1 000	382.2	400.1	389.1	16.1	30.2	19.2
1 100	442.3	461.7	449.7	17.6	33.0	21.0

标 17　大直径双头螺柱　HG/T21573.2—1995

1　主题内容与适用范围

本标准规定了压力容器设备法兰和人孔法兰连接用大直径双头螺柱的结构尺寸和技术要求。

2　引用标准　(略)

3　大直径双头螺柱的型式和尺寸

3.1　BT 型双头螺柱

BT 型双头螺柱为拧入式螺柱结构，分Ⅰ、Ⅱ、Ⅲ型三种型式。结构型式、尺寸和质量分别按标图 17－1 和标表 17－1～17－2 所示。Ⅰ型与 AR、AH 型液压拉伸器相配用，Ⅱ型与 BR、BH 液压拉伸器相配用，Ⅲ型用于手工上紧，与 H 型螺母相配用。

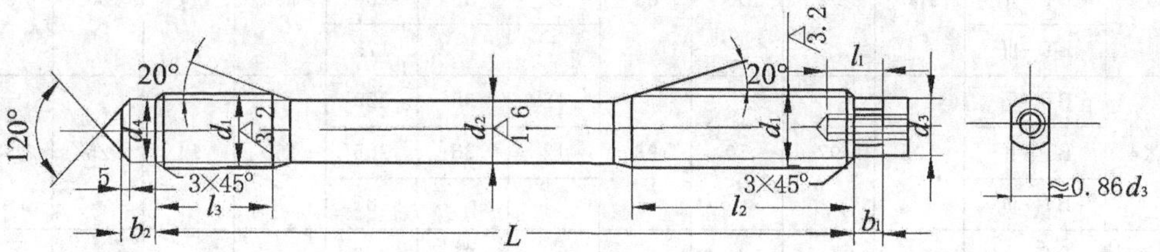

标图 17－1　BT 型双头螺柱(Ⅰ、Ⅱ、Ⅲ型)

标表 17－1　BT 型双头螺柱结构尺寸表

mm

螺柱规格	型　式	d_1	d_2	d_3	d_4	d_5	l_1	l_2	l_3	b_1	b_2	S mm²	L
M48×4	BT－Ⅰ	48	40	32	38	10	30	240	80	12	25	1 256	根据需要按第3.2节所列计算公式计算后确定
	BT－Ⅱ					10	30	150					
	BT－Ⅲ							100					
M52×4	BT－Ⅰ	52	44	36	42	10	30	240	85	12	25	1 520	
	BT－Ⅱ					10	30	155					
	BT－Ⅲ							110					
M56×4	BT－Ⅰ	56	48	40	45	10	30	240	90	12	25	1 809	
	BT－Ⅱ					10	30	160					
	BT－Ⅲ							115					
M64×4	BT－Ⅰ	64	56	42	52	10	30	240	105	12	25	2 463	
	BT－Ⅱ					10	30	170					
	BT－Ⅲ							125					
M72×4	BT－Ⅰ	72	64	50	60	12	35	295	115	14	25	3 216	
	BT－Ⅱ					12	35	205					
	BT－Ⅲ							140					

（续表）

螺柱规格	型　式	d_1	d_2	d_3	d_4	d_5	l_1	l_2	l_3	b_1	b_2	S mm^2	L
	BT - Ⅰ					12	35	295					根据需要按第3.2节所列计算公式计算后确定
M80×4	BT - Ⅱ	80	72	50	68	12	35	215	125	14	25	4 071	
	BT - Ⅲ							150					
	BT - Ⅰ					12	35	295					
M85×4	BT - Ⅱ	85	77	50	73	12	35	225	135	14	25	4 656	
	BT - Ⅲ							155					
	BT - Ⅰ					12	35	295					
M90×4	BT - Ⅱ	90	82	50	78	12	35	235	140	14	25	5 281	
	BT - Ⅲ							160					
	BT - Ⅰ					12	35	320					
M100×4	BT - Ⅱ	100	92	50	88	12	35	260	155	14	25	6 647	
	BT - Ⅲ							175					
	BT - Ⅰ					12	35	320					
M105×4	BT - Ⅱ	105	97	50	93	12	35	265	165	14	25	7 389	
	BT - Ⅲ							185					
	BT - Ⅰ					12	35	320					
M110×4	BT - Ⅱ	110	102	50	98	12	35	270	170	14	25	8 171	
	BT - Ⅲ							190					
	BT - Ⅰ					12	35	355					
M115×4	BT - Ⅱ	115	107	50	103	12	35	290	180	14	25	8 992	
	BT - Ⅲ							200					
	BT - Ⅰ					12	35	355					
M120×4	BT - Ⅱ	120	112	50	108	12	35	295	185	14	25	9 852	
	BT - Ⅲ							205					
	BT - Ⅰ					12	35	355					
M125×4	BT - Ⅱ	125	117	50	113	12	35	300	195	14	25	10 751	
	BT - Ⅲ							210					
	BT - Ⅰ					12	35	390					
M130×4	BT - Ⅱ	130	122	50	118	12	35	320	200	14	25	11 689	
	BT - Ⅲ							220					
	BT - Ⅰ					12	35	390					
M140×4	BT - Ⅱ	140	132	50	128	12	35	330	215	14	25	13 684	
	BT - Ⅲ							235					

注：$S=\frac{\pi}{4}d_2^2$

标表 17－2　BT 型双头螺柱质量表

mm

螺柱规格	型式＼长度	300	350	400	450	500	550	600	650	700	750	800	850	900	950	1 000	增减 10 mm 长度质量(kg)
		质　量　(kg)															
M48×4	BT－Ⅰ			4.910	5.403	5.897											0.098 6
	BT－Ⅱ		4.203	4.696	5.189												
	BT－Ⅲ	3.524	4.017	4.511													
M52×4	BT－Ⅰ			5.859	6.456	7.053											0.119 3
	BT－Ⅱ		5.044	5.641	6.238												
	BT－Ⅲ	4.260	4.857	5.453													
M56×4	BT－Ⅰ			6.878	7.589	8.299											0.142 0
	BT－Ⅱ		5.948	6.658	7.368												
	BT－Ⅲ	5.034	5.744	6.455													
M64×4	BT－Ⅰ				10.124	11.091	12.058	13.024									0.193 3
	BT－Ⅱ			8.942	9.908	10.875	11.842										
	BT－Ⅲ		7.739	8.706	9.673	10.640											
M72×4	BT－Ⅰ					14.568	15.831	17.094	18.356								0.252 5
	BT－Ⅱ				12.994	14.256	15.305	16.782									
	BT－Ⅲ			11.374	12.637	13.900	15.162										
M80×4	BT－Ⅰ						19.780	21.378	22.976	24.574							0.319 6
	BT－Ⅱ					17.883	19.481	21.079	22.677								
	BT－Ⅲ				15.885	17.483	19.081	20.679									
M85×4	BT－Ⅰ						22.420	24.247	26.074	27.901							0.365 4
	BT－Ⅱ					20.301	22.128	23.955	25.782								
	BT－Ⅲ				18.050	19.877	21.704	23.531									
M90×4	BT－Ⅰ							27.429	29.502	31.575	33.648						0.414 5
	BT－Ⅱ						25.073	27.146	29.219	31.292							
	BT－Ⅲ					22.548	24.620	26.693	28.766								

（续表）

螺柱规格	型式＼长度	质量（kg）															增减 10 mm 长度质量(kg)
		300	350	400	450	500	550	600	650	700	750	800	850	900	950	1 000	
M100×4	BT－Ⅰ								37.039	39.648	42.257	44.867	47.476				0.521 8
	BT－Ⅱ							34.082	36.264	39.300	41.909	44.519					
	BT－Ⅲ						30.903	33.512	36.121	38.730	41.340						
M105×4	BT－Ⅰ									43.948	46.848	49.749	52.649	55.550			0.580 1
	BT－Ⅱ								40.714	43.615	46.515	49.416	52.316				
	BT－Ⅲ							37.247	40.148	43.048	45.949	48.894					
M110×4	BT－Ⅰ										51.642	54.850	58.057	61.264	64.471		0.641 4
	BT－Ⅱ									48.120	51.372	54.535	57.742	60.949			
	BT－Ⅲ								44.318	47.525	50.733	53.940	57.147				
M115×4	BT－Ⅰ										56.927	60.457	63.986	67.516	71.045		0.705 8
	BT－Ⅱ									52.995	56.524	60.054	63.583	67.112			
	BT－Ⅲ								48.769	52.298	55.828	59.357	62.886				
M120×4	BT－Ⅰ										62.202	66.069	69.936	73.803	77.670	81.537	0.773 4
	BT－Ⅱ									57.952	61.819	65.686	69.553	73.420	77.286	81.153	
	BT－Ⅲ								53.357	57.224	61.090	64.957	68.824	72.691	76.558	80.425	
M125×4	BT－Ⅰ										67.751	71.791	76.191	80.411	84.631	88.851	0.844 0
	BT－Ⅱ									63.171	67.391	71.611	75.831	80.051	84.271	88.491	
	BT－Ⅲ								58.191	62.411	66.631	70.851	75.080	79.291	83.511	87.731	
M130×4	BT－Ⅰ												83.007	87.595	92.183	96.771	0.917 6
	BT－Ⅱ											77.918	82.507	87.095	91.683	96.271	
	BT－Ⅲ										73.830	78.418	81.590	86.178	90.766	95.355	
M140×4	BT－Ⅰ												96.839	102.210	107.581	112.953	1.074
	BT－Ⅱ											91.017	96.389	101.760	107.131	112.503	
	BT－Ⅲ										84.701	90.072	95.443	100.815	106.186	111.557	

3.2 BS 型双头螺柱

BS 型双头螺柱为普通型螺柱结构，分Ⅰ、Ⅱ、Ⅲ三种型式。结构型式、尺寸和质量分别按标图 17－2 和标表 17－3～17－4 所示。Ⅰ型与 AR、AH 型液压拉伸器相配用，Ⅱ型与 BR、BH 液压拉伸器相配用，Ⅲ型用于手工上紧，与 H 型螺母相配用。

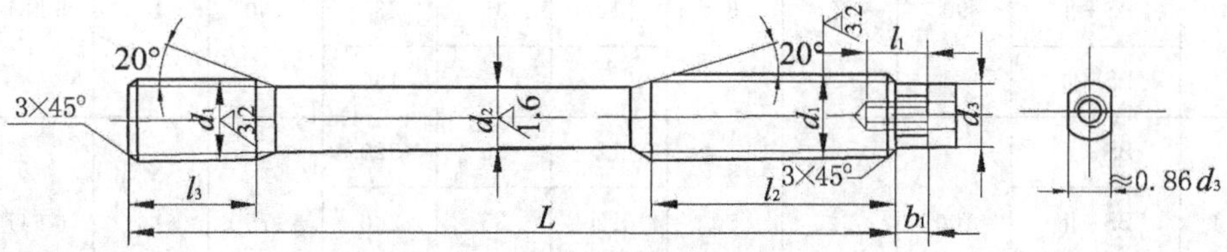

标图 17－2 BS 型双头螺柱（Ⅰ、Ⅱ、Ⅲ型）

标表 17－3 BS 型双头螺柱结构尺寸表 mm

螺柱规格	型 式	d_1	d_2	d_3	d_5	l_1	l_2	l_3	b_1	S mm²	L
M48×4	BS－Ⅰ	48	40	32	10	30	240	100	12	1 256	根据需要按第3.3节所列计算公式计算后确定
	BS－Ⅱ				10	30	150				
	BS－Ⅲ						100				
M52×4	BS－Ⅰ	52	44	36	10	30	240	110	12	1 520	
	BS－Ⅱ				10	30	155				
	BS－Ⅲ						110				
M56×4	BS－Ⅰ	56	48	45	10	30	240	115	12	1 809	
	BS－Ⅱ				10	30	160				
	BS－Ⅲ						115				
M64×4	BS－Ⅰ	64	56	50	12	35	240	125	12	2 463	
	BS－Ⅱ				12	35	170				
	BS－Ⅲ						125				
M72×4	BS－Ⅰ	72	64	50	12	35	295	140	14	3 217	
	BS－Ⅱ				12	35	205				
	BS－Ⅲ						140				
M80×4	BS－Ⅰ	80	72	50	12	35	295	150	14	4 071	
	BS－Ⅱ				12	35	215				
	BS－Ⅲ						150				
M85×4	BS－Ⅰ	85	77	50	12	35	295	155	14	4 656	
	BS－Ⅱ				12	35	225				
	BS－Ⅲ						155				

（续表）

螺柱规格	型　式	d_1	d_2	d_3	d_5	l_1	l_2	l_3	b_1	S mm^2	L
	BS－Ⅰ				12	35	295				根据需要按第3.3节所列计算公式计算后确定
M90×4	BS－Ⅱ	90	82	50	12	35	235	160	14	5 281	
	BS－Ⅲ						160				
	BS－Ⅰ				12	35	320				
M100×4	BS－Ⅱ	100	92	50	12	35	260	175	14	6 647	
	BS－Ⅲ						175				
	BS－Ⅰ				12	35	320				
M105×4	BS－Ⅱ	105	97	50	12	35	265	185	14	7 390	
	BS－Ⅲ						185				
	BS－Ⅰ				12	35	320				
M110×4	BS－Ⅱ	110	102	50	12	35	270	190	14	8 171	
	BS－Ⅲ						190				
	BS－Ⅰ				12	35	355				
M115×4	BS－Ⅱ	115	107	50	12	35	290	200	14	8 992	
	BS－Ⅲ						200				
	BS－Ⅰ				12	35	355				
M120×4	BS－Ⅱ	120	112	50	12	35	295	205	14	9 852	
	BS－Ⅲ						205				
	BS－Ⅰ				12	35	355				
M125×4	BS－Ⅱ	125	117	50	12	35	300	210	14	10 751	
	BS－Ⅲ						210				
	BS－Ⅰ				12	35	390				
M130×4	BS－Ⅱ	130	122	50	12	35	320	220	14	11 690	
	BS－Ⅲ						220				
	BS－Ⅰ				12	35	390				
M140×4	BS－Ⅱ	140	132	50	12	35	330	235	14	13 684	
	BS－Ⅲ						235				

注：$S=\frac{\pi}{4}d_2^2$

标表 17－4 BS型双头螺柱质量表

mm

螺柱规格	型式＼长度	质量 (kg) 300	350	400	450	500	550	600	650	700	750	800	850	900	950	1 000	增减10 mm长度质量(kg)
M48×4	BS－Ⅰ			5.020	5.513	6.006											0.098 6
	BS－Ⅱ		4.313	4.806	5.299												
	BS－Ⅲ	3.634	4.127	4.620													
M52×4	BS－Ⅰ				6.592	7.189	7.785										0.119 3
	BS－Ⅱ			5.777	6.373	6.970											
	BS－Ⅲ		4.992	5.589	6.186												
M56×4	BS－Ⅰ				7.782	8.492	9.202										0.142 0
	BS－Ⅱ			6.851	7.561	8.272											
	BS－Ⅲ		5.937	6.648	7.358												
M64×4	BS－Ⅰ						12.284	13.250	14.217	15.184	16.151	17.117					0.193 3
	BS－Ⅱ					11.101	12.068	13.035	14.001	14.968	15.896						
	BS－Ⅲ				9.899	10.866	11.832	12.766	13.766	14.733							
M72×4	BS－Ⅰ							17.326	18.589	19.851	21.114	22.377	23.639				0.252 5
	BS－Ⅱ						15.751	17.014	16.277	19.539	20.802	22.065					
	BS－Ⅲ					14.132	15.395	16.657	17.920	19.183	20.445						
M80×4	BS－Ⅰ								23.237	24.836	26.434	28.032	29.630	31.228			0.319 6
	BS－Ⅱ							21.290	22.938	24.536	26.134	27.732	29.330				
	BS－Ⅲ						19.342	20.940	22.538	24.136	25.735	27.333					
M85×4	BS－Ⅰ								26.325	28.152	29.979	31.806	33.633	35.460			0.365 4
	BS－Ⅱ							24.207	26.034	27.861	29.688	31.515	33.342				
	BS－Ⅲ						21.955	23.782	25.609	27.436	29.263	31.090					
M90×4	BS－Ⅰ									31.843	33.916	35.989	38.062	40.135	42.207		0.414 5
	BS－Ⅱ								29.487	31.560	33.633	35.706	37.779	39.857	41.924		
	BS－Ⅲ							26.962	29.035	31.107	33.180	35.235	37.326	39.399	41.471		

（续表）

螺柱规格	型式＼长度	300	350	400	450	500	550	600	650	700	750	800	850	900	950	1 000	增减 10 mm 长度质量(kg)
		质量（kg）															
M100×4	BS－Ⅰ										42.558	45.168	47.777	50.386	52.995		0.521 8
	BS－Ⅱ										42.210	44.819	47.429	50.038	52.647		
	BS－Ⅲ										41.641	44.250	46.859	49.468	52.077		
M105×4	BS－Ⅰ										47.166	50.066	52.967	55.867	58.768		0.580 1
	BS－Ⅱ										46.832	49.733	52.633	55.533	58.434		
	BS－Ⅲ										46.266	49.166	52.067	54.967	57.868		
M110×4	BS－Ⅰ										51.976	55.183	58.390	61.597	64.805		0.641 4
	BS－Ⅱ										51.661	54.868	58.075	61.282	64.490		
	BS－Ⅲ										51.066	54.273	57.480	60.688	63.895		
M115×4	BS－Ⅰ											60.806	64.336	67.865	71.394	74.924	0.705 8
	BS－Ⅱ											60.403	63.932	67.462	70.991	74.520	
	BS－Ⅲ											59.706	63.236	66.765	70.295	73.824	
M120×4	BS－Ⅰ											66.435	70.302	74.168	78.035	81.902	0.773 4
	BS－Ⅱ											66.051	69.918	73.785	77.652	81.519	
	BS－Ⅲ											65.323	69.190	73.057	76.924	80.791	
M125×4	BS－Ⅰ											72.313	76.533	80.753	84.973	89.193	0.844 0
	BS－Ⅱ											71.953	76.173	80.392	84.613	88.833	
	BS－Ⅲ											71.193	75.413	79.633	83.853	88.072	
M130×4	BS－Ⅰ												83.405	87.993	92.581	97.179	0.917 6
	BS－Ⅱ												82.905	87.493	92.081	96.669	
	BS－Ⅲ												81.988	86.576	91.164	95.753	
M140×4	BS－Ⅰ												97.269	102.641	108.012	113.383	1.074
	BS－Ⅱ												96.819	102.190	107.562	112.933	
	BS－Ⅲ												95.874	101.245	106.616	111.988	

3.3　当法兰连接采用非拧入式的普通连接结构并采用 BS 型双头螺柱时，其螺柱长度 L 可按下列公式进行计算。

(1) 对于 BS－Ⅰ型双头螺柱

$$L = b + b_1 + C + H_0 + H + (25 \sim 45)\ \mathrm{mm}$$

(2) 对于 BS－Ⅱ型双头螺柱

$$L = b + b_1 + C + 2H_0 + L_1 + (15 \sim 30)\ \mathrm{mm}$$

(3) 对于 BS－Ⅲ型双头螺柱

$$L = b + b_1 + C + 2H_0 + (30 \sim 60)\ \mathrm{mm}$$

最后将计算值圆整至尾数 0。对于直径小于或等于 M64 的双头螺柱，其长度值的尾数可以为 0 或 5。

4　标记示例和钢印标记

4.1　标记方法

HG/T21573.2—1995　双头螺柱 ×× － ×× － ××

双头螺柱标准号　螺柱规格　螺柱型式　螺柱长度

4.2　标记示例

例 1　直径 64 mm，螺距 4 mm，长度 520 mm，材料 35CrMoA，螺柱型式为 BT－Ⅰ型双头螺柱，其标记为：HG/T21573.2—1995　双头螺柱 M64×4－BT－Ⅰ×520　35CrMoA

例 2　直径 80 mm，螺距 4 mm，长度 780 mm，材料 25Cr2MoVA，螺柱型式为 BS－Ⅲ型双头螺柱，其标记为：HG/T21573.2—1995　双头螺柱 M80×4－BS－Ⅲ×780　25Cr2MoVA

4.3　钢印标记

螺柱的制造单位应在双头螺柱的顶面以钢印标记材料牌号。

标 18　大直径螺母　HG/T21573.3—1995

1　主题内容与适用范围

本标准规定了压力容器设备法兰和人孔法兰连接用大直径螺母的结构尺寸和技术要求。

2　引用标准(略)

3　大直径螺母的型式、尺寸和质量

3.1　R 型螺母

R 型螺母为圆形螺母,设计应与 AR、BR 型液压拉伸器相配用。结构型式如标图 18-1 所示,尺寸和质量见标表 18-1。

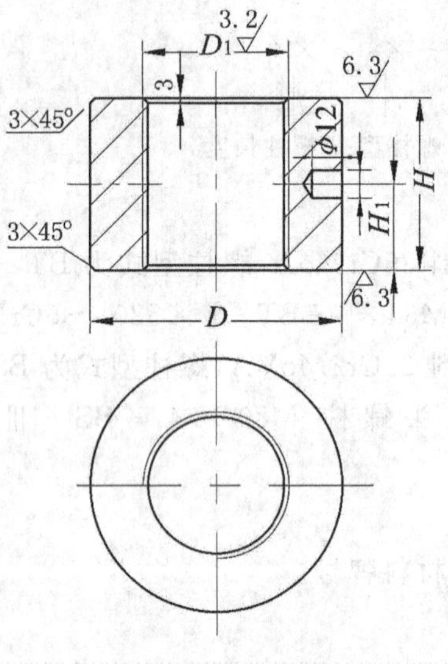

标图 18-1　R 型螺母

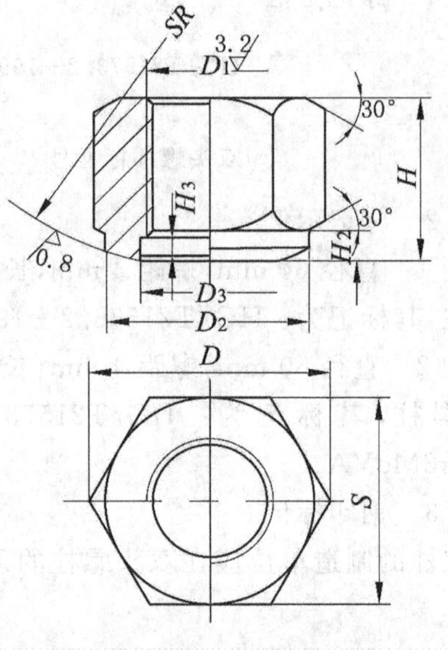

标图 18-2　H 型螺母

3.2　H 型螺母

H 型螺母为六角形螺母,设计中仅考虑手工上紧时采用。结构型式如标图 18-2 所示,尺寸和质量见标表 18-1。

3.3　HI 型螺母

HI 型螺母为带拨孔六角形螺母,此种型式螺母既可用于手工上紧,又可用于液压上紧,采用液压上紧时与 AH、BH 型液压拉伸器相配用。结构型式如标图 18-3 所示,尺寸和质量见标表 18-1。

3.4　HR 型螺母

HR 型螺母为六角圆形组合式螺母,此种型式螺母既可用于手工上紧,又可用于液压上紧,采用液压上紧时与 AH、BH 型液压拉伸器相配用。结构型式如标图 18-4 所示,尺寸和质量见标表 18-1。

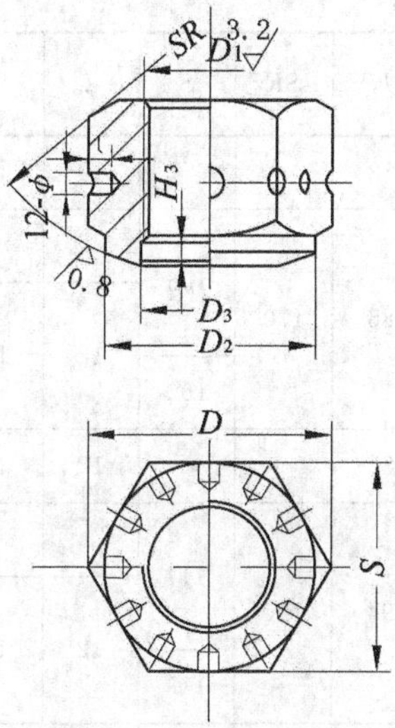

标图 18－3　HI 型螺母

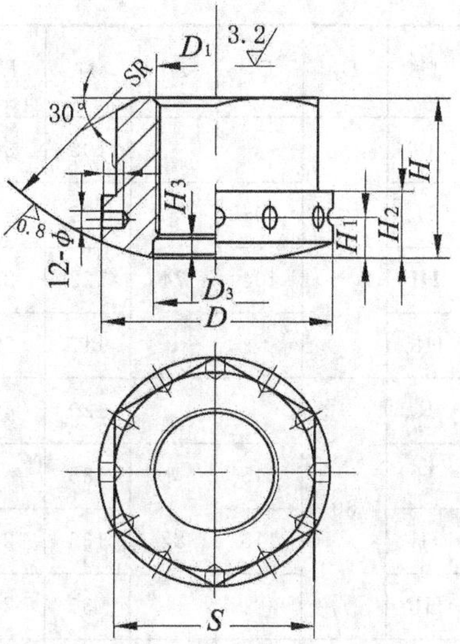

标图 18－4　HR 型螺母

标表 18－1　大直径螺母尺寸质量表　　mm

螺母规格	型式	D_1	D_2	D_3	D	H_1	H_2	H_3	H	SR	S	ϕ	l	质量(kg)
	R				72	24			48			10	8	0.850
	H		70		83		10							1.266
M48×4	HI	48	70	50	83	18	10	10	60	115	72	10	8	1.192
	HR				78	18	25				68			1.154
	R				78	26			52			10	8	1.094
	H		75		89		10							1.526
M52×4	HI	52	75	54	89	18	10	10	64	125	77	10	8	1.452
	HR				84	18	25				73			1.414
	R				84	28			56			10	8	1.378
	H		81		95		12							1.842
M56×4	HI	56	81	58	95	20	12	10	68	130	83	10	8	1.768
	HR				91	20	27				79			1.791
	R				96	32			64			10	8	2.075
	H		92		108		12							2.628
M64×4	HI	64	92	66	108	20	12	10	76	150	94	10	8	2.554
	HR				103	20	28				90			2.545

（续表）

螺母规格	型式	D_1	D_2	D_3	D	H_1	H_2	H_3	H	SR	S	ϕ	l	质量（kg）
M72×4	R	72			108	36			72			12	10	2.933
	H		104	74	122		14	10	86	170	106			3.785
	HI		104		122	22	14					12	10	3.697
	HR				117	22	32				102			3.749
M80×4	R	80			120	40			80			12	10	4.041
	H		115	82	135		14	10	94	190	117			5.020
	HI		115		135	24	14					12	10	4.913
	HR				130	24	34				113			5.046
M85×4	R	85			127	43			85			12	10	4.788
	H		122	87	143		14	10	100	200	124			5.908
	HI		122		143	26	14					12	10	5.802
	HR				138	26	36				120			6.061
M90×4	R	90			135	45			90			12	10	5.767
	H		130	92	152		14	10	105	210	132			7.152
	HI		130		152	28	14					12	10	7.046
	HR				146	28	38				127			7.116
M100×4	R	100			150	50			100			12	10	7.916
	H		145	102	169		16	12	116	235	147			9.769
	HI		145		169	34	16					12	10	9.663
	HR				163	34	42				142			9.879
M105×4	R	105			157	52			105			12	10	9.062
	H		152	107	177		16	12	122	250	154			11.245
	HI		152		177	36	16					12	10	11.138
	HR				172	36	44				149			11.580
M110×4	R	110			165	55			110			12	10	10.534
	H		159	112	185		16	12	127	260	161			12.755
	HI		159		185	38	16					12	10	12.648
	HR				180	38	46				156			13.195

（续表）

螺母规格	型式	D_1	D_2	D_3	D	H_1	H_2	H_3	H	SR	S	ϕ	l	质量 (kg)
M115×4	R	115			172	57			115			12	10	11.911
	H		166	117	193		18	12	133	270	168			14.451
	HI		166		193	40	18					12	10	14.345
	HR				188	40	48				163			15.054
M120×4	R	120			180	60			120			12	10	13.667
	H		173	122	202		18	12	138	280	175			16.353
	HI		173		202	42	18					12	10	16.246
	HR				196	42	50				170			16.966
M125×4	R	125			187	62			125			12	10	15.297
	H		180	127	210		18	12	144	300	182			18.417
	HI		180		210	44	18					12	10	18.311
	HR				204	44	52				177			19.162
M130×4	R	130			195	65			130			12	10	17.361
	H		188	132	219		18	12	150	310	190			20.996
	HI		188		219	46	18					12	10	20.890
	HR				212	46	54				184			21.529
M140×4	R	140			210	70			140			12	10	21.663
	H		202	142	235		18	12	160	330	204			25.691
	HI		202		235	48	18					12	10	25.585
	HR				228	48	56				198			26.298

4　标记示例和钢印标记

4.1　标记方法

HG/T21573.3—1995　　螺母 ××—××

- HG/T21573.3—1995：螺母标准号
- 第一个 ××：螺母规格
- 第二个 ××：螺母型式

4.2　标记示例

例 1：直径 64 mm，螺距 4 mm，材料 40Mn，型式为 R 型的螺母，其标记为：

HG/T21573.3—1995　螺母 M64×4－R　40Mn

例 2：直径 80 mm，螺距 4 mm，材料 30CrMoA，型式为 HR 型的螺母，其标记为：

HG/T21573.3—1995　螺母 M80×4－HR　30CrMoA

4.3　钢印标记

螺母的制造单位应在螺母的侧面以钢印标记材料牌号。

标 19　组合式视镜　HG21505—1992

1　适用范围

本标准适用于化学、石油、医药、轻工、机械等部门，直接用螺栓安装在接管或法兰接口上的组合式视镜。

2　系列

标表 19-1　系　　列

公称直径 DN(mm)	公　称　压　力 PN(MPa)			
50	0.6	1.0	1.6	2.5
80	0.6	1.0	1.6	2.5
100	0.6	1.0	1.6	2.5
125	0.6	1.0	1.6	2.5
150	0.6	1.0	1.6	2.5

3　参数

3.1　公称压力：0.6、1.0、1.6、2.5 MPa 四种。

3.2　设计温度：＞－20℃～200℃。

3.3　密封面型式与配用的管法兰标准。

3.3.1　组合式视镜与管法兰连接的密封面型式有 A 型(突面)和 B 型(凹凸面)两种。采用 B 型时视镜座为凸面、管法兰为凹面。

3.3.2　组合式视镜的配用管法兰标准见附录 A。

3.3.3　组合式视镜的配用管法兰接管高度 H 尺寸见附录 B。

4　型式

4.1　组合式视镜的型式：密封面有 A 型和 B 型见标图 19-1。

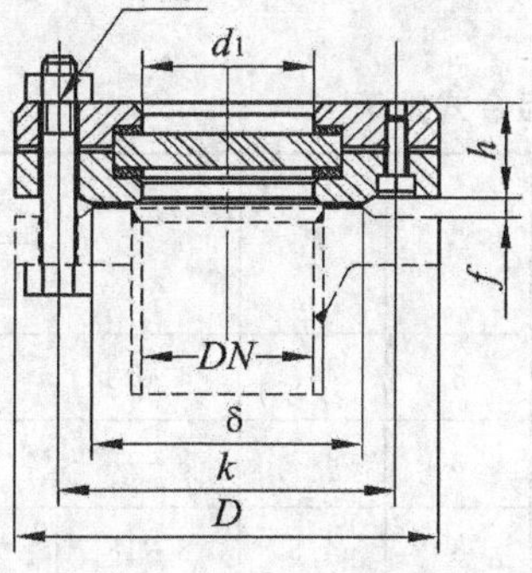

A 型

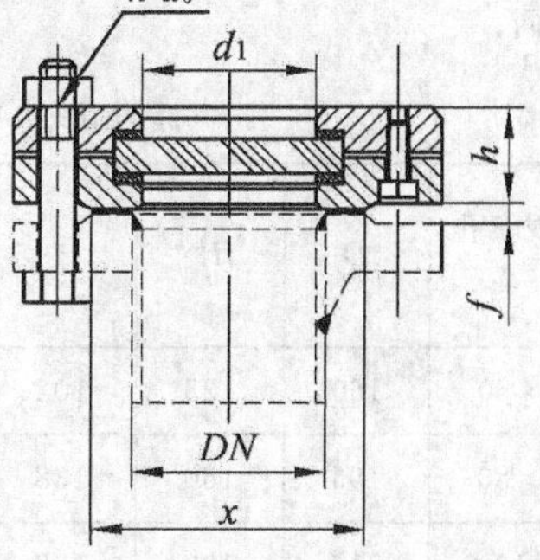

B 型

标图 19-1

4.2　材料应符合标表 19－2 规定。

标表 19－2　明细表

件号	名称	材料 I	材料 II
1	视镜座	Q235A	0Cr19Ni9
2	压紧环	Q235A	
3	垫片	石棉橡胶板(GB3985—1983)	
4	视镜玻璃	钢化硼硅玻璃(HGJ501—1986—0)①	
5	螺钉	8.8 级	
6	限位垫片	聚四氯乙烯包覆限位垫片	

注：① *PN* 0.6 MPa 视镜玻璃，允许使用硼硅玻璃，硼硅玻璃应符合 SJ－6《视镜玻璃的制造、验收技术条件》。
② 当件号 1 视镜座采用本标准规定的以外材料时，应在订货时注明。

5　尺寸按标表 19－3～6。

标表 19－3　*PN* 0.6 MPa 组合式视镜　mm

管法兰公称直径 *DN*	观察孔 d_1	D	K	d	X	h	f_1	f_2	$n-d_5$	质量(kg) A	质量(kg) B
50	50	140	110	90	80	38	3	4	4－14	3.56	3.30
80	80	185	150	128	116	46	3	4	4－18	7.14	7.21
100	100	205	170	146	135	46	3	4.5	4－18	8.35	8.04
125	125	235	200	178	164	54	3	4.5	8－18	12.23	11.86
150	150	260	225	202	188	54	3	4.5	8－18	14.45	14.05

注：密封面型式代号：
A——突面；
B——凸面(凹凸面)。
以下标表均同。

标表 19－4　*PN* 1.0 MPa 组合式视镜　mm

管法兰公称直径 *DN*	观察孔 d_1	D	K	d	X	h	f_1	f_2	$n-d_5$	质量(kg) A	质量(kg) B
50	50	160	125	102	87	42	3	4	4－18	5.48	5.32
80	80	195	160	138	120	46	3	4	8－18	8.25	8.01
100	100	215	180	158	149	46	3	4.5	8－18	9.29	9.00
125	125	245	210	188	175	54	3	4.5	8－18	13.73	13.35
150	150	280	240	212	203	54	3	4.5	8－22	17.31	17.06

标表 19－5 *PN* 1.6 MPa 组合式视镜

mm

管法兰公称直径 *DN*	观察孔 d_1	D	K	d	X	h	f_1	f_2	$n-d_5$	质量(kg) A	质量(kg) B
50	50	160	125	102	87	44	3	4	4－18	5.74	5.58
80	80	195	160	138	120	52	3	4.5	8－18	9.42	9.10
100	100	215	180	158	149	52	3	4.5	8－18	10.59	10.28

标表 19－6 *PN* 2.5 MPa 组合式视镜

mm

管法兰公称直径 *DN*	观察孔 d_1	D	K	d	X	h	f_1	f_2	$n-d_5$	质量(kg) A	质量(kg) B
50	50	160	125	102	87	44	3	4	4－18	5.74	5.58
80	80	195	160	138	120	52	3	4.5	8－18	9.42	9.10
100	100	230	190	162	149	59	3	4.5	8－22	14.30	13.93

6 标记示例

公称压力 *PN* 1.0 MPa，公称直径 *DN* 100，视镜座材料为碳素钢，密封面型式为突面，其标记示例：

组合式视镜 Ⅰ*PN* 1.0，*DN* 100A HG21505—1992

公称压力 *PN* 1.0 MPa，公称直径 *DN* 100，视镜座材料为不锈钢，密封面型式为凹凸面，其标记示例：

组合式视镜 Ⅱ*PN* 1.0，*DN* 100B HG21505—1992

附录 A(参考件)

组合式视镜在公称压力、公称直径和密封面型式相对应的条件下，符合下表所列的标准都能配合使用。

标表 A 配用管法兰标准

管法兰型式	板式平焊		带颈平焊		带颈对焊	
密封面型式及代号	突 面	凹凸面	突 面	凹凸面	突 面	凹凸面
	A	B	A	B	A	B
适用压力范围	0.6 MPa～1.0 MPa	1.0 MPa～1.6 MPa	1.0 MPa～2.5 MPa		1.6 MPa～2.5 MPa	
配用管法兰标准	GB9119.6—1988	HG5012—1958	GB9114.2—1988	GB9116.11—1988	GB9115.9—1988	GB9115.17—1988
	GB9119.7—1988	—	GB9114.3—1988	GB9116.12—1988	GB9115.10—1988	GB9115.18—1988
	JB81—1959	—	GB9116.4—1988	HGJ47—1991	JB82—1959	JB82—1959
	HGJ45—1991	—	GB9116.5—1988	—	HGJ50—1991	HGJ51—1991
	HG5010—1958	—	GB9116.6—1988	—	HG5014—1958	HG5016—1958
	HG5019—1958	—	HGJ46—1991	—	—	—

续表 A

管法兰型式	平焊环松套板式		翻边松套板式
密封面型式及代号	突　面	凹凸面	突　面
	A	B	A
适用压力范围	1.0 MPa～2.5 MPa		0.6 MPa～1.0 MPa
配用管法兰标准	GB9120.1—1988	GB9120.3—1988	GB9122.1—1988
	GB9121.1—1988	GB9121.5—1988	GB9122.2—1988
	GB9121.2—1988	GB9121.6—1988	JB85—1959
	GB9121.3—1988	HGJ58—1991	HGJ60—1991
	GB9121.4—1988	—	—
	JB83—1959	—	—
	HGJ57—1991	—	—
	HG5022—1958	—	—

附录 B(参考件)

安装组合式视镜的接管高度 H,见标表 B。

标表 B　安装组合视镜的接管高度 H　　mm

公称直径 DN		50	80	100	125	150
H	常　用	70	70	80	80	80
	允许不大于	100	120	120	150	150

标 20　透光式玻璃板液面计(*PN* 2.5)
HG21589.1—1995

1　适用范围

1.1　本标准适用于公称压力为 2.5 MPa，使用温度为 0℃～250℃的玻璃板液面计。

1.2　本标准中的腐蚀裕量按标表 20－1 中的规定。

标表 20－1　腐 蚀 裕 量

材料代号	腐蚀裕量(mm)
碳钢Ⅰ	1.0
不锈钢Ⅱ	0

2　结构型式、基本参数及尺寸

2.1　本标准的结构型式为液面计“底部配阀门”及“底部配螺塞”两种型式，该两种型式又分为“普通型”及“保温型”两种。基本参数及尺寸见标表 20－2 及标图 20－1。

2.2　玻璃板按 QB776—1980《液面计用玻璃板和玻璃管》标准，规格号为 T280。

标表 20－2　透光式玻璃板液面计(*PN* 2.5)基本参数及尺寸

液面计节数	公称长度 L(mm)	透光尺寸 $L_1\times14$(mm)	透光总长度 L_2(mm)	加热蒸汽管接口间距 L_3(mm)	质量* (kg) 底部配阀门 普通型	底部配阀门 保温型	底部配螺塞 普通型	底部配螺塞 保温型
1	550	260×14	260	318	23.26	25.27	21.26	23.27
2	850	260×14	560	618	35.61	39.02	33.61	37.02
3	1 150	260×14	860	918	47.96	52.77	45.96	50.77
4	1 450	260×14	1 160	1 218	60.3	66.5	58.3	64.5
5	1 750	260×14	1 460	1 518	72.7	80.24	70.7	78.24

* 碳钢(Ⅰ类)、不锈钢(Ⅱ类)液面计质量相同。

3　选用规定

3.1　对外连接法兰尺寸及型式。

3.1.1　法兰的公称直径为 *DN* 20 或 3/4″。

3.1.2　法兰型式为 A 型、B 型、C 型三种，其连接尺寸如下：

A 型：突面法兰(RF)，按 HGJ50—1991，*PN* 4.0；

B 型：凸型法兰(M)，按 HGJ51—1991，*PN* 4.0；

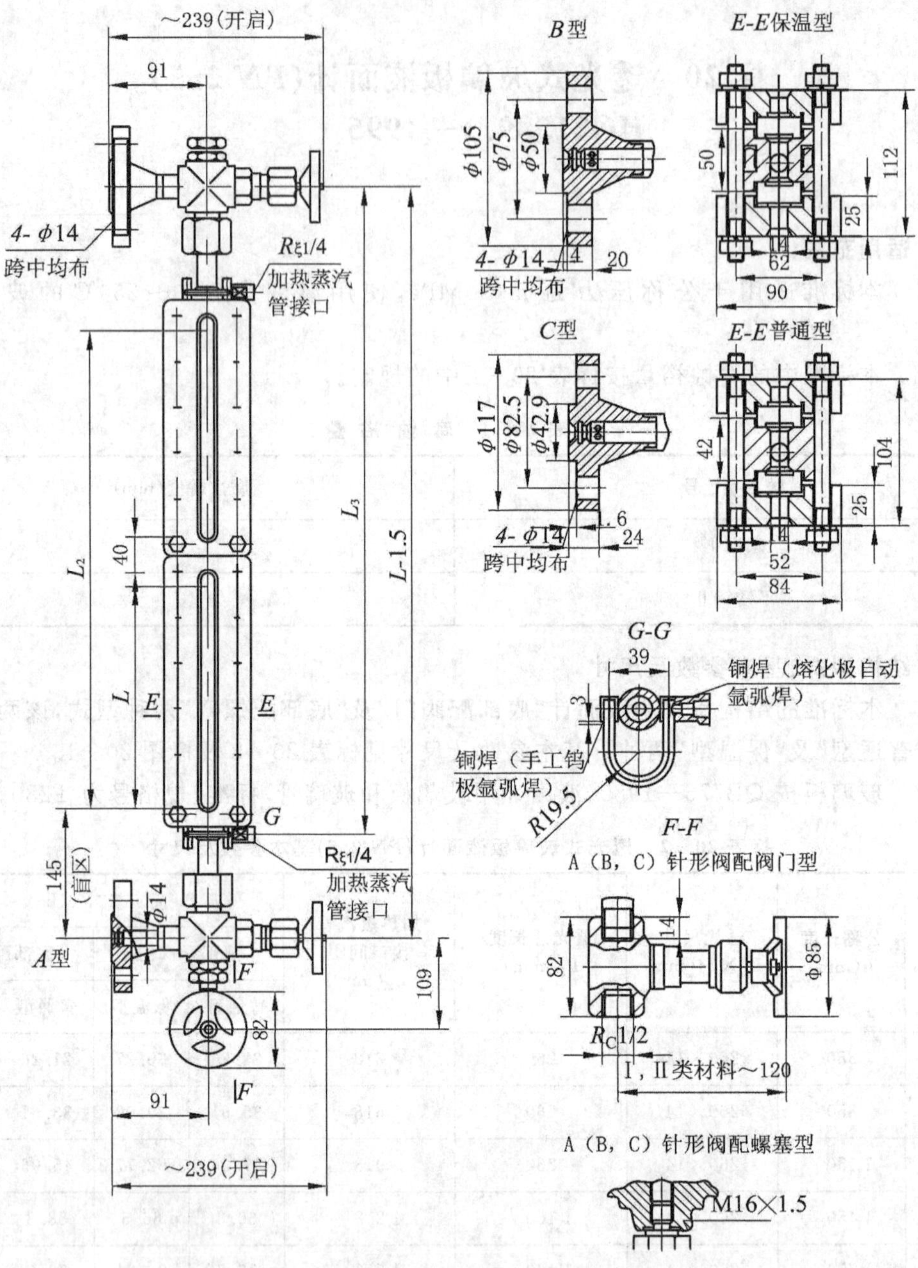

标图 20－1　透光式玻璃板液面计(*PN* 2.5)结构简图

C型：突面法兰(RF)，按 ANSI B16.5，W.N. 300＃。

3.2　标记

3.2.1　标记规定及其示例应符合 HG21588—1995 中有关规定。

3.2.2　本标准的各种规格液面计按标表 20－3 选用，并表示在设备装配图的明细栏中。

标表 20-3　透光式玻璃板液面计(*PN* 2.5)规格

标 记 规 定	标准图(即施工图)图号
液面计　A(B、C)　T2.5-Ⅰ-500V(P)	HG21589.1—1995—1
液面计　A(B、C)　T2.5-Ⅰ-850V(P)	HG21589.1—1995—2
液面计　A(B、C)　T2.5-Ⅰ-1 150V(P)	HG21589.1—1995—3
液面计　A(B、C)　T2.5-Ⅰ-1 450V(P)	HG21589.1—1995—4
液面计　A(B、C)　T2.5-Ⅰ-1 750V(P)	HG21589.1—1995—5
液面计　A(B、C)　T2.5-Ⅱ-550V(P)	HG21589.1—1995—6
液面计　A(B、C)　T2.5-Ⅱ-850V(P)	HG21589.1—1995—7
液面计　A(B、C)　T2.5-Ⅱ-1 150V(P)	HG21589.1—1995—8
液面计　A(B、C)　T2.5-Ⅱ-1 450V(P)	HG21589.1—1995—9
液面计　A(B、C)　T2.5-Ⅱ-1 750V(P)	HG21589.1—1995—10
液面计　A(B、C)　T2.5-ⅠW-550V(P)	HG21589.1—1995—11
液面计　A(B、C)　T2.5-ⅠW-850V(P)	HG21589.1—1995—12
液面计　A(B、C)　T2.5-ⅠW-1 150V(P)	HG21589.1—1995—13
液面计　A(B、C)　T2.5-ⅠW-1 450V(P)	HG21589.1—1995—14
液面计　A(B、C)　T2.5-ⅠW-1 750V(P)	HG21589.1—1995—15
液面计　A(B、C)　T2.5-ⅡW-550V(P)	HG21589.1—1995—16
液面计　A(B、C)　T2.5-ⅡW-850V(P)	HG21589.1—1995—17
液面计　A(B、C)　T2.5-ⅡW-1 150V(P)	HG21589.1—1995—18
液面计　A(B、C)　T2.5-ⅡW-1 450V(P)	HG21589.1—1995—19
液面计　A(B、C)　T2.5-ⅡW-1 750V(P)	HG21589.1—1995—20

标 21　密封垫片(圈)代号

1　本附录规定了为 HG21515—1995～HG21535—1995 人、手孔标准中各种密封垫片(圈)标记用垫片(圈)代号。

2　垫片(圈)代号由垫片(圈)名称代号·垫片(圈)型式代号-垫片(圈)材质代号组成，并规定在标表 21-1 中。

标表 21-1

所属人、手孔标准号	垫片(圈)						垫片(圈)代号
	名称(标准号)	名称代号	型式	型式代号	材质	材质代号	
表 1 序号 12～13、20～21 的标准号	石棉橡胶板垫片(不属 HGJ69 的非标垫片)	A	普通型	G	石棉橡胶板	—	A·G
	耐油石棉橡胶板垫片(不属 HGJ69 的非标垫片)		耐油型	O	耐油石棉橡胶板	—	A·O
表 1 序号 1、11、14、19 的标准号	橡胶板垫片(圈)(非标垫片)	R	普通型	G	普通橡胶	GB5574 标准中的橡胶板代号	R·G-(橡胶板代号)
			耐酸、碱型	A	耐酸耐碱橡胶		R·A-(橡胶板代号)
			耐油型	O	耐油橡胶		R·O-(橡胶板代号)
			耐热型	H	耐热橡胶		R·H-(橡胶板代号)
表 1 序号 2～10、15～18 的标准号	石棉橡胶垫片(HGJ69—1991)	A	普通型	G	石棉橡胶板	—	A、G
			耐油型	O	耐油石棉橡胶板	—	A、O
	柔性石墨复合垫片(HGJ70—1991)	F	突面法兰用 RF 型	RF	冲齿低碳钢芯板复合膨胀石墨粒子	St	F·RF-St
			凹凸面法兰用 MFM 型	MFM			F·MFM-St
			榫槽面法兰用 TG 型	TG			F·TG-St
	聚四氟乙烯包覆垫片(HGJ71—1991)	T	机加工翅型	PMF	石棉橡胶板嵌入层+聚四氟乙烯包覆层	—	T·PMF
			机加工矩型	PMS		—	T·PMS
			折包型	PFT		—	T·PFT

(续表)

所属人、手孔标准号	垫片(圈)						垫片(圈)代号
	名称(标准号)	名称代号	型　式	型式代号	材　质	材质代号	
表1序号4、7、9、17～18的标准号	缠绕式垫片(HGJ72—1991)	W	基本型	A	HGJ72—1991标准表5中材料	HGJ72标准表5中的材料代号	W·A(HGJ72中材料代号)
			带内环型	B			W·B(HGJ72中材料代号)
			带外环型	C			W·C(HGJ72中材料代号)
			带内外环型	D			W·D(HGJ72中材料代号)
	金属环垫(HGJ74—1991)	M	八角型	H	10	10	M·H-10
					08	18	M·H-08
					0Cr13	410	M·H-410
			椭圆型	B	10	10	M·B-10
					08	08	M·B-08
					0G13	410	M·B-410

标 22　垂直吊盖板式平焊法兰人孔　HG21519—1995

1　适用范围

本标准适用于公称压力 PN 小于和等于 0.6 MPa，工作温度根据材料类别限定在“工作温度下的最高无冲击工作压力表”中的规定范围的垂直吊盖板式平焊法兰人孔。

2　型式、基本参数和尺寸

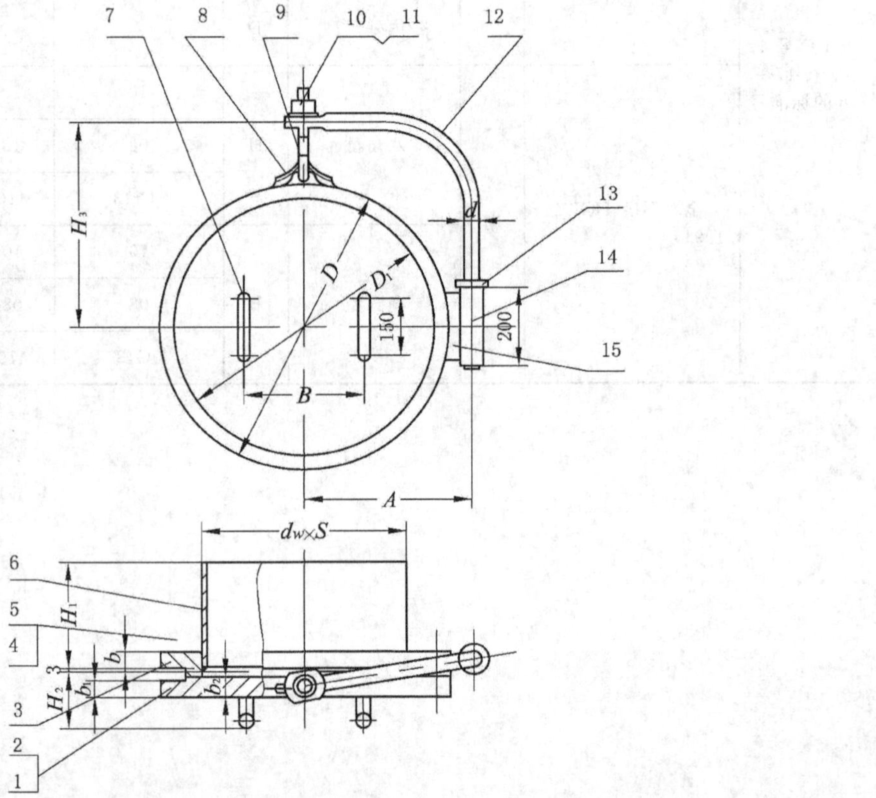

标图 22-1

标表 22-1　尺 寸 表

mm

公称压力 PN (MPa)	公称直径 DN	$d_w \times S$	D	D_1	A	B	H_1	H_2	H_3	b	b_1	b_2	d	螺栓螺母	螺栓	螺栓	螺母	螺栓	总质量 (kg)
														数量	直径×长度	数量		直径×长度	
0.6	(400)	426×6	540	495	320	250	210	108	440	28	24	28	36	16	M20×90	16	32	M20×115	92.0
	450	480×6	595	550	350	250	220	110	468	30	26	30	36	16	M20×95	16	32	M20×120	114
	500	530×6	645	600	375	300	230	112	493	32	28	32	36	20	M20×95	20	40	M20×125	136
	600	630×6	755	705	430	400	240	116	548	36	31	36	36	20	M24×110	20	40	M24×140	198

注：① 人孔高度 H_1 系根据容器的直径不小于人孔公称直径的两倍而定；如有特殊要求，允许改变，但需注明改变后的 H_1 尺寸，并修正人孔总质量。

② 表中带括号的公称直径尽量不采用。

标表 22－2　明 细 表

<table>
<tr><th rowspan="3">件号</th><th rowspan="3">标准号</th><th rowspan="3">名 称</th><th rowspan="3">数 量</th><th colspan="5">材　料</th></tr>
<tr><th colspan="5">类 别 代 号</th></tr>
<tr><th>Ⅰ</th><th>Ⅱ</th><th>Ⅲ</th><th>Ⅳ</th><th>Ⅴ</th></tr>
<tr><td>1</td><td>HGJ61—1991</td><td>法兰盖</td><td>1</td><td colspan="3">Q235－A</td><td colspan="2">20R</td></tr>
<tr><td rowspan="3">2</td><td rowspan="3">HGJ69
HGJ70—1991
HGJ71</td><td rowspan="3">垫 片</td><td rowspan="3">1</td><td colspan="5">石棉橡胶板垫</td></tr>
<tr><td>—</td><td>—</td><td>柔性石墨复合垫</td><td>—</td><td>柔性石墨复合垫</td></tr>
<tr><td colspan="5">聚四氟乙烯包覆垫</td></tr>
<tr><td>3</td><td>HGJ45—1991</td><td>法 兰</td><td>1</td><td colspan="3">Q235－A</td><td colspan="2">20R</td></tr>
<tr><td rowspan="2">4</td><td rowspan="2">HGJ75—1991</td><td>螺 栓</td><td rowspan="2">见尺寸表</td><td colspan="2">4.6 级</td><td>—</td><td>4.6 级</td><td>—</td></tr>
<tr><td>螺 柱</td><td>—</td><td>—</td><td>35</td><td>—</td><td>35</td></tr>
<tr><td>5</td><td>HGJ75—1991</td><td>螺 母</td><td>见尺寸表</td><td colspan="2">4 级</td><td>25</td><td>4 级</td><td>25</td></tr>
<tr><td>6</td><td></td><td>筒 节</td><td>1</td><td>Q235－A・F</td><td colspan="2">Q235－A</td><td colspan="2">20R</td></tr>
<tr><td>7</td><td></td><td>把 手</td><td>2</td><td colspan="5">Q235－A・F</td></tr>
<tr><td>8</td><td></td><td>吊 环</td><td>1</td><td colspan="5">Q235－A・F</td></tr>
<tr><td>9</td><td></td><td>吊 钩</td><td>1</td><td colspan="5">Q235－A・F</td></tr>
<tr><td>10</td><td>GB41—1986</td><td>螺母 M20</td><td>2</td><td colspan="5">4 级</td></tr>
<tr><td>11</td><td>GB95—1985</td><td>垫圈 20</td><td>1</td><td colspan="5">100HV</td></tr>
<tr><td>12</td><td></td><td>转 臂</td><td>1</td><td colspan="5">Q235－A・F</td></tr>
<tr><td>13</td><td></td><td>环</td><td>1</td><td colspan="5">Q235－A・F</td></tr>
<tr><td>14</td><td></td><td>无缝钢管</td><td>1</td><td colspan="5">20</td></tr>
<tr><td>15</td><td></td><td>支承板</td><td>1</td><td colspan="5">Q235－A・F</td></tr>
</table>

3　技术要求

人孔的技术要求应符合 HG21514 中“技术条件”的规定。

4　标记示例

公称压力 PN 0.6，公称直径 DN 450，$H_1=220$ 采用Ⅱ类材料，其中垫片采用：石棉橡胶板垫的垂直吊盖板式平焊法兰人孔，其规定标记符号为：

人孔Ⅱ(A・G)450－0.6　HG21519—1995

$H_1=250$(非标准尺寸)的上例人孔，其规定标记符号为：

人孔Ⅱ(A・G)450－0.6　$H_1=250$　HG21519—1995

标 23　垂直吊盖带颈平焊法兰人孔　HG21520—1995

1　适用范围

本标准适用于公称压力 PN 1.0～1.6 MPa，工作温度根据材料类别限定在“工作温度下的最高无冲击工作压力”中的规定范围的垂直吊盖带颈平焊法兰人孔。

2　型式、基本参数和尺寸

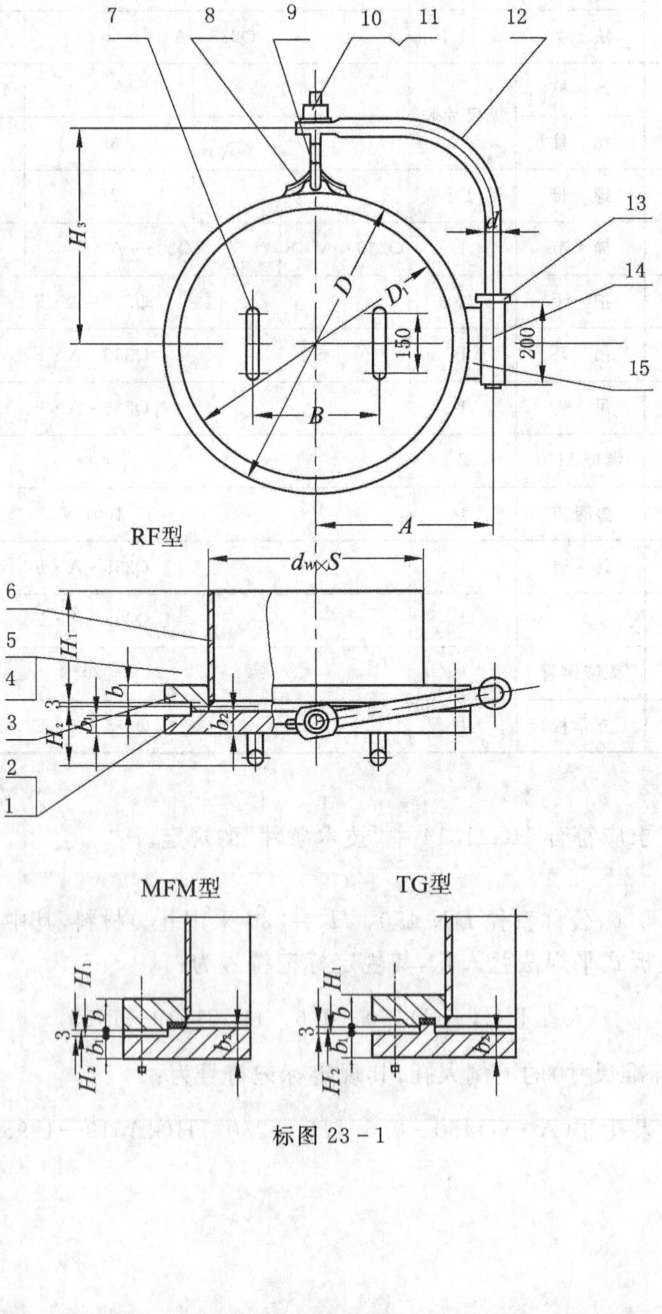

标图 23－1

标表 23－1　尺　寸　表

mm

密封面型式	公称压力 PN (MPa)	公称直径 DN	$d_w \times S$	D	D_1	A	B	H_1	H_2	H_3	b_1	b	b_2	d	螺柱	螺母	螺　柱 直径×长度	总质量 (kg)
															数　量			
突面 (RF型)	1.0	(400)	426×8	565	515	335	250	220	108	453	24	26	28	36	16	32	M24×120	110
		450	480×8	615	565	360	250	230	110	478	26	28	30	36	20	40	M24×125	132
		500	530×8	670	620	385	300	250	112	505	28	28	32	36	20	40	M24×125	161
		600	630×8	780	725	440	400	270	116	560	31	28	36	36	20	40	M27×130	223
	1.6	(400)	426×10	580	525	340	300	230	112	460	28	36	32	36	16	32	M27×150	141
		450	480×10	640	585	370	300	240	116	490	32	38	36	36	20	40	M27×150	177
		500	530×10	715	650	410	300	260	120	528	36	42	40	36	20	40	M30×2×160	241
		600	630×10	840	770	475	400	280	124	590	39	46	44	48	20	40	M33×2×175	352
凹凸 (MFM型)	1.0	(400)	426×8	565	515	335	250	220	103	453	23	26	28	36	16	32	M24×120	108
		450	480×8	615	565	360	250	230	105	478	25	28	30	36	20	40	M24×125	134
		500	530×8	670	620	385	300	250	107	505	27	28	32	36	20	40	M24×125	156
	1.6	(400)	426×10	580	525	340	300	230	107	460	27	36	32	36	16	32	M27×150	138
		450	480×10	640	585	370	300	240	111	490	31	38	36	36	20	40	M27×150	174
		500	530×10	715	650	410	300	260	115	528	35	42	40	36	20	40	M30×2×160	237
榫槽面 (TG型)	1.6	(400)	426×10	580	525	340	300	230	107	460	27	36	32	36	16	32	M27×150	138
		(450)	480×10	640	585	370	300	240	111	490	31	38	36	36	20	40	M27×150	174
		(500)	530×10	715	650	410	300	260	115	528	35	42	40	36	20	40	M30×2×160	238

标表 23－2　明　细　表

件号	标　准　号	名　称	数　量	材　料		
				类别代号		
				Ⅲ	Ⅴ	Ⅷ
1	HGJ61～63—1991	法兰盖	1	Q235－A	20R	16MnR
2	HGJ69 HGJ70—1991 HGJ71	垫　片	1	石棉橡胶板垫 柔性石墨复合垫 聚四氟乙烯包覆垫		
3	HGJ46～48—1991	法　兰	1	20(锻件)		16Mn(锻件)
4	HGJ75—1991	螺　柱	见尺寸表	35		

（续表）

件号	标准号	名称	数量	材料		
				类别代号		
				Ⅲ	Ⅴ	Ⅷ
5	HGJ75—1991	螺母	见尺寸表	25		
6		筒节	1	Q235 - A	20R	16MnR
7		把手	2	Q235 - A · F		
8		吊环	1	Q235 - A · F		
9		吊钩	1	Q235 - A · F		
10	GB41—1986	螺母 M20	2	4 级		
11	GB95—1985	垫圈 20	1	100HV		
12		转臂	1	Q235 - A · F		
13		环	1	Q235 - A · F		
14		无缝钢管	1	20		
15		支承板	1	Q235 - A · F		

3　技术要求

人孔的技术要求应符合 HG21514 中“技术条件”的规定。

4　标记示例

公称压力 *PN* 1.0，公称直径 *DN* 450，$H_1=230$，RF 型密封面采用Ⅲ类材料，其中垫片采用石棉橡胶板垫的垂直吊盖带颈平焊法兰人孔，其规定标记符号为：

人孔 RFⅢ(A · G)450 - 1.0　HG21520—1995

$H_1=250$(非标准尺寸)的上例人孔，其规定标记符号为：

人孔 RFⅢ(A · G)450 - 1.0　$H_1=250$　HG21520—1995

标 24　水平吊盖板式平焊法兰人孔　HG21522—1995

1　适用范围

本标准适用于公称压力 PN 小于和等于 0.6 MPa，工作温度根据材料类别限定在"工作温度下的最高无冲击工作压力表"中的规定范围的水平吊盖板式平焊法兰人孔。

2　型式、基本参数和尺寸

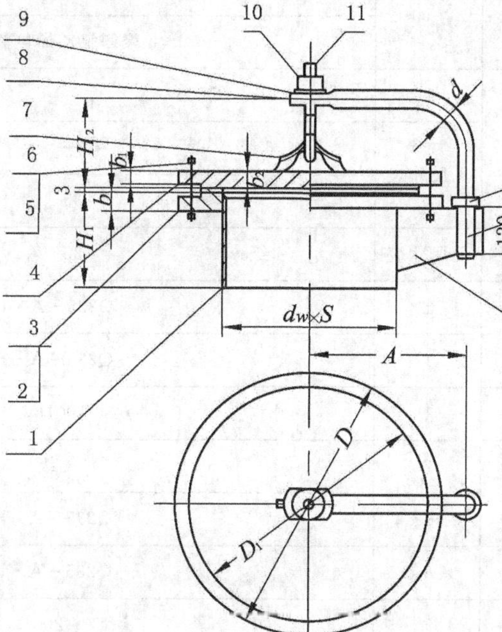

标图 24-1

标表 24-1　尺 寸 表

mm

公称压力 PN (MPa)	公称直径 DN	$d_w \times S$	D	D_1	A	b	b_1	b_2	H_1	H_2	d	螺栓螺母 数量	螺栓 直径×长度	螺柱 数量	螺母 数量	螺柱 直径×长度	总质量 (kg)
0.6	(400)	426×6	540	495	315	28	24	28	275	198	36	15	M20×90	16	32	M20×115	92.0
	450	480×6	595	550	340	30	26	30	285	200	36	16	M20×95	16	32	M20×120	115
	500	530×6	645	600	370	32	28	32	295	202	36	20	M20×95	20	40	M20×125	138
	600	630×6	755	705	420	36	31	36	305	206	36	20	M24×110	20	40	M24×140	200

注：① 人孔高度 H_1 系根据容器的直径不小于人孔公称直径的两倍而定；如有特殊要求，允许改变，但需注明改变后的 H_1 尺寸，并修正人孔总质量。

② 表中带括号的公称直径尽量不采用。

标表 24－2　明 细 表

件号	标准号	名 称	数 量	材料 类别代号 Ⅰ	Ⅱ	Ⅲ	Ⅳ	Ⅴ
1		筒 节	1	Q235－A·F	Q235－A		20R	
2	HGJ45—1991	法 兰	1	Q235－A			20R	
3	HGJ69—1991	垫 片	1	石棉橡胶板垫				
	HGJ70—1991			—	—	柔性石墨复合垫	—	柔性石墨复合垫
	HGJ71—1991			聚四氟乙烯包覆垫				
4	HGJ61—1991	法兰盖	1	Q235－A			20R	
5	HGJ75—1991	螺 栓	见尺寸表	4.6 级		—	4.6 级	—
		螺 柱		—	—	35	—	35
6	HGJ75—1991	螺 母	见尺寸表	4 级		25	4 级	25
7		吊 环	1	Q235－A·F				
8		转 臂	1	Q235－A·F				
9	GB95—1985	垫圈 20	1	100HV				
10	GB41—1986	螺母 M20	2	4 级				
11		吊 钩	1	Q235－A·F				
12		环	1	Q235－A·F				
13		无缝钢管	1	20				
14		支承板	1	Q235－A·F	Q235－A		20R	

3　技术要求

人孔的技术要求应符合 HG21514 中“技术条件”的规定。

4　标记示例

公称压力 *PN* 0.6，公称直径 *DN* 450，H_1＝285 采用Ⅱ类材料，其中垫片采用石棉橡胶板垫的水平吊盖板式平焊法兰人孔，其规定标记符号为：

人孔　Ⅱ(A·G)450－0.6　HG21522—1995

H_1＝330(非标准尺寸)的上例人孔，其规定标记符号为：

人孔　Ⅱ(A·G)450－0.6　H_1＝330　HG21522—1995

标 25　水平吊盖带颈平焊法兰手孔　HG21523—1995

1　适用范围

本标准适用于公称压力 PN 1.0～1.6 MPa，工作温度根据材料类别限定在“工作温度下的最高无冲击工作压力表”中的规定范围的水平吊盖带颈平焊法兰手孔。

标表 25－1　尺 寸 表

mm

公称直径 DN	$d_w \times S$	D	D_1	b	b_1	b_2	H_1	H_2	螺栓螺母	螺　栓	总质量 (kg)
									数　量	直径×长度	
150	159×4.5	235	205	10	6	8	100	72	8	M16×40	6.57
250	273×6.5	350	320	12	8	10	120	74	12	M16×45	16.3

注：① 手孔高度 H_1 系根据容器的直径不小于手孔公称直径的两倍而定；如有特殊要求，允许改变，但需注明改变后的 H_1 尺寸，并修正手孔总质量。

标表 25－2　明 细 表

件　号	标　准　号	名　称	数　　量	材　　料
1		筒　节	1	20(钢管)
2	GB5781—1986	螺栓	见尺寸表	4.6 级
3	GB41—1986	螺母 M16	见尺寸表	4 级
4		法　兰	1	Q235－A・F
5		垫片 δ=3	1	橡胶板(光面)
6		盖	1	Q235－A・F
7		把　手	1	Q235－A・F

2　技术要求

手孔的技术要求应符合 HG21514 中“技术条件”的规定。

3　标记示例

公称直径 DN 250，H_1＝120 采用 2707 耐酸碱橡胶板垫片的常压手孔，其规定标记符号为：

手孔 (R・A－2707)250　HG21528—1995

H_1＝140(非标准尺寸)的上例手孔，其规定标记符号为：

手孔(R・A－2707)250　H_1＝140　HG21528—1995

标 26　板式平焊法兰手孔　HG21529—1995

1　适用范围

本标准适用于公称压力 PN 小于和等于 0.6 MPa，工作温度根据材料类别限定在"工作温度下的最高无冲击工作压力表"中的规定范围的板式平焊法兰手孔。

2　型式、基本参数和尺寸

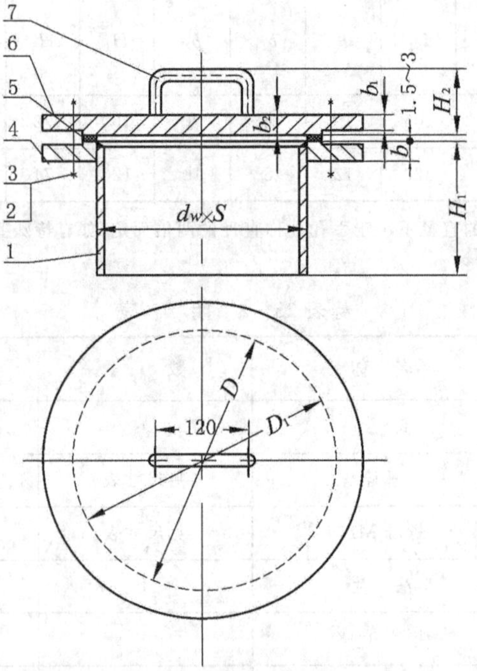

标图 26－1

标表 26－1　尺 寸 表

mm

公称压力 PN (MPa)	公称直径 DN	$d_w \times S$	D	D_1	b	b_1	b_2	H_1	H_2	螺栓螺母 数量	螺栓 直径×长度	螺柱 数量	螺母 数量	螺柱 直径×长度	总质量 (kg)
0.6	150	159×4.5	265	225	20	17	20	160	86	8	M16×70	8	16	M16×90	16.7
	250	273×8	375	335	24	21	24	190	90	12	M16×75	12	24	M16×95	39.6

注：手孔高度 H_1 系根据容器的直径不小于手孔公称直径的两倍而定；如有特殊要求，允许改变，但需注明改变后的 H_1 尺寸，并修正人孔总质量。

标表 26－2　明 细 表

<table>
<tr><th rowspan="3">件号</th><th rowspan="3">标 准 号</th><th rowspan="3">名 称</th><th rowspan="3">数 量</th><th colspan="5">材　料</th></tr>
<tr><th colspan="5">类别代号</th></tr>
<tr><th>Ⅰ</th><th>Ⅱ</th><th>Ⅲ</th><th>Ⅳ</th><th>Ⅴ</th></tr>
<tr><td>1</td><td></td><td>筒 节</td><td>1</td><td colspan="5">20(钢管)</td></tr>
<tr><td rowspan="2">2</td><td rowspan="2">HGJ75—1991</td><td>螺 栓</td><td rowspan="2">见尺寸表</td><td colspan="2">4.6级</td><td>—</td><td>4.6级</td><td>—</td></tr>
<tr><td>螺 柱</td><td>—</td><td>—</td><td>35</td><td>—</td><td>35</td></tr>
<tr><td>3</td><td>HGJ75—1991</td><td>螺 母</td><td>见尺寸表</td><td>4级</td><td>25</td><td>4级</td><td>25</td><td></td></tr>
<tr><td>4</td><td>HGJ45—1991</td><td>法 兰</td><td>1</td><td colspan="3">Q235－A</td><td colspan="2">20R</td></tr>
<tr><td rowspan="3">5</td><td>HGJ69—1991</td><td rowspan="3">垫 片</td><td rowspan="3">1</td><td colspan="5">石棉橡胶板垫</td></tr>
<tr><td>HGJ70—1991</td><td>—</td><td>—</td><td>柔性石墨复合垫</td><td>—</td><td>柔性石墨复合垫</td></tr>
<tr><td>HGJ71—1991</td><td colspan="5">聚四氟乙烯包覆垫</td></tr>
<tr><td>6</td><td>GB61—1991</td><td>法兰盖</td><td>1</td><td colspan="3">Q235－A</td><td colspan="2">20R</td></tr>
<tr><td>7</td><td></td><td>把 手</td><td>1</td><td colspan="5">Q235－A・F</td></tr>
</table>

3　技术要求

手孔的技术要求应符合 HG21514 中“技术条件”的规定。

4　标记示例

公称压力 PN 0.6,公称直径 DN 250，H_1＝190 采用Ⅱ类材料,其中垫片采用：石棉橡胶板垫的板式平焊法兰手孔,其规定标记符号为：

手孔　Ⅱ(A・G)250－0.6　HG21529—1995

H_1＝220(非标准尺寸)的上例手孔,其规定标记符号为：

手孔　Ⅱ(A・G)250－0.6　H_1＝220　HG21529—1995

标 27　带颈平焊法兰手孔　HG21530—1995

1　适用范围

本标准适用于公称压力 PN 1.0～1.6 MPa,工作温度根据材料类别限定在“工作温度下的最高无冲击工作压力表”中的规定范围的带颈平焊法兰手孔。

2　型式、基本参数和尺寸

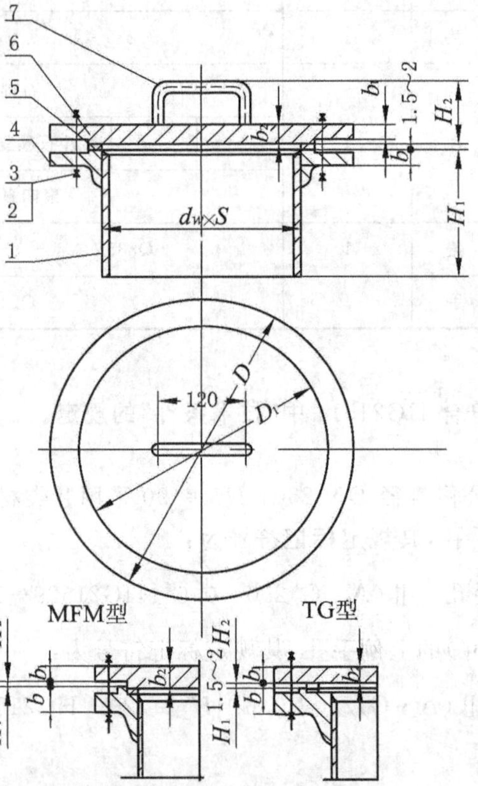

标图 27－1

标表 27－1　尺 寸 表　　mm

密封面型式	公称压力 PN (MPa)	公称直径 DN	$d_w \times S$	D	D_1	b	b_1	b_2	H_1	H_2	螺柱	螺母	螺柱	总质量 (kg)
											数量		直径×长度	
突面(RF)型	1.0	150	159×4.5	285	240	22	21	24	160	90	8	16	M20×105	24.2
		250	273×8	395	350	26	23	26	190	92	12	24	M20×110	49.3
	1.6	150	159×6	285	240	22	21	24	170	90	8	16	M20×105	25.3
		250	273×8	405	355	26	23	26	200	92	12	24	M24×120	53.9

（续表）

密封面型式	公称压力 PN (MPa)	公称直径 DN	$d_w \times S$	D	D_1	b	b_1	b_2	H_1	H_2	螺柱 数量	螺母 数量	螺柱 直径×长度	总质量 (kg)
凹凸 (MFM 型)	1.0	150	159×4.5	285	240	22	19.5	24	160	85.5	8	16	M20×105	23.3
		250	273×8	395	350	26	21.5	26	190	87.5	12	24	M20×110	47.9
	1.6	150	159×6	285	240	22	19.5	24	170	85.5	8	16	M20×105	24.3
		250	273×8	405	355	26	21.3	26	200	87.5	12	24	M24×110	52.3
榫槽面 (TG 型)	1.6	(150)	159×6	285	240	22	19.5	24	170	85.5	8	16	M20×105	24.5
		(250)	273×8	405	355	26	21.5	26	200	87.5	12	24	M24×120	52.3

注：① 手孔高度 H_1 系根据容器的直径不小于手孔公称直径的两倍而定；如有特殊要求，允许改变，但需注明改变后的 H_1 尺寸，并修正人孔总质量。

② 表中带括号的公称直径尽量不采用。

标表 27-2　明 细 表

件　号	标　准　号	名　称	数　量	材料 类别代号 Ⅲ	材料 类别代号 Ⅴ	材料 类别代号 Ⅷ
1		筒　节	1	20（钢管）		
2	HGJ75—1991	螺　柱	见尺寸表	35		
3	HGJ75—1991	螺　母	见尺寸表	25		
4	HGJ46～48—1991	法　兰	1	20（锻件）		16Mn（锻件）
5	HGJ69—1991	垫　片	1	石棉橡胶板垫		
	HGJ70—1991			柔性石墨复合垫		
	HGJ71—1991			聚四氟乙烯包覆垫		
6	HGJ61～63—1991	法兰盖	1	Q235-A	20R	16MnR
7		把　手	1	Q235-A·F		

3　技术要求

手孔的技术要求应符合 HG21514 中“技术条件”的规定。

4　标记示例

公称压力 PN 1.0，公称直径 DN 250，$H_1=190$ RF 型密封面采用Ⅲ类材料，其中垫片采用：石棉橡胶板垫的带颈平焊法兰手孔，其规定标记号为：

手孔 RFⅢ（A·G）250-1.0　HG21530—1995

$H_1=220$（非标准尺寸）的上例手孔，其规定标记符号为：

手孔 RFⅢ（A·G）250-1.0　$H_1=220$　HG21530—1995

标 28　搅拌传动装置系统组合、选用及技术要求　HG21563—1995

1　适用范围

本标准适用于设计压力 PN −0.1～1.6 MPa (−1～16 bar)，设计温度为−20～300℃的搅拌容器(如反应釜)的搅拌传动装置。用于实现搅拌功能。

2　引用标准(略)

3　搅拌传动装置的系统组成

搅拌传动装置的系统组成按标图 28－1 以及标表 28－1 的规定。

注：本标准暂不包括釜内的搅拌桨、釜内搅拌轴及其釜内支承结构(如釜内中间轴承、底轴承等)。

标表 28－1　采用机械密封、单支点机架的搅拌传动装置系统组合

<table>
<tr><th>件　号</th><th>名　　称</th><th colspan="2">说　　明</th></tr>
<tr><td>1</td><td>电动机</td><td colspan="2">按有关标准和制造厂样本</td></tr>
<tr><td>2</td><td>减速器</td><td colspan="2">按有关标准和制造厂样本</td></tr>
<tr><td rowspan="2">3</td><td rowspan="2">单支点机架</td><td colspan="2">按 HG21566</td></tr>
<tr><td>A 型</td><td>B 型</td></tr>
<tr><td rowspan="2">4</td><td rowspan="2">(釜外)带短节联轴器</td><td colspan="2">按 HG21569.1</td></tr>
<tr><td>A 型</td><td>B 型</td></tr>
<tr><td rowspan="2">5</td><td rowspan="2">机械密封</td><td colspan="2">按 HG21571</td></tr>
<tr><td>不带内置轴承
2001，2003，2004，2006，2008</td><td>带内置轴承
2002，2005，2007</td></tr>
<tr><td rowspan="2">6</td><td rowspan="2">传动轴(注 1)</td><td colspan="2">按 HG21568</td></tr>
<tr><td>A××型</td><td>B××型</td></tr>
<tr><td>7</td><td>(釜内)联轴器</td><td colspan="2">凸缘式　按 HG21570(C 型)
夹壳式　按 HG21570(D 型)
焊接法兰式　按 HG21570(E 型)
整体法兰式　按 HG21568(AXF、BXF 型)</td></tr>
<tr><td>8</td><td>安装底盖</td><td colspan="2">按 HG21565</td></tr>
<tr><td>9</td><td>凸缘法兰</td><td colspan="2">按 HG21564</td></tr>
<tr><td>10</td><td>循环保护系统</td><td colspan="2">按 HG21572</td></tr>
</table>

注①：如采用整体轴，则件 7 取消，件 6 传动轴的长度加长兼作搅拌轴(设计者应提出釜内搅拌轴尺寸要求)。

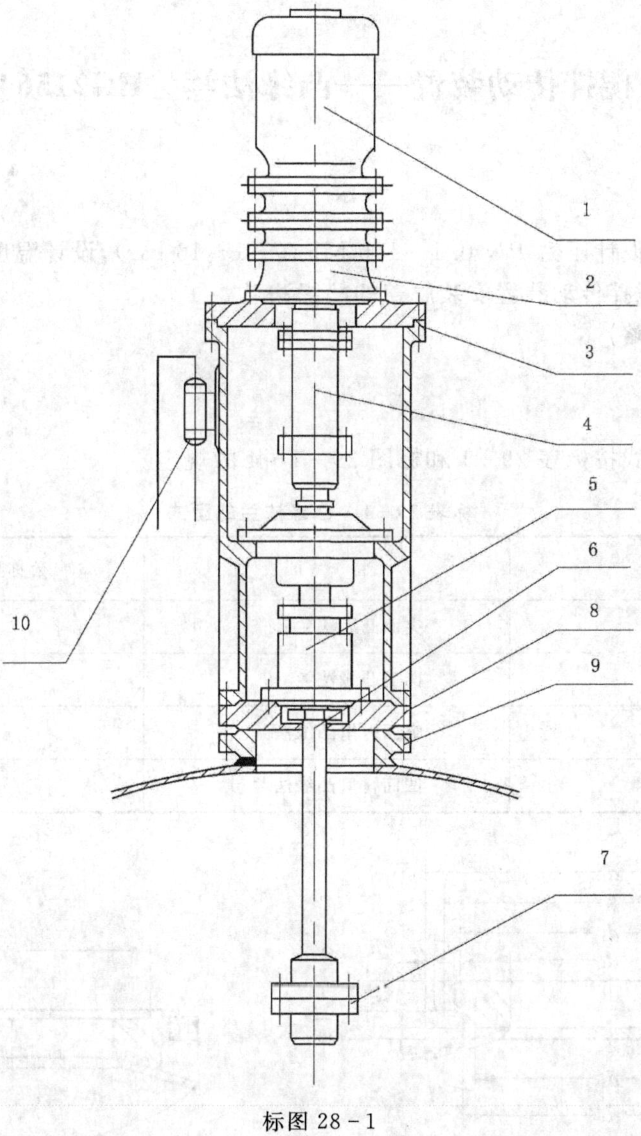

标图 28－1

标 29　搅拌传动装置——凸缘法兰　HG21564—1995

1　适用范围

本标准适用于设计压力 PN 0.1～1.6 MPa(－1～16 bar),设计温度－20～300℃的搅拌容器,用以连接搅拌传动装置安装底盖的凸缘法兰。

2　引用标准(略)

3　型式和尺寸

3.1　型式

凸缘法兰的型式按标表 29－1 和标图 29－1～4 的规定。

标表 29－1　凸缘法兰的型式

型　　式	特　　征	公称直径 DN (mm)
R	突面凸缘法兰	200～900
M	凹面凸缘法兰	200～900
LR	突面衬里凸缘法兰	200～900
LM	凹面衬里凸缘法兰	200～900

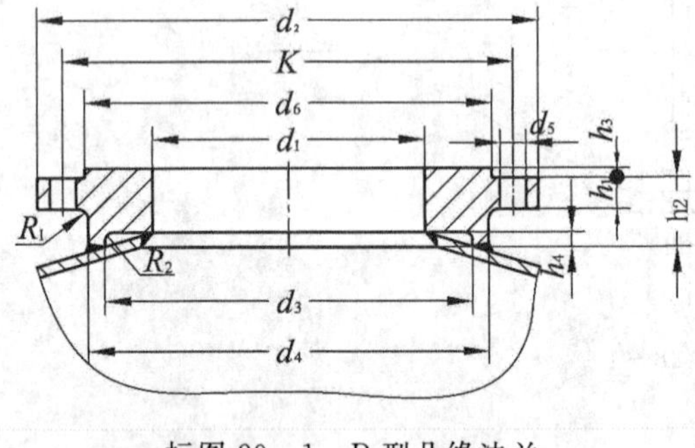

标图 29－1　R 型凸缘法兰

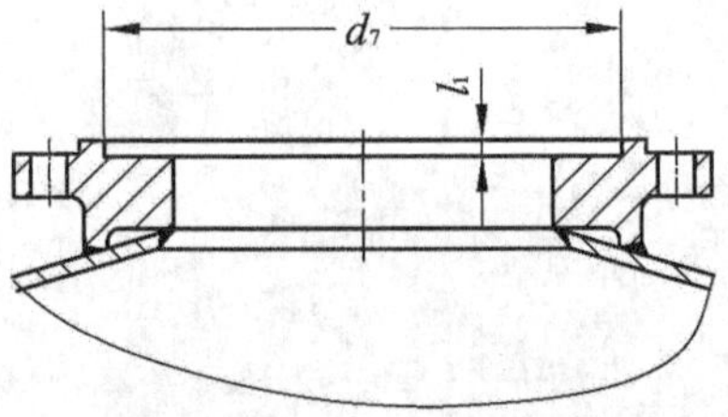

标图 29－2　M 型凸缘法兰

注:其余尺寸与 R 型凸缘法兰相同。

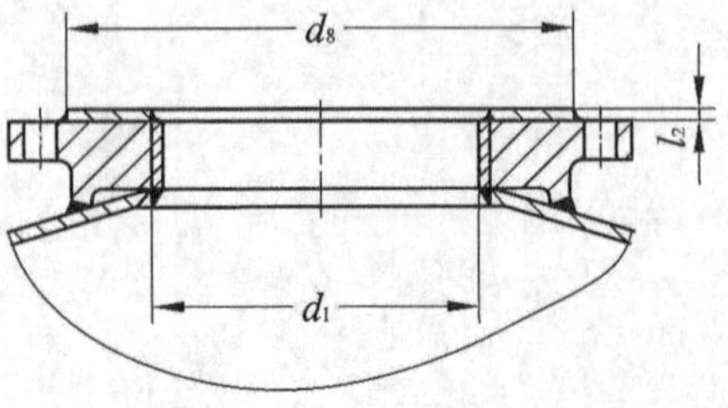

标图 29－3　LR 型凸缘法兰

注:其余尺寸与 R 型凸缘法兰相同。

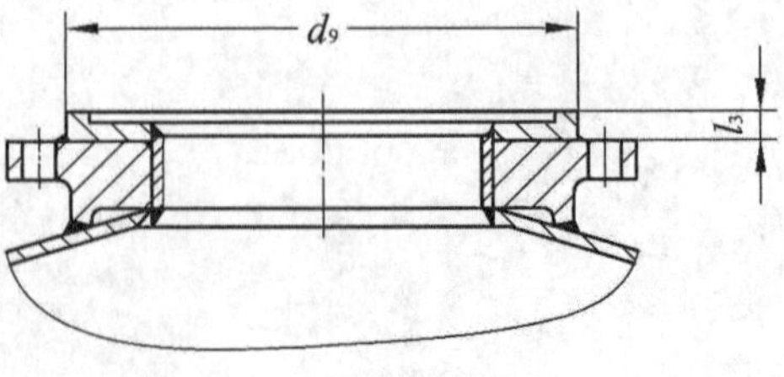

标图 29－4　LM 型凸缘法兰

注:其余尺寸与 M 型以及 LR 型凸缘法兰相同。

3.2　尺寸

凸缘法兰的尺寸按标图 29－1～4 和标表 29－2～3 的规定。

标表 29－2　凸缘法兰的连接尺寸和结构尺寸　mm

凸缘法兰公称直径 DN	d_1	d_2	k	d_3	d_4	h_1	h_2	h_4	螺栓		d_5	R_1	R_2	质量（kg）	
									数量	螺纹				碳钢或整体不锈钢	不锈钢衬里
200	200	340	295	220	245	34	65	4	8	M20	22	4	2	19	21
250	245	395	350	280	300	36	65	4	12	M20	22	4	2	26	28
300	280	445	400	325	350	36	65	5	12	M20	22	4	2	33.5	37
400	410	565	515	430	455	42	85	5	16	M24	26	4	2	46	52
500	430	670	620	520	560	46	90	8	20	M24	26	4	3	102	109
700	530	830	780	670	720	60	100	14	28	M24	26	5	4	198	210
900	720	1 045	990	860	920	68	110	15	36	M27	30	5	4	417	437

标表 29－3　凸缘法兰的密封面尺寸　mm

DN	R 型		M 型		LR 型		LM 型	
	d_6	h_3	d_7	t_1	d_8	t_2	d_9	t_3
200	266	3	250	4.5	266	4	260	10
250	320	3	304	4.5	320	4	315	10
300	370	4	354	5	370	4	365	10
400	481	4	462	5	481	4	475	12
500	585	4	566	5	585	4	580	12
700	745	4	725	5.5	745	4	740	12
900	945	4	925	5.5	945	4	940	12

3.3　详细结构

凸缘法兰的详细结构按标图 29－5 的规定。

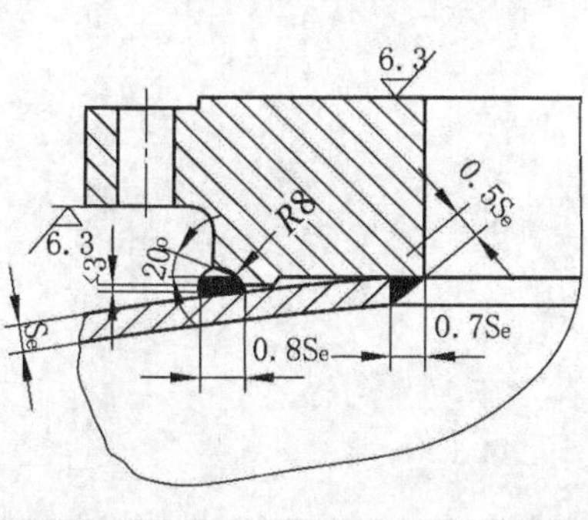

标图 29－5　R 型凸缘法兰结构详图

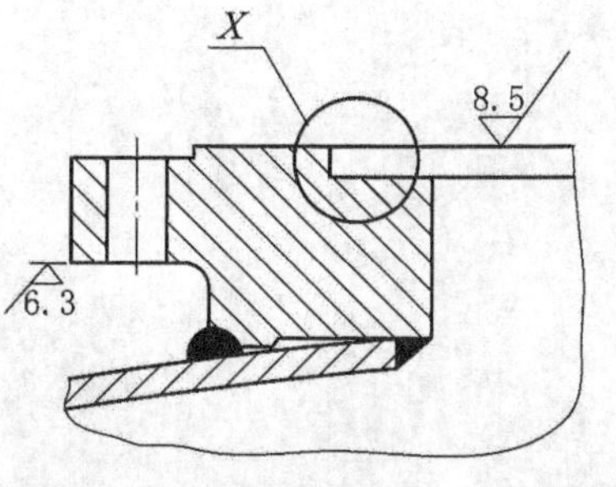

标图 29－6　M 型凸缘法兰结构详图

注：其余结构和尺寸与 R 型凸缘法兰相同。

4　标记及标记示例

4.1　标记

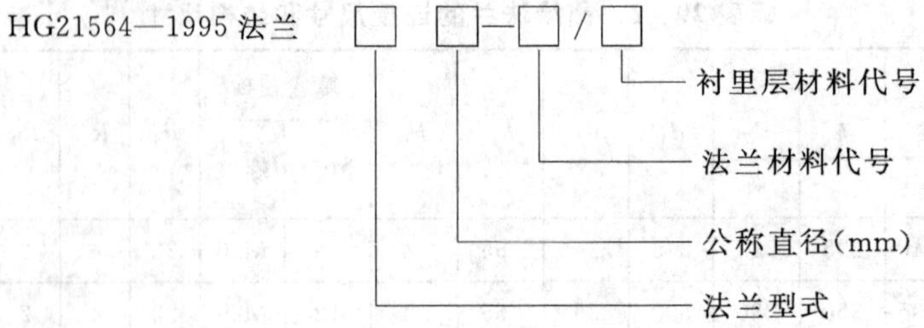

4.2　标记示例

一只 R 型(突面),公称直径为 250,材质为 20 钢的凸缘法兰,其标记为:

HG21564—1995　法兰 R250 - 20

一只 M 型(凹面),以称直径为 250,材质为 0Cr18Ni9 的凸缘法兰,其标记为:

JH 21564—1995　法兰 M250 - 304

一只 LR 型(不锈钢衬里,突面),公称直径为 500,法兰材质为 16Mn,衬里层材料为 0Cr18Ni10Ti 的凸缘法兰,其标记为:

HG21564—1995　法兰 LR500 - 16Mn/321

标 30　搅拌传动装置——安装底盖　HG21565—1995

1　适用范围

本标准适用于设计压力−0.1～1.6 MPa(−1～16 bar),设计温度−20℃～300℃的搅拌容器,用以支承机架、填料箱、机械密封等部件的安装底盖。

2　引用标准(略)

3　安装底盖、凸缘法兰、机架、填料箱(或机械密封)的选配

3.1　安装底盖、凸缘法兰、机架、填料箱(或机械密封)的关系按标图 30－1～2 的规定。标图 30－1 给出了当机架公称直径与凸缘法兰公称直径相同时,使用安装底盖的方法。标图 30－2 给出了当机架公称直径小于凸缘法兰公称直径时,使用安装底盖的方法。

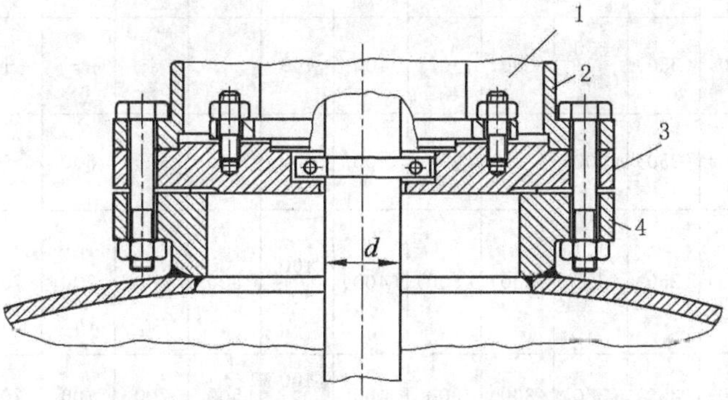

1. 填料箱(或机械密封);2. 机架;3. 底盖;4. 凸缘法兰

标图 30－1　机架公称直径与凸缘法兰公称直径相同
(图示为上装式传动轴)

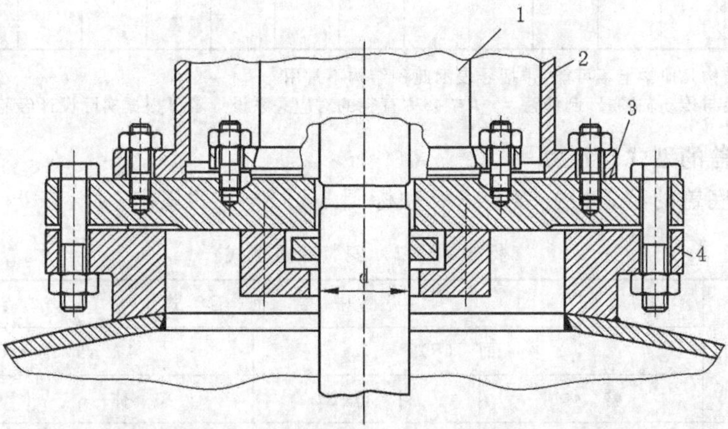

1. 填料箱(或机械密封);2. 机架;3. 底盖;4. 凸缘法兰

标图 30－2　机架公称直径小于凸缘法兰公称直径
(图示为上装式传动轴)

3.2　凸缘法兰、安装底盖、机架、传动轴轴径（通过填料箱或机械密封部分的轴径）以及搅拌容器直径之间常用的搭配关系按标表 30－1 的规定。

标表 30－1　搭 配 表

mm

安装底盖公称直径 *DN*	机架公称直径 传动轴轴径 *d* 30	40	50	60	70	80	90	100	110	120	130	140	160	常用容器公称直径[2]
200	200	200	+	+	+	+	+	+	+	+	+	+	+	500 600
250	+	+	250	250	250	+	+	+	+	+	+	+	+	700 800 1 000
300	(200)	(200)	+	300	300	300	+	+	+	+	+	+	+	1 200 1 400
400	(200)	(200)	(250)	250 (300)	300	300	400	400	+	+	+	+	+	1 600 1 800
500	(200)	(200)	(250)	(300)	(300)	300	400	500	500	500	500	+	+	2 000 2 200
700	(200)	(200)	(250)	(300)	(300)	(300)	(400)	400 500	500	700	700	700	700	2 400 2 600 2 800
700	(200)	(200)	(250)	(300)	(300)	300	400	400 500	500	700	700	700	700	3 000
900	(200)	(200)	(250)	(300)	(300)	(300)	(400)	400 500	500	700	700	700	700	3 200 3 400 3 600 3 800

注：① +表示此种结构几何学上不可能；带括号表示此种结构不常用。

② 容器公称直径与传动轴轴径，凸缘法兰、机架公称直径的对应关系设计者可根据实际设计经验更改。

4　安装底盖的型式和尺寸

4.1　安装底盖的型式按标表 30－2 和标图 30－3～6 的规定。

标表 30－2　安装底盖型式

传动轴的安装型式	密封面形式：突面（R） 整体	突面（R） 衬里(L)	凸面（M） 整体	凸面（M） 衬里(L)
上装式(S)	RS	LRS	MS	LMS
下装式(X)	RX	LRX	MX	LMX

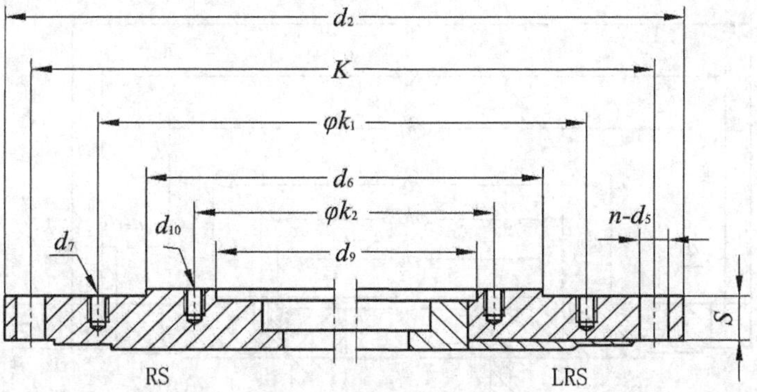

标图 30－3 RS 和 LRS 型安装底盖

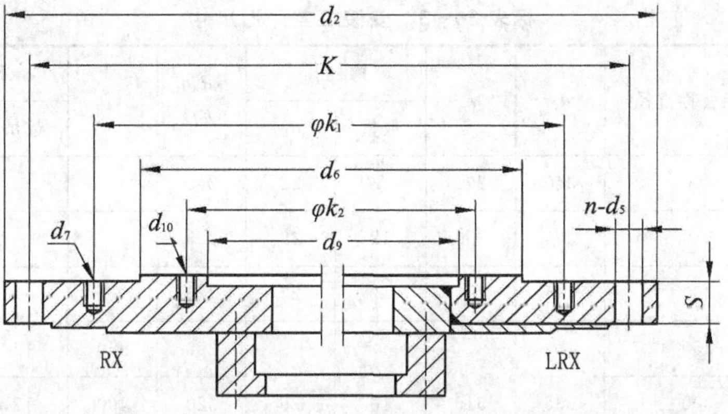

标图 30－4 RX 和 LRX 型安装底盖

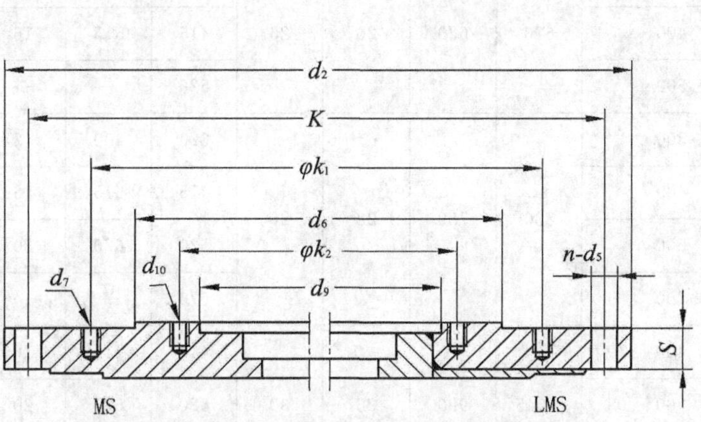

标图 30－5 MS 和 LMS 型安装底盖

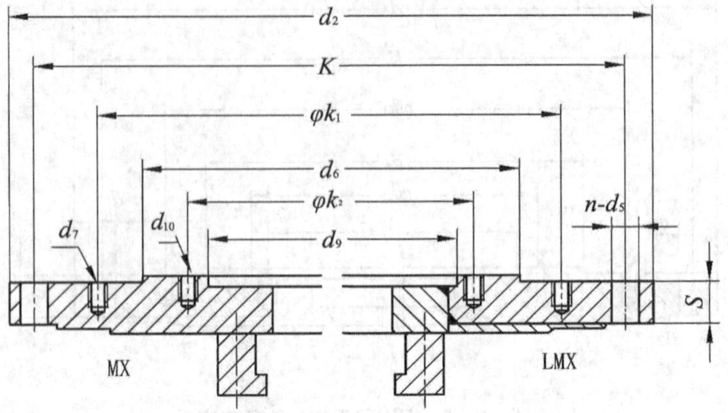

标图 30－6　MX 和 LMX 型安装底盖

4.2　安装底盖的外形尺寸按标图 30－3～6 和标表 30－3～4 的规定。

标表 30－3　安装底盖外形尺寸　mm

安装底盖公称直径	机架公称直径	d_2	k	螺柱孔		d_6 (h_7)	k_1	螺纹孔		s
				数量	d_5			数量	d_7	
200	200	340	295	8	22	245	—	—	—	40
250	250	395	350	12	22	290	—	—	—	40
300	300	445	400	12	22	320	—	—	—	50
400	250	565	515	16	26	290	350	12	M20	50
	300					320	400	12	M20	
	400					415	—	—	—	
500	300	670	620	20	26	320	400	12	M20	65
	400					415	515	16	M24	
	500					520	—	—	—	
700	300	830	780	28	26	320	400	12	M20	82
	400					415	515	16	M24	
	500					520	620	20	M24	
	700					670	—	—	—	
900	400	1 045	990	36	30	415	515	16	M24	100
	500					520	620	20	M24	
	700					670	780	28	M24	

标表 30－4　安装底盖外形尺寸　mm

传动轴轴径 d	d_9 (H_7)	k_2	螺柱孔		传动轴轴径 d	d_9 (H_7)	k_2	螺纹孔	
			数量	d_{10}				数量	d_{10}
30	110	145	4	M16	100	234	270	8	M20
40	110	145	4	M16	110	260	295	8	M20
50	176	210	8	M16	120	260	295	8	M20
60	176	210	8	M16	130	260	295	8	M20
70	176	210	8	M16	140	313	350	12	M20
80	204	240	8	M20	160	313	350	12	M20
90	234	270	8	M20					

5　标记及标记示例

5.1　标记

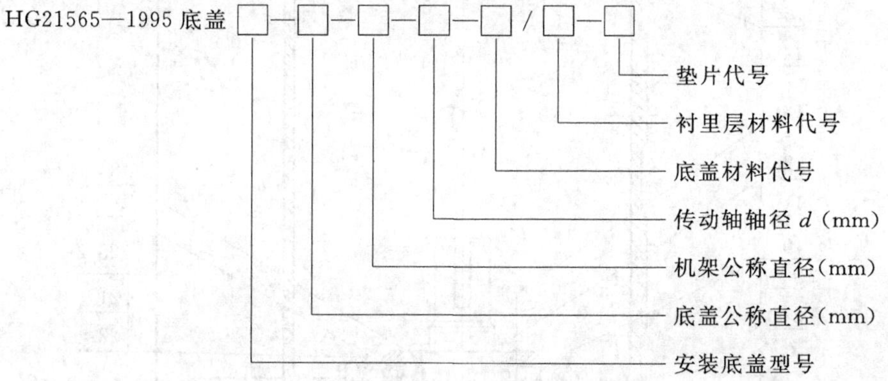

5.2　标记示例

上装式衬里突面安装底盖，公称直径 400，机架公称直径 300，传动轴轴径 80 mm，底盖材料 20，衬里层 0Cr18No10Ti，垫片为聚四氟乙烯包覆垫片，其标记为：

HG21565—1995 底盖　LRS400－300－80－20/321－F

标 31　搅拌传动装置——单支点机架　HG21566—1995

1　适用范围

本标准适用于传动轴轴径为 30～160 mm 的机架，用以支承减速机和传动轴。

2　引用标准（略）

3　型式、基本参数和尺寸

3.1　型式

机架的型式按标表 31－1 规定。

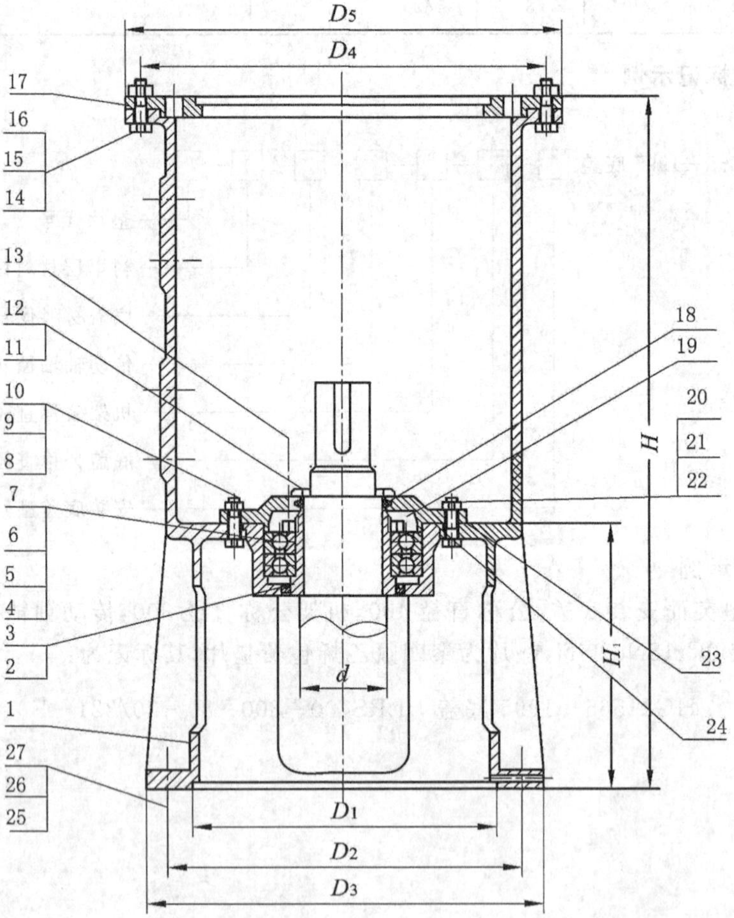

标图 31－1　公称直径 200，250，300 mm 的 A 型和 B 型机架

标表 31－1　机 架 型 式

机架型式	机架的支点情况	适用密封装置(HG21537、HG21571)	适用传动轴(HG21568)	带短节联轴器(HG21569.1)
A	单支点	不带内置轴承的机械密封	A××型	A
B	单支点	填料密封和带内置轴承的机械密封	B××	B

3.2　基本参数和尺寸

机架的基本参数和主要外形尺寸按标表 31－1 和标表 31－2 的规定。

标表 31－2　公称直径 200，250，300 mm 的 A、B 型机架明细表

件 号	名　称	数 量	材　料	备　注
1	机　架	1	HT200	
2	轴　套	1	ZG230－450	
3	油　封	1	标准件	GB9877.1—1988
4	角接触球轴承	2	标准件	GB292—1983
5	螺　母	1	45	GB812—1988
6	垫　圈	1	Q235－A	GB858—1988
7	轴承座	1	HT200	
8	螺　柱		4.6	GB899—1988
9	螺　母		4	GB6170—1986
10	垫　圈		65Mn	GB93—1987
11	螺　母	1	45	GB812—1988
12	垫　圈	1	Q235－A	GB858—1988
13	油　杯	1	标准件	GB1152—1979
14	螺　栓		4.6	GB5780—1986
15	螺　母		4	GB6170—1986
16	垫　圈		100HV	GB95—1985
17	接　板	1	Q235－A 或 HT200	
18	毡　圈	1	细毛毡	JB/ZQ 4606—1986
19	轴承盖	1	HV200	
20	螺　柱		4.6	GB899—1988
21	螺　母		4	GB6170—1986
22	垫　圈		65Mn	GB93—1987
23	压　环	1	Q235－A	
24	垫　片		牛皮纸	
25	螺　柱		4.6	GB899—1988
26	螺　母		4	GB6170—1986
27	垫　圈		100HV	GB95—1985

注：① 当机架公称直径与安装底盖(HG21565)相同时，无件 25、26、27。② 机架本件允许采用板焊结构。

标表 31－3　机 架 尺 寸 表　　mm

机架公称直径	传动轴轴径 d	D_1 ($H8$)	D_2	D_3	D_4	D_5	$n-\phi$	H		H_1		轴承型号	机架质量(kg)	
								A 型	B 型	A 型	B 型		A 型	B 型
200	30	245	295	340	330	360	8－ϕ22	575	730	220	295	46 208	44	47
	40											46 210	44	48
250	50	290	350	395	425	455	12－ϕ22	750	995	268	388	46 212	83	93
	60											46 215	85	95
	70											46 217	87	97
300	60	320	400	445	495	530	12－ϕ22	795	1 040	279	399	46 215	121	132
	70											46 217	123	134
	80											46 219	126	137
400	90	415	515	565	600	645	16－ϕ26	890	1 115	310	420	46 221	200	214
	100											46 224	208	222
500	100	520	620	670	700	745	20－ϕ26	1 075	1 325	369	494	46 224	326	352
	110											46 226	329	355
	120											46 228	335	361
	130											46 230	341	367
700	120	670	780	830	800	880	28－ϕ26	1 185	1 415	399	514	46 228	557	594
	130											46 230	563	600
	140											46 232	571	608
	150											46 236	582	619

3.3　接板与减速器的连接尺寸按用户选定的减速器型号确定。接板的外形尺寸按标表 31－3 的规定。

4　技术要求

4.1　机架材料及其性能应符合相应材料标准：

灰铸铁铸件按 GB9439；

碳素钢铸件按 GB11352；

普通碳素钢按 GB700；

优质碳素钢按 GB699。

4.2　铸件应进行时效处理，以消除内应力，铸件经加工后的配合面上，不允许气孔、渣孔、砂眼、裂纹等缺陷存在。除配合面外，一般也不能有影响机架强度的缺陷存在。

4.3　铸造公差按 GB6414 CT14 要求。

4.4　机械加工。

加工面未注公差尺寸的极限偏差按 GB1804 的规定，孔按 H12，轴按 h12，长度按 JS12(js12)。

加工面未注形位公差按 GB1184 之 B 级精度。

4.5 机架装配按 HGJ203 及 HG21563 的规定。

4.6 油漆，包装运输按 JB2536 的规定，机架包装时，对有配合要求的表面，孔均应覆盖软质保护垫(盖)板。

5 使用规定

5.1 机架的选配应符合 HG21563 的规定。

5.2 采用单支点机架，且以减速机输出的轴承作为一个支承点的情况下，两个支承点的位置及其间距 L 按标表 31-4 和标图 31-2 的规定，其他支承情况时，机架上的中间轴承支承点位置不变，支承点间距 L 根据具体情况，由设计者自行确定。

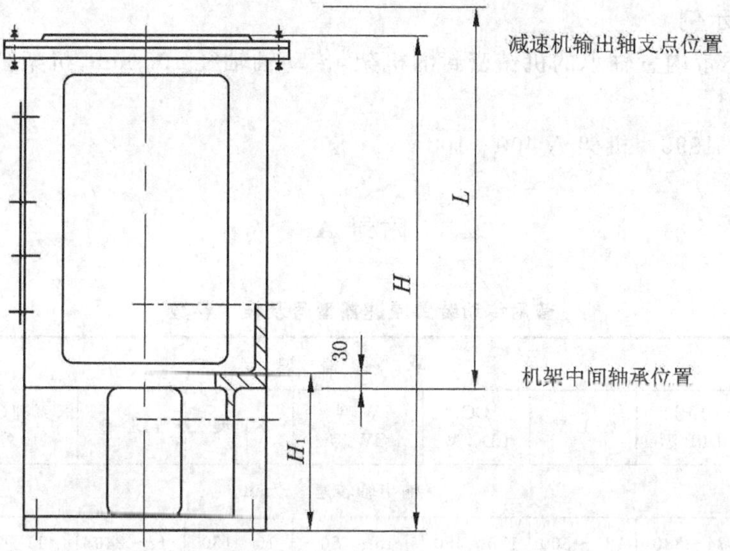

标图 31-2

标表 31-4

mm

机架型式	机架公称直径					
	200	250	300	400	500	700
	支点距离 L					
A	405	435	560	630	750	830
B	485	620	690	750	880	960

5.3 本标准的机架适用于电动机的出轴与减速器出轴平行的安装形式。如电动机出轴与减速器出轴垂直时，应在订货时特殊说明。

一般所用减速器按附录 A 的规定选用。

5.4 机架下部的窗口位置应与机械密封、填料箱的压紧螺柱、封液进出口、起吊螺孔、压紧螺栓等位置对应。

5.5 机架上侧面的两个安装平台，用于安装 HG21572 规定的机械密封循环保护系统中的储罐和增压泵。

5.6 机架上部的窗口用于安装或拆卸带短节联轴器（HG21569.1），机架轴承箱以及密封装置（HG21537、21571）。

6 标记及标记示例

6.1 标记

HG21566—1995 机架 □ □—□

——传动轴轴径 d

——机架公称直径

——机架型式代号（见标表 31-1）

6.2 标记示例

一个使用不带内置轴承的机械密封的机架，传动轴轴径 100 mm，机架公称直径 400，其标记为：

HG21566—1995　机架 A 400-100

附录 A

釜用传动装置减速器型号及技术参数

机架公称直径 *DN*	减速器型式								
	LC 型 LC(A)型	LPJ LPB 型	CFL 型	DC LDC 型	W 型 CW 型	KF 型	YLD 型	X 系列(单级) B 系列	X 系列(两级) B 系列
	输出轴转速 r/min								
	65～250	34～330	120～500	170～450	15～150	10～150	12～240	11～160	0.3～12.4
200	LC75			DC215		KF30	YLD10	X0，X1，X2	X10，X20
	LC75A			LDC215					
250	LC75	LPJ/B171	CFL35	DC215，LDC215	W. CW100-200	KF30	YLD11	X3，X4	X31，X42
	LC100		CFL45	DC258，LDC258		KF40	YLD12	B1，B15	
	LC75A，LC100A							B18	
300	LC100	LPJ/B171	CFL35	DC258	W. CW100-200	KF40	YLD12	X4，X5，X6	X42，X53
	LC125	LPJ/B192	CFL45	LDC258	W. CW100-250	KF50	YLD13	B1，B15	X63
	LC150	LPJ/B215	CFL55	DC344	W. CW125-300	KF65		B2，B18	B2215

（续表）

机架公称直径 *DN*	减速器型式								
	LC 型 LC(A)型	LPJ LPB 型	CFL 型	DC LDC 型	W 型 CW 型	KF 型	YLD 型	X 系列（单级） B 系列	X 系列（两级） B 系列
	输出轴转速　r/min								
	65～250	34～330	120～500	170～450	15～150	10～150	12～240	11～160	0.3～12.4
300	LC100A LC125A		CFL65	LDC344				B3，B22	B2715
300	LC150A								
400	LC150	LPJ/B240	CFL65	DC430	W. CW160－400	KF65	YLD14	X6，X7	X63，X74
400	LC200	LPJ/B272	CFL80	LDC430		KF80		B3，B22	B2715
400	LC150A							B4，B27	
400	LC200A								
500	LC200	LPJ/B272	CFL80		W. CW160－400	KF80	YLD14	X7，X8，X9	X74，X84
500	LC250	LPJ/B305	CFL90		W. CW200－500	KF100	YLD15	X10，B4，B27	X85，X95
500	LC200A	LPJ/B375	CFL100		W. CW200－550		YLD16	B5，B33	X106
500	LC250A				W. CW250－550			B6，B39	B3322，B3922
500					W. CW280－600			B7，B45	B4527
600	LC250	LPJ/B305	CFL90		W. CW200－500	KF100	YLD15	X8，X9，X10	X84，X85
600	LC325	LPJ/B375	CFL100		W. CW200－550		YLD16	X11，B5，B33	X95，X106
600	LC250A	LPJ/B500			W. CW250－500			B6，B39	X117
600	LC325A	LPJ/B600			W. CW280－600			B7，B45	B3322，B3922
600					W. CW320－650				B4527

注：① LC 型—两级圆柱齿轮减速器（同轴式）、LC(A)型—为 LC 改型（同轴式）、LPJ 型—两级、三级圆柱齿轮减速器（平行轴式）、LPB 型—大跨距两级、三级圆柱齿轮减速器（平行轴式）、CFL 型—单级行星齿轮减速器、DC 型—单级圆柱齿轮减速器（同轴式）、LDC 型—大跨距单级圆柱齿轮减速器（同轴式）、W 型—圆弧齿圆柱蜗杆减速器、CW 型—圆柱齿轮、圆弧齿圆柱蜗杆减速器、KF 型—三级圆柱、圆锥齿轮减速器、YLD 型—移位滚柱减速器、X 系列、B 系列—单级摆线针轮减速器、X 系列、B 系列—两级摆线针轮减速器。

② 大跨距减速器一般不推荐使用。

③ 减速器型号，以各减速器制造厂的样本为准，此表仅按部分厂的型号表示方法。

标 32　搅拌传动装置——传动轴　HG21568—1995

1　适用范围

本标准适用于 HG21563“搅拌传动装置系统组合、选用及技术要求”规定的搅拌传动装置。

2　引用标准(略)

3　型式和尺寸

3.1　传动轴的型式应根据机架型式、轴的安装形式和釜内轴头型式确定，按标表 32－1 的规定。

标表 32－1　传动轴型式

传动轴釜内轴头型式（釜内联轴器）	机架型式(单支点、双支点)			
	A		B	
	传动轴安装形式			
	上装(S)	下装(X)	上装(S)	下装(X)
C(凸缘)	ASC	AXC	BSC	BXC
D(夹壳)	ASD	AXD	BSD	BXD
E(焊接)	—	AXE	—	BXE
F(整体)	—	AXF	—	BXF

3.2　若采用整体轴，则釜内联轴器取消，传动轴下端延伸兼作搅拌轴，用户应提供传动轴加长延伸部分的尺寸要求。

3.3　传动轴伸入反应罐的长度 L(见标图 32－1～2)，按标表 32－2 的规定，如有特殊要求，须在订货时注明。

3.4　尺寸

3.4.1　传动轴主要尺寸按标图 32－1～2 及标表 32－2 的规定。

标表 32－2　d_1 及 L 尺寸　mm

传动轴轴径 d	30	40	50	60	70	80	90	100	110	120	130	140	160
d_1	20	30	40	45	55	65	75	85	90	100	110	120	140
L	250	250	350	480	480	550	580	650	700	750	800	900	1 000

3.4.2　采用凸缘联轴器、夹壳联轴器及焊法兰式联轴器的传动轴，其下端轴径，按标表 32－3 规定，其型式按 HG21570 的规定。

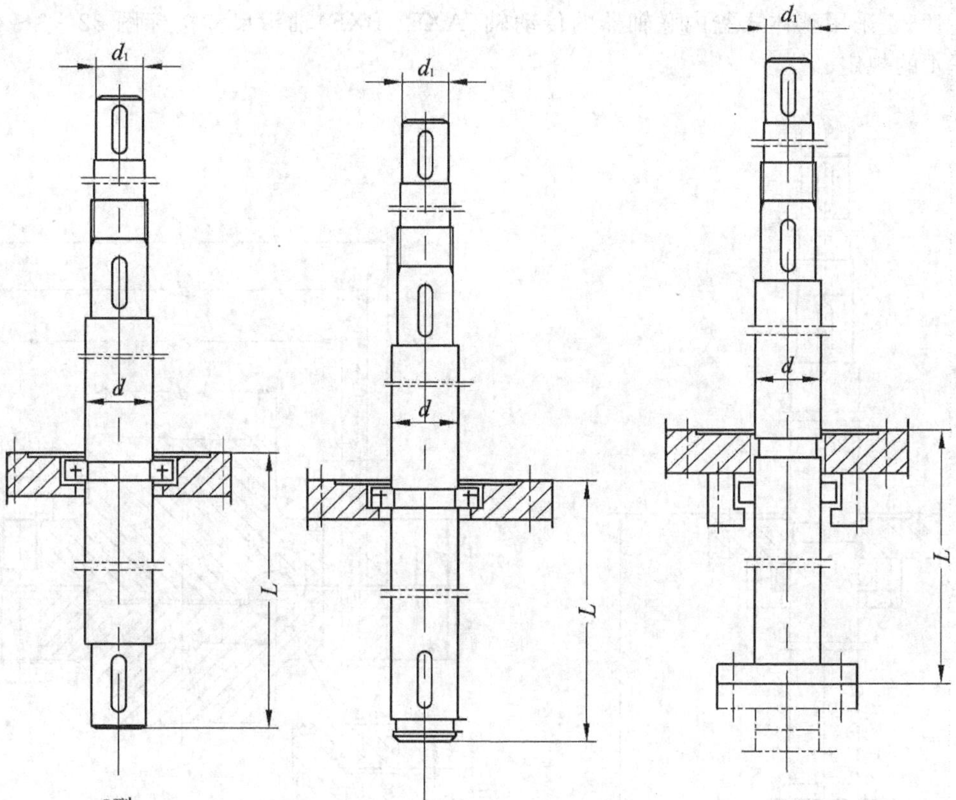

标图 32-1　传动轴及釜内轴头型式

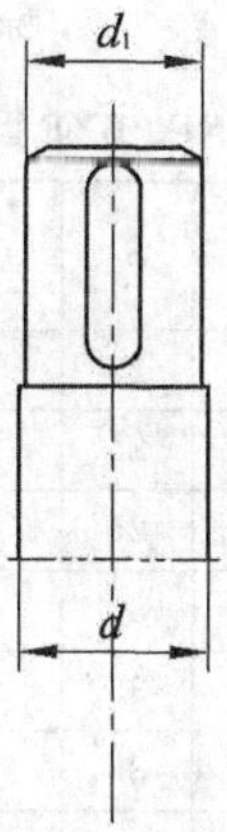

标图 32-2　传动轴上端轴头

标表 32-3　下端轴径尺寸

mm

传动轴轴径 d		30	40	50	60	70	80	90	100	110	120	130	140	160
下端轴径	凸缘联轴器	25	35	45	55	65	75	85	90	100	110	120	125	140
	夹壳联轴器、焊接法兰式联轴器	30	40	50	60	70	80	90	100	110	120	130	140	160

3.4.3　采用整体式釜内联轴器的传动轴(AXF、BXF)轴头尺寸按标图 32－3～4 及标表 32－4 的规定。

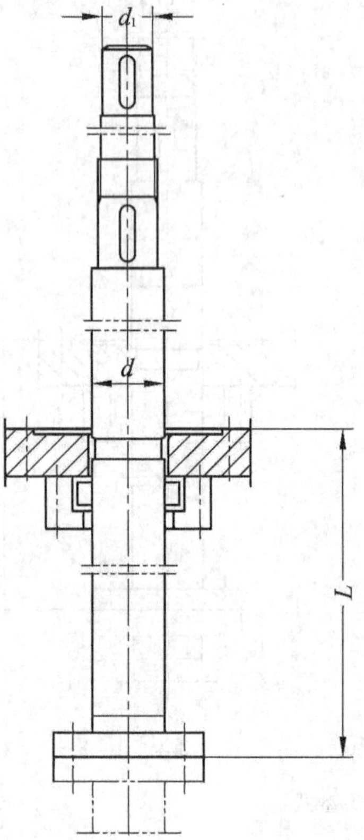

标图 32－3　AXF、BXF 型传动轴釜内轴头

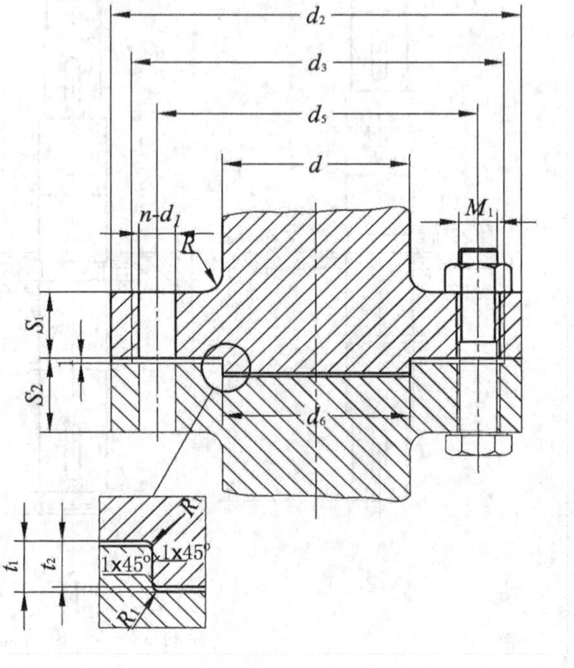

标图 32－4　AXF、BXF 型釜内轴头详图

标表 32－4　AXF、BXF 型釜内轴头尺寸　　mm

轴径 d	d_2	d_3	d_5	d_6 (H8/f7)	R	S_1	S_2	t_1	t_2	n	M_1	d_7	L	许用扭矩 (N·m)
30	105	86	70	30	4	20	25	7	6	6	M12	13.5	250	320
40	110	91	75	40	4	20	25	7	6	6	M12	13.5	250	335
50	130	115	95	50	4	20	25	7	6	6	M16	17.5	350	765
60	145	130	110	60	8	25	30	7	6	6	M16	17.5	480	860
70	170	150	125	70	8	30	35	8	7	6	M20	22	480	1 560
80	185	164	140	80	8	30	35	8	7	6	M20	22	550	1 700
90	195	180	150	90	8	30	35	8	7	8	M20	22	580	2 400
100	220	198	170	100	12	30	40	8	7	8	M24	26	650	3 900
110	240	220	190	110	12	30	40	8	7	8	M24	26	700	4 300
120	280	245	210	120	12	36	45	8	7	8	M30	33	750	7 850
130	290	260	220	130	12	36	45	10	9	8	M30	33	800	8 500
140	300	276	235	140	16	40	50	10	9	8	M36	39	900	12 500
160	340	306	265	160	16	50	60	10	9	8	M36	39	1 000	14 000

4　标记及标记示例

HG21568—1995 传动轴 □ □—□/□ □

- 材料代号(见标表 32－5)
- 轴伸长度 L(mm) 取规定值时,此项缺省
- 轴径 d
- 机架公称直径(mm)
- 传动轴型号(见标表 32－1)

传动轴材料代号按标表 32－5 的规定

标表 32－5

材料牌号	35	40	45	1Cr13	40Cr	0Cr18Ni9	0Cr17Ni12Mo2
代　　号	34	40	45	1Cr13	40Cr	304	316

4.1　标记示例

上装式配用 A 型机架,下端轴头采用夹壳联轴器的传动轴,轴径 60 mm,机架公称直径 300 mm,传动轴伸入釜内长度为 1 000 mm,材质为 35 钢。

则标记为

HG21568—1995　ASD 300－60/1000－35

标 33　搅拌传动装置——联轴器　HG21570—1995

1　适用范围

本标准适用于搅拌传动装置传动轴与釜内搅拌轴的连接之用,也可适用于其他用途的两同轴线连接的圆柱形轴系传动。

2　引用标准　(略)

3　型式、尺寸、材料

3.1　C 型凸缘联轴器型式和尺寸按标图 33－1～2 和标表 33－1～2 的规定。

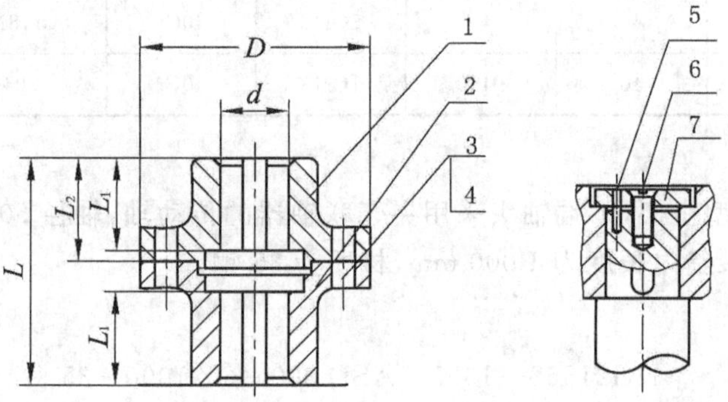

1. 上半联轴节；2. 下半联轴节；3. 铰制孔螺栓；4. 螺母；5. 圆柱销；6. 螺钉；7. 轴端挡圈

标图 33－1　凸缘联轴器(C 型)

标表 33－1　C 型凸缘联轴器主要尺寸　mm

轴　径 d	D	L_1	L_2	L	许用扭矩 (N·m)	许用转速 (r/min)	质　量
25	120	50	55	117	46	2 200	5.8
30					87		5.5
35	130	60	67	141	150	2 150	8.0
40					236		7.6
45	155	70	81	169	355	1 960	15.0
50					515		14.0
55	170	85	98	203	730	1 940	21.0
60					975		20.0
65	190	100	112	233	1 200	1 790	29.0
70					1 700		28.0

（续表）

轴　径 d	D	L_1	L_2	L	许用扭矩 (N·m)	许用转速 (r/min)	质　量
75	215	110	126	261	2 150	1 660	40.0
80					2 650		38.5
85	235	120	136	281	3 400	1 590	57.0
90					4 120		55.0
100	265	130	146	301	5 800	1 470	68.0
110	290	140	160	329	8 250	1 360	92.0
120	330	155	175	359	12 500	1 260	128.0
125							115.5
130	360	170	194	397	16 000	1 225	180.0
140					19 000		170.0
160	400	200	224	457	30 700	1 190	250.0

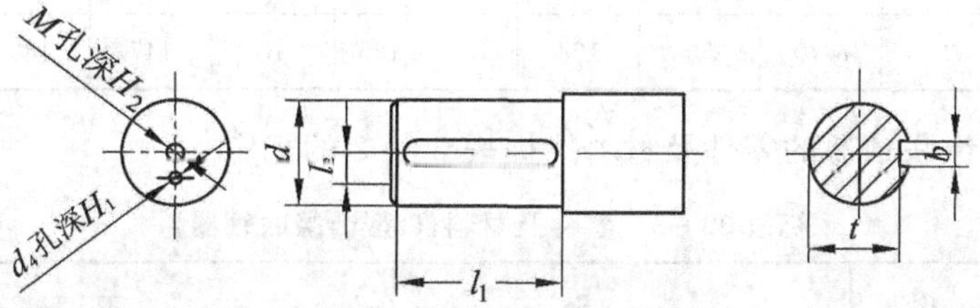

标图 33－2　配用 C 型凸缘联轴器轴头

标表 33－2　配用 C 型凸缘联轴器轴头尺寸表　　mm

传动轴轴径 d	d_4 (g6)	H_1	M	H_2	l_1	l_2	b	t	l_3	l_4	f
25	3	6	$M6$	12	48	10±0.11	8	21	40	4	0.4
30							8	26			
35	3	6	$M6$	12	58	12±0.135	10	30	50	4	0.6
40							12	35			
45	4	8	$M8$	16	68	16±0.135	14	39.5	63	3	0.6
50							14	44.5			
55	4	8	$M8$	16	83	16±0.135	16	49	70	6	0.8
60						20±0.165	18	53			

（续表）

传动轴轴径 d	d_4 (g6)	H_1	M	H_2	l_1	l_2	b	t	l_3	l_4	f
65	4	8	$M8$	16	98	20±0.165	18	58	90	4	1
70							20	62.5			
75	5	10	$M12$	20	108	25±0.165	20	67.5	100	4	1
80							22	71			
85	5	10	$M12$	20	118	25±0.165	22	76	110	4	1
90							25	81			
100	5	10	$M12$	20	128	25±0.165	28	90	110	7	1
110	6	14	$M16$	25	138	28±0.165	28	100	125	6	1
120	8	16	$M16$	25	153	28±0.165	32	109	140	6	1
125							32	114			
130	8	16	$M16$	25	168	32±0.195	32	119	160	4	1
140							36	128			
160	10	20	$M20$	30	198	36±0.195	40	147	180	8	1

3.2　C型凸缘联轴器的零件及材料按标表33－3的规定

标表33－3　零件及材料(C型凸缘联轴器)

序　号	名　　称	碳　　钢	不　锈　钢
1	上半联轴节	HT200(GB9439) ZG270—500(GB11352) 35(GB4385Ⅲ级)	ZG1Cr18Ni9Ti(GB2100) ZG1Cr18Ni12Mo2Ti0Cr19Ni9 1Cr18Ni12Mo2Ti(GB4385Ⅲ级)
2	下半联轴节		
3	铰制孔螺栓	8.8级 (GB27)	0Cr18Ni9 (GB27)
4	螺　　母	8级 (GB6170)	0Cr18Ni9 (GB6170)
5	圆 柱 销	35 (GB119)	0Cr18Ni9 (GB119)
6	螺　　钉	4.8级 (GB819)	0Cr18Ni9 (GB819)
7	轴端挡圈	Q235－A (GB891)	0Cr18Ni9 (GB891)

注：亦可采用其他不锈钢材料，但应在订货时注明材料编号。

3.3　D型夹壳联轴器型式和尺寸按标图33－3～4和标表33－4～5的规定。

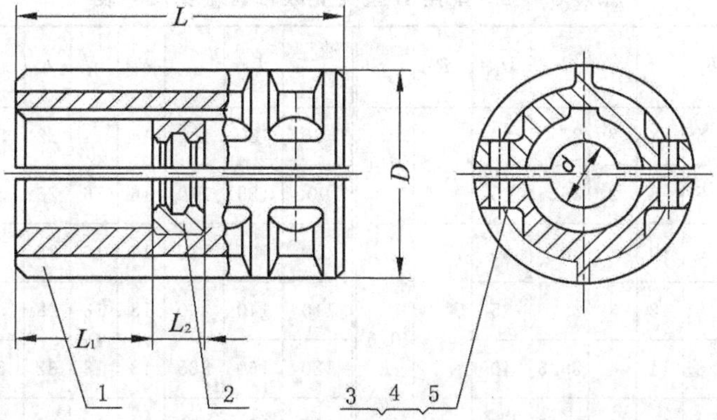

1. 左(右)半联轴节；2. 吊环；3. 螺栓；4. 螺母；5. 垫圈

标图 33－3　夹壳联轴器(D 型)

标表 33－4　D 型夹壳联轴器主要尺寸　mm

轴径 d	D	L	L_1	L_2	许用扭矩 (N·m)	质量 (kg)	轴径 d	D	L	L_1	L_2	许用扭矩 (N·m)	质量 (kg)
25	102	130	52	26	40	4.47	80	185	280	111	58	2 500	30.2
30	102	130	52	26	60	4.47	90	230	330	132	66	3 800	56.4
35	110	162	68	26	80	7.6	100	230	330	132	66	5 400	65
40	110	162	68	26	100	7.6	110	260	390	158	74	7 500	64
45	120	190	78	34	125	10.8	120	280	440	183	74	11 000	122
50	130	190	78	34	150	10.8	125	280	440	183	74	11 000	125
55	150	190	78	34	500	10.8	130	280	440	183	74	11 000	125
60	172	250	104	42	850	26	140	325	500	208	84	15 000	220
65	172	250	104	42	1 250	25.1	160	340	500	205	90	20 000	215
70	172	250	100	50	1 700	24.5							

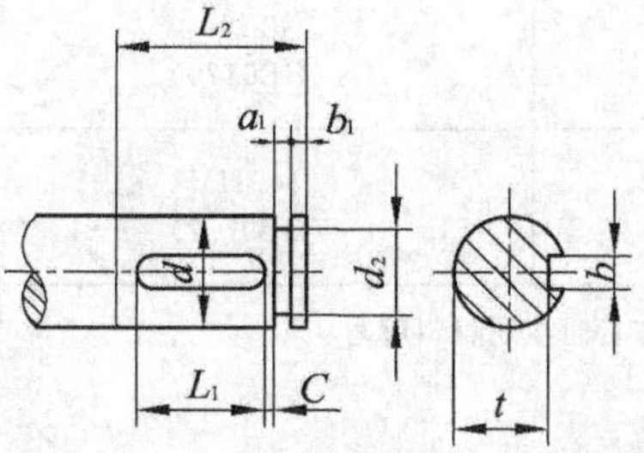

标图 33－4　配用 D 型夹壳联轴器的轴头

标表 33－5　配用 D 型夹壳联轴器轴头尺寸表　mm

<table>
<tr><th>轴径
d</th><th>L_1</th><th>L_2</th><th>a_1</th><th>b_1</th><th>b</th><th>c</th><th>t</th><th>d_2</th><th>R</th><th>f</th><th>轴径
d</th><th>L_1</th><th>L_2</th><th>a_1</th><th>b_1</th><th>b</th><th>c</th><th>t</th><th>d_2</th><th>R</th><th>f</th></tr>
<tr><td>25</td><td>50</td><td>70</td><td>6</td><td>5</td><td>8</td><td>2</td><td>21</td><td>20</td><td rowspan="2">0.2</td><td rowspan="2">0.4</td><td>80</td><td>100</td><td>145</td><td>14</td><td>14</td><td>22</td><td>5</td><td>71</td><td>70</td><td rowspan="9">0.5</td><td rowspan="9">1</td></tr>
<tr><td>30</td><td>50</td><td>70</td><td>6</td><td>5</td><td>8</td><td>2</td><td>26</td><td>25</td><td>90</td><td>125</td><td>170</td><td>16</td><td>16</td><td>25</td><td>5</td><td>81</td><td>80</td></tr>
<tr><td>35</td><td>63</td><td>85</td><td>6</td><td>6</td><td>10</td><td>3</td><td>30</td><td>30</td><td rowspan="8">0.3</td><td rowspan="4">0.6</td><td>100</td><td>125</td><td>170</td><td>16</td><td>16</td><td>28</td><td>5</td><td>90</td><td>90</td></tr>
<tr><td>40</td><td>63</td><td>85</td><td>6</td><td>6</td><td>12</td><td>3</td><td>35</td><td>35</td><td>110</td><td>140</td><td>200</td><td>18</td><td>18</td><td>28</td><td>5</td><td>100</td><td>100</td></tr>
<tr><td>45</td><td>70</td><td>100</td><td>8</td><td>8</td><td>14</td><td>4</td><td>39.5</td><td>40</td><td>120</td><td>160</td><td>225</td><td>18</td><td>18</td><td>32</td><td>5</td><td>109</td><td>110</td></tr>
<tr><td>50</td><td>70</td><td>100</td><td>8</td><td>8</td><td>14</td><td>4</td><td>44.5</td><td>42</td><td>125</td><td>160</td><td>225</td><td>18</td><td>18</td><td>32</td><td>5</td><td>114</td><td>115</td></tr>
<tr><td>55</td><td>70</td><td>100</td><td>8</td><td>8</td><td>16</td><td>4</td><td>49</td><td>46</td><td rowspan="2">0.8</td><td>130</td><td>180</td><td>225</td><td>18</td><td>18</td><td>32</td><td>5</td><td>119</td><td>120</td></tr>
<tr><td>60</td><td>100</td><td>130</td><td>10</td><td>10</td><td>18</td><td>4</td><td>53</td><td>50</td><td>140</td><td>200</td><td>255</td><td>20</td><td>20</td><td>36</td><td>5</td><td>128</td><td>128</td></tr>
<tr><td>65</td><td>100</td><td>130</td><td>10</td><td>10</td><td>18</td><td>4</td><td>58</td><td>55</td><td rowspan="2">1</td><td>160</td><td>200</td><td>255</td><td>22</td><td>22</td><td>40</td><td>5</td><td>147</td><td>148</td></tr>
<tr><td>70</td><td>90</td><td>130</td><td>12</td><td>12</td><td>20</td><td>5</td><td>62.5</td><td>60</td><td></td><td></td><td></td><td></td><td></td><td></td><td></td><td></td><td></td><td></td><td></td></tr>
</table>

3.4　D 型夹壳联轴器的零件及材料按标表 33－6 的规定。

标表 33－6　零件及材料(D 型夹壳联轴器)

序　号	名　　称	材　　料	
		碳　　钢	不　锈　钢
1	左(右)半联轴节	HT200 (GB9439) ZG270—500 (GB11352)	ZG1Cr18Ni9Ti ZG1Cr18Ni12Mo2Ti (GB2100)
2	吊　　环	45 (GB4385Ⅲ级)	0Cr18Ni9 (GB4385Ⅲ级)
3	螺　　栓	8.8 级 (GB5782)	A2－50、A2－70 (GB5782)
4	螺　　母	8 级 (GB6170)	0Cr18Ni9 (GB6170)
5	垫　　圈	140HV (GB97.2)	A140 (GB97.2)

注：亦可采用其他不锈钢材料，但应在订货时注明材料牌号。

4　标记及标记示例

4.1　标记

HG21570—1995 联轴器 □ □ / □ - □

- 材料代号(见标表 33 - 7)
- 联轴节小端轴径(mm),若轴径一致则可省略
- 联轴器规格
- 联轴器型号(C：凸 D：夹壳 E：焊接)

标表 33 - 7 材 料 代 号

材料牌号	HT200	ZG270—500	20	35	0Cr18Ni9	1Cr17Ni14Mo2Ti	00Cr17Ni14Mo2	ZG1Cr18Ni9Ti	ZG1Cr18Ni12Mo2Ti
代号	HT	ZG	20	35	304	316	316L	ZG321	ZG316Ti

5 标记示例

凸缘联轴器轴径 50 mm,材料 ZG270—500 标记为：

HG21570—1995 联轴器 C50 - ZG

夹壳联轴器轴径 100 mm,材料 HT200,标记为：

HG21570—1995 联轴器 D100 - HT

焊接式联轴器轴径 70 mm,材料 0Cr18Ni9,标记为：

HG21570—1995 联轴器 E70 - 304

凸缘联轴器上半联轴节轴径 $d=50$ mm,下半联轴节轴径 $d=60$ mm,材料 HT200 标记为：

HG21570—1995 联轴器 C60150 - HT

标34　搅拌传动装置——机械密封　HG21571—1995

1　适用范围

本标准适用于设计压力 PN −0.1～1.6 MPa(−1～16 bar),设计温度−20～300℃的搅拌容器,用于传动轴的机械密封。

2　引用标准　(略)

3　型式、尺寸

3.1　本标准机械密封的型式按标表 34－1 的规定。

标表 34－1　机械密封型式

型号	结构						压力等级(MPa)	使用温度(℃)	最大线速度 V_g (m/s)	介质端材料
	轴向单端面	双端面		非平衡	平衡	内置轴承				
		径向	轴向							
2001	✓				✓		0.6	−20～150	3	碳、钢、不锈钢
2002	✓				✓	✓				
2003		✓			✓		1.6	−20～300		
2004			✓	✓						
2005			✓	✓		✓				
2006			✓		✓					
2007			✓		✓	✓			2	
2008			✓		✓					

3.2　各种型号机械密封的结构和主要外形尺寸按标图 34－1 和标表 34－2 的规定。

标表 34－2　机械密封外形尺寸　mm

轴径 d	D_1	D_2	D_3	螺柱孔		L_1 (2001，2003，2004 2006，2008 不大于)	L_2 (2002，2005 2007 不大于)	封液进出口 A、B (英寸)
				n	ϕ			
30	175	145	110	4	18	135	215	G1/2″
40	175	145	110	4	18	135	215	G1/2″
50	240	210	176	8	18	140	230	G1/2″
60	240	210	176	8	18	150	240	G1/2″
70	240	210	176	8	18	160	280	G1/2″

（续表）

轴径 d	D_1	D_2	D_3	螺柱孔		L_1 (2001，2003，2004 2006，2008 不大于)	L_2 (2002，2005 2007 不大于)	封液进出口 A、B (英寸)
				n	ϕ			
80	275	240	204	8	22	160	280	G1/2″
90	305	270	234	8	22	170	280	G1/2″
100	305	270	234	8	22	170	280	G1/2″
110	330	295	260	8	22	195	290	G1/2″
120	330	295	260	8	22	195	290	G1/2″
130	330	295	260	8	22	200	305	G1/2″
140	395	350	313	12	22	200	305	G1/2″
160	395	350	313	12	22	205	310	G1/2″

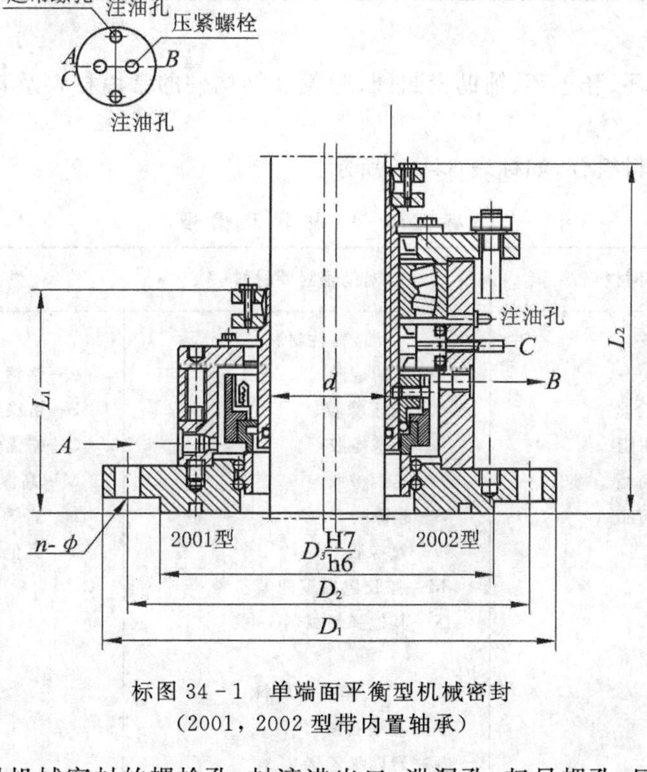

标图 34－1　单端面平衡型机械密封

（2001，2002 型带内置轴承）

3.3　各种型号机械密封的螺栓孔、封液进出口、泄漏孔、起吊螺孔、压紧螺栓的方位、应与 HG21566、HG21567 机架下部的窗口相对应。

3.4　设计者根据工况选用不同型式的机械密封，其推荐选用工况按标表 34－3 的规定。

标表 34-3　推荐选用表

压力等级	介　质	介质温度	推荐使用机械密封	推荐使用循环保护系统流程
0.6 MPa	一般性介质	≤80℃	2001/2002	流程 5
		>80℃		流程 1、4
	易燃、易爆、有毒	≤80℃	2003 2004/2005	流程 7、8
		>80℃		流程 3、8
1.6 MPa	一般性介质	≤80℃	2003/2004/2005	流程 6、7
			2006/2007/2008	流程 5、6
		>80℃	2003/2004/2005	流程 2、3
			2006/2007/2008	流程 1、2
	易燃、易爆、有毒	≤80℃	2003/2004/2005	流程 7、8
		>80℃		流程 3、8

4　材料及代号

机械密封旋转环、静止环、辅助密封圈、弹簧及结构件的常用材料及其代号按标表 34-4 的规定。

推荐的常用材料组合，如标表 34-5 所示。

标表 34-4　材料及代号

旋转环、静止环材料	辅助密封圈材料	弹簧和结构件
碳—石墨	弹性材料	D—碳钢
At—石墨浸渍铜	P—丁腈橡胶	E—铬钢
Ab—石墨浸渍巴氏合金	N—氯丁橡胶	F—铬镍钢
Bq—石墨浸渍酚醛树脂	B—丁基橡胶	C—铬镍钼钢
Bk—石墨浸渍呋喃树脂	E—乙丙橡胶	M—高镍合金
Bh—石墨浸渍环氧树脂	S—硅橡胶	N—青铜
Cg—硅化石墨	V—氟橡胶	T—其他材料
金属	M—橡胶包覆聚四氟乙烯	
D—碳钢	X—其他弹性材料	
E—铬钢		
F—铬镍钢	非弹性材料	
G—铬镍钼钢	A—浸渍石墨	
H—铬镍钢合金	T—聚四氟乙烯	
K—铬镍钼钢合金	F—石棉橡胶材料	
M—高镍合金	C—柔性石墨	
N—锡磷青铜	Y—其他非弹性材料	
P—铸铁		
R—合金铸铁		

（续表）

旋转环、静止环材料	辅助密封圈材料	弹簧和结构件
S—铸造铬钢		
T—其他金属		
In—金属表面熔焊镍基合金		
Ig—金属表面熔焊钴基合金		
It—金属表面熔焊铁基合金		
J—金属表面喷涂		
氮化物		
Q—氮化硅		
碳化物		
U—碳化钨		
O—碳化硅		
L—其他碳化物		
金属氧化物		
V—氧化铝		
W—氧化铬		
X—其他金属氧化物		
塑料		
Yt—填充玻纤聚四氟乙烯		
Yb—填充石墨聚四氟乙烯		
Z—其他工程塑料		

标表 34-5　常用材料组合

<table>
<tr><th rowspan="2">介质性质</th><th rowspan="2">介质温度</th><th colspan="3">介　质　侧</th><th rowspan="2">弹　簧</th><th rowspan="2">结构件</th><th colspan="3">大　气　侧</th></tr>
<tr><th>旋转环</th><th>静止环</th><th>辅助密封圈</th><th>旋转环</th><th>静止环</th><th>辅助密封圈</th></tr>
<tr><td rowspan="2">一般</td><td>≤80℃</td><td rowspan="4">石墨浸渍树脂（Bq，Bk，Bh）</td><td rowspan="2">碳化钨（U）</td><td>丁腈橡胶（P）</td><td rowspan="2">铬镍钢（F）</td><td rowspan="2">铬钢（E）</td><td rowspan="4">石墨浸渍树脂（Bq，Bk，Bh）</td><td rowspan="4">碳化钨（U）</td><td>丁腈橡胶（P）</td></tr>
<tr><td>>80℃</td><td>氟橡胶（V）</td><td rowspan="3">氟橡胶（V）</td></tr>
<tr><td rowspan="2">腐蚀性强</td><td>≤80℃</td><td rowspan="2">碳化硅（O）</td><td rowspan="2">橡胶包覆聚四氟乙烯（M）</td><td rowspan="2">铬镍钼钢（G）</td><td rowspan="2">铬镍钢（F）</td></tr>
<tr><td>>80℃</td></tr>
</table>

5　标记及标记示例

5.1　标记

HG21571—1995　MS—××××—×××—××××××××

机械密封英文缩写 ——（MS）

机械密封型号 ——（××××）

机械密封公称直径（用 3 位数表示，不足 3 位数需在前面加零）——（×××）

零件材料代号（用字母表示，按下列规定）——（××××××××）

零件材料代号位置如下：

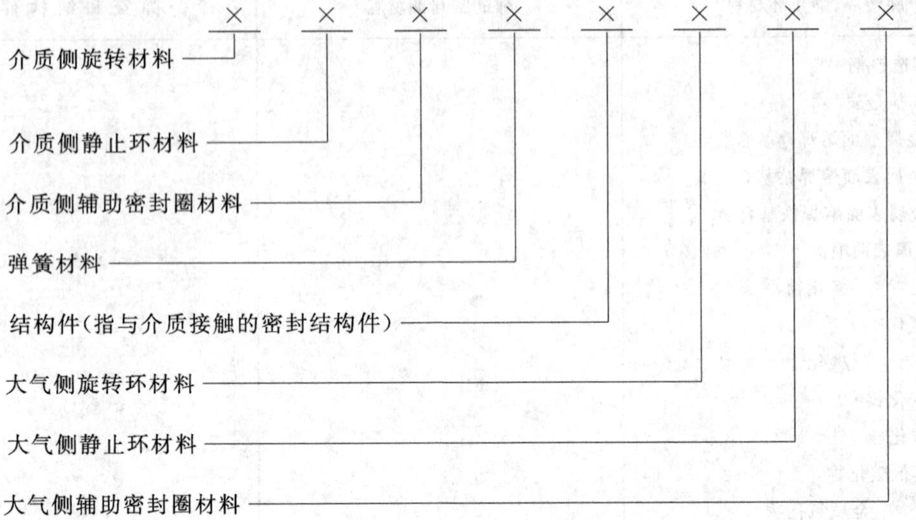
× × × × × × × ×
介质侧旋转材料
介质侧静止环材料
介质侧辅助密封圈材料
弹簧材料
结构件(指与介质接触的密封结构件)
大气侧旋转环材料
大气侧静止环材料
大气侧辅助密封圈材料

标 35　搅拌器型式及主要参数　HG/T2123—1991

1　适用范围

本标准适用于公称直径 400～5 000 mm 的立式机械搅拌容器所设置的搅拌器，用于密度小于 2 000 kg/m^3 的液体介质进行各种物理化学过程的搅拌。

2　符号

D_j：搅拌器直径；

D_n：搅拌容器的内径；

b：搅拌器的宽度；

h：搅拌器离底高度；

l：桨叶长度；

d_1：桨叶轮壳直径；

h_1：桨叶高度；

S：螺带搅拌器或螺杆搅拌器的螺距；

h_2：导流筒的高度；

D_d：导流筒内直径；

Z：桨叶数；

θ：桨叶倾斜角；

α：桨叶弯角；

β：桨叶上翘角；

Z_1：螺带条数。

3　搅拌器型式、系列及主要参数

搅拌器型式、系列及主要参数见标表 35－1。

标表 35－1　搅拌器型式、系列

<table>
<tr><th rowspan="2">序号</th><th rowspan="2" colspan="2">搅拌器型式</th><th rowspan="2">示意图</th><th rowspan="2">搅拌器直径系列 D_j (mm)</th><th colspan="3">主要参数</th></tr>
<tr><th>结构参数</th><th>桨端线速度 v (m/s)</th><th>动力黏度 μ (Pa·s)</th></tr>
<tr><td rowspan="2">1</td><td rowspan="2">桨式</td><td>直叶</td><td>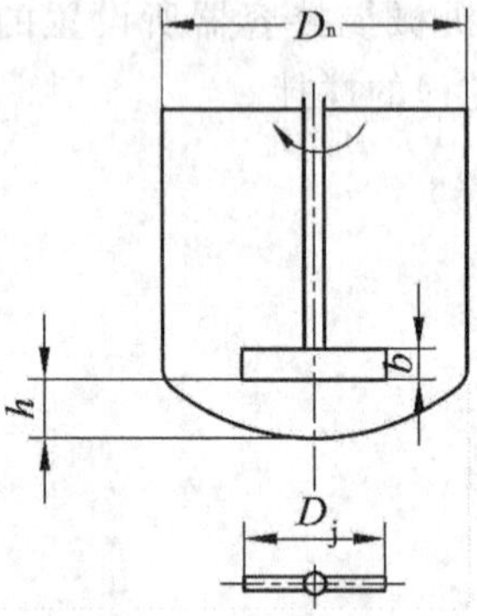</td><td rowspan="2">100　700
125　800
160　900
180　1 000
200　1 120
220　1 250
250　1 400
280　1 600
320　1 800
360　2 000
400　2 240
450　2 500
500　2 800
560　3 150
630　3 550</td><td>$D_j=(0.25\sim0.75)Dn$
$b=(0.1\sim0.25)D_j$
$h=(0.2\sim1)D_j$
$Z=2$</td><td rowspan="2">$v=1\sim5$</td><td rowspan="2"><20</td></tr>
<tr><td>折叶</td><td>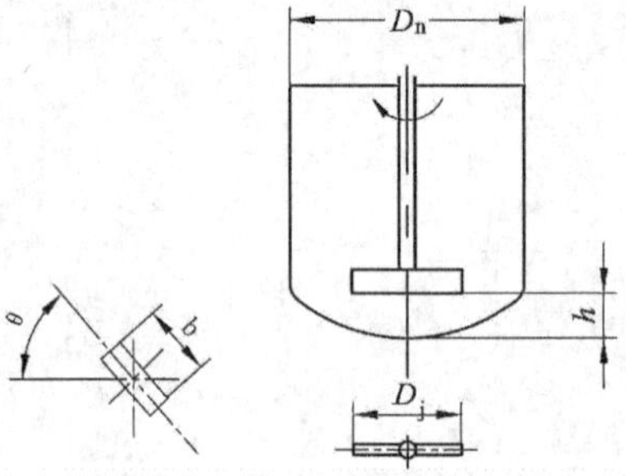</td><td>$D_j=(0.25\sim0.75)Dn$
$b=(0.1\sim0.3)D_j$
$h=(0.2\sim1)D_j$
$\theta=45°、60°$
$Z=2$</td></tr>
<tr><td>2</td><td>开启涡轮式</td><td>直叶</td><td>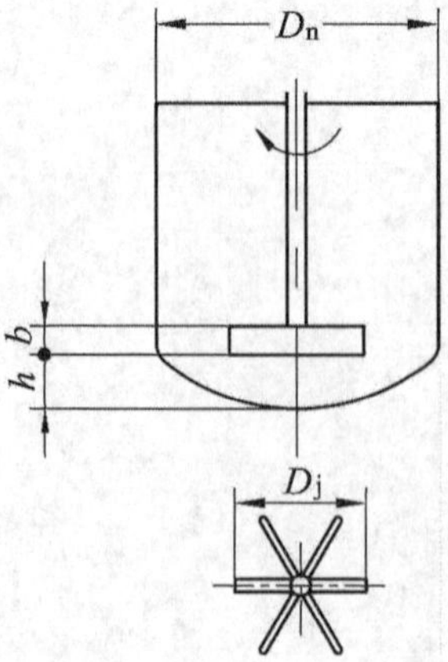</td><td>80
100　320
125　360
160　400
180　450
200　500
220　560
250　630
280</td><td>$D_j=(0.2\sim0.5)Dn$
$b=(0.125\sim0.25)D_j$
$h=(0.2\sim1)D_j$
$Z\geqslant3$</td><td>$v=4\sim10$</td><td><50</td></tr>
</table>

标 36　塔顶吊柱　HG/T21639—2002

1　适用范围

本标准适用于塔或直立设备在安装、检修时起吊塔板或其他的零件。

2　基本参数

2.1　吊柱的结构形式见标图 36－1。

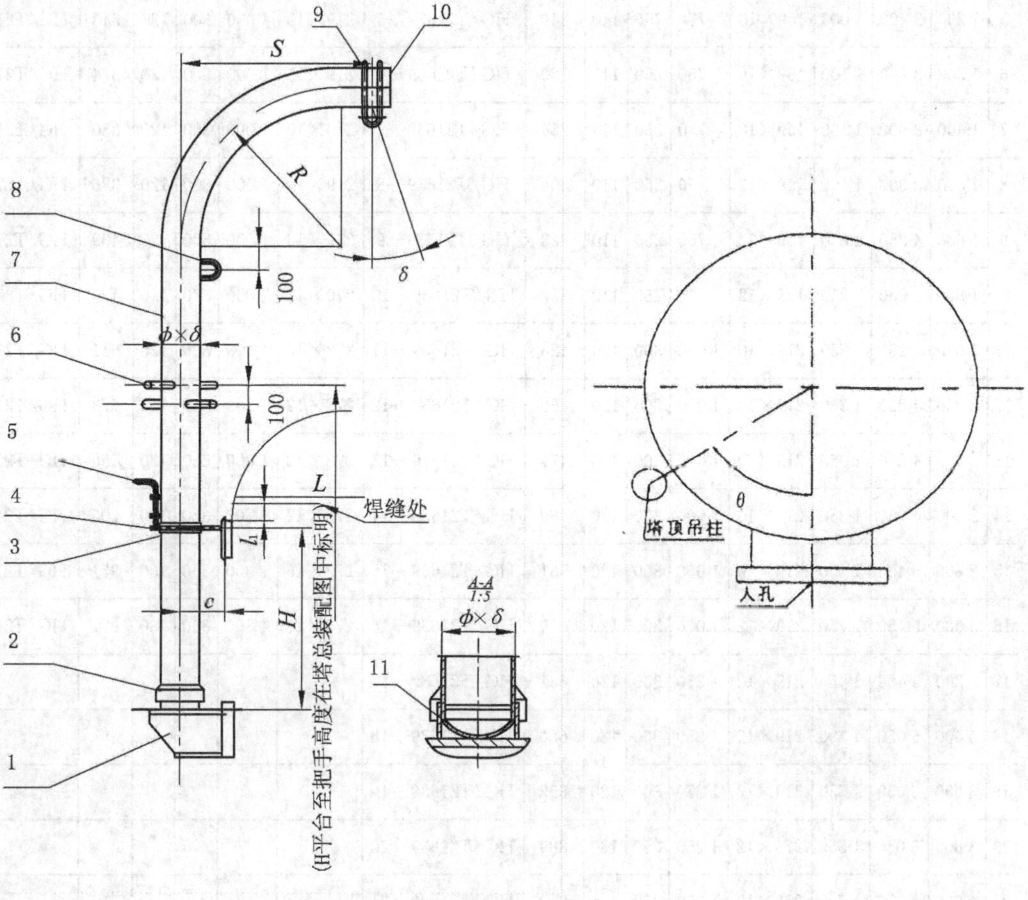

图 36－1

1—下支座；2—防雨罩；3—挡销；4—上支座；5—止动插销；6—手把；7—吊杆；8—吊环；9—吊钩；10—封板；11—支承封头

2.2　基本参数及标准图号见标表 36－1。

标表 36－1　基本参数及标准图号表

变量序号	G=500 kg									G=1 000 kg					
	S	L	H	$\phi\times\delta$	R	e	l_1	质量(kg)	标准图号	$\phi\times\delta$	R	e	l_1	质量(kg)	标准图号
1	800	3 150	900	159×10	750	250	110	215	HG/T21639—1						
2	900	3 400	1 000	159×10	750	250	110	227.8	HG/T21639—2						
3	1 000	3 400	1 000	159×10	750	250	110	232	HG/T21639—3	219×10	900	300	120	335	HG/T21639—27
4	1 100	3 400	1 000	159×10	750	250	110	236	HG/T21639—4	219×10	1 000	300	120	338	HG/T21639—28
5	1 200	3 400	1 000	159×10	750	250	110	240	HG/T21639—5	219×10	1 000	300	120	343	HG/T21639—29
6	1 300	3 900	1 100	159×10	750	250	110	260	HG/T21639—6	219×10	1 000	300	120	374	HG/T21639—30
7	1 400	3 900	1 100	159×10	750	250	110	264	HG/T21639—7	219×10	1 000	300	120	380	HG/T21639—31
8	1 500	3 900	1 100	159×12	750	250	110	304	HG/T21639—8	219×10	1 000	300	120	386	HG/T21639—32
9	1 600	4 250	1 250	159×12	750	250	110	323	HG/T21639—9	219×12	1 000	300	120	409	HG/T21639—33
10	1 800	4 250	1 250	159×12	750	250	110	332	HG/T21639—10	219×12	1 000	300	120	420	HG/T21639—34
11	2 000	4 250	1 250	219×10	1 000	300	120	428	HG/T21639—11	273×12	1 300	300	120	611	HG/T21639—35
12	2 200	4 850	1 350	219×10	1 000	300	120	469	HG/T21639—12	273×12	1 300	350	130	673	HG/T21639—36
13	2 400	4 850	1 350	219×10	1 000	300	120	479	HG/T21639—13	273×12	1 300	350	130	688	HG/T21639—37
14	2 600	4 850	1 350	219×10	1 000	300	120	489	HG/T21639—14	273×12	1 300	350	130	703	HG/T21639—38
15	2 800	5 450	1 450	219×10	1 000	300	120	531	HG/T21639—15	273×16	1 300	350	130	951	HG/T21639—39
16	3 000	5 450	1 450	219×12	1 000	300	120	619	HG/T21639—16	273×16	1 300	350	130	971	HG/T21639—40
17	3 200	5 450	1 450	219×12	1 250	300	120	631	HG/T21639—17						
18	3 400	6 050	1 550	219×12	1 250	300	120	680	HG/T21639—18						
19	3 600	6 050	1 550	219×12	1 250	300	120	692	HG/T21639—19						
20	3 800	6 050	1 550	273×12	1 250	350	130	889	HG/T21639—20						
21	4 000	6 050	1 700	273×12	1 250	350	130	943	HG/T21639—21						
22	4 200	6 050	1 700	273×12	1 500	350	130	958	HG/T21639—22						
23	4 400	6 050	1 700	273×12	1 500	350	130	973	HG/T21639—23						
24	4 600	7 150	1 800	273×12	1 500	350	130	1 035	HG/T21639—24						
25	4 800	7 150	1 800	273×12	1 500	350	130	1 050	HG/T21639—25						
26	5 000	7 150	1 800	273×12	1 500	350	130	1 065	HG/T21639—26						

3　选用规定

3.1　吊杆上手把开孔位置尺寸 h 推荐为 1 200 mm，待塔体或直立设备上平台位置确定后，再确定吊杆上手把钻孔的位置。

3.2　$l_1 > 3S_1$ 且不小于 50 mm，S_1 为塔壁或直立设备壁厚度。

3.3　标记示例：

起吊质量：$G=500$ kg，悬臂长度 $S=1\,400$ mm 的吊柱。

标记：塔顶吊柱 $G=500$　$S=1\,400$　HG/T21639—7

标 37 丝网除沫器 HG/T21618—1998

1 适用范围

本标准适用于化工、石化、医药、轻工及环保等行业立式圆筒形设备使用的气液分离装置。用于分离气体中夹带的液滴直径大于 3～5 μm 的雾沫。

丝网除沫器的规格范围为 *DN* 300～*DN* 5 200 mm。

2 结构

2.1 丝网除沫器是由气液过滤网垫(由若干块网块拼合而成)和支承件两部分构成。

2.2 网块由若干层平铺的波纹型丝网、格栅及定距杆等组合而成。

2.3 丝网除沫器的气液过滤网垫应由专业除沫器制造厂供应,支承件由设备制造厂按除沫器制造厂提供的图纸制作。必要时,也可由专业除沫器制造厂提供,但应在订货时说明。

3 型式

3.1 丝网除沫器的型式分为上装式和下装式两种,见标图 37－1、标图 37－2 所示。

上装式丝网除沫器的通径范围为 *DN* 300～5 200 mm。

下装式丝网除沫器的通径范围为 *DN* 700～4 600 mm。

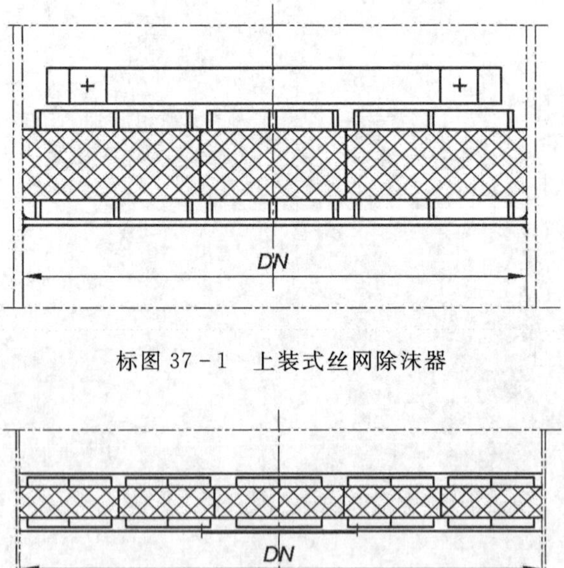

标图 37－1 上装式丝网除沫器

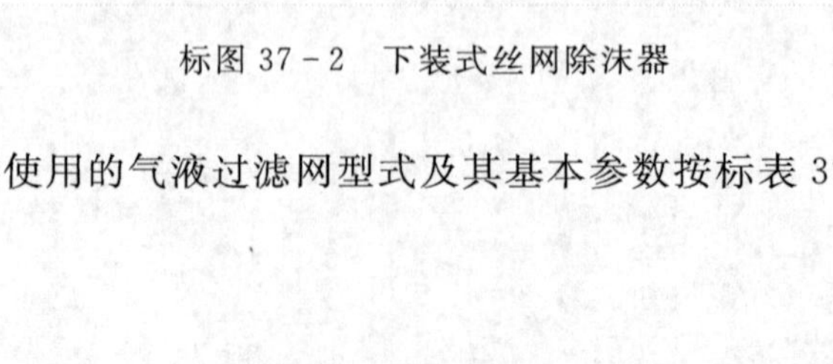

标图 37－2 下装式丝网除沫器

3.2 丝网除沫器使用的气液过滤网型式及其基本参数按标表 37－1 的规定。

标表 37－1 气液过滤网型式及基本参数

型式代号	容积质量 (kg/m^3)	比表面积 (m^2/m^3)	空隙率 ε
SP	168	529.6	0.978 8
HP	128	403.5	0.983 9
DP	186	625.5	0.976 5
HR	134	291.6	0.983 2

注：① 可采用其他型式的气液过滤网，如非金属网、多股金属丝网、金属丝与非金属丝交织网等，其参数及性能可向专业除沫器制造厂查询。
② 表中所列气液过滤网容积质量数据系按密度 7 930 kg/m^3 得到，如采用其他材料，此数据亦应相应修正。

3.3 采用标表 37－1 所列网型的气液过滤网应进行测定、确认。

4 尺寸

4.1 丝网除沫器的基本参数、主要结构尺寸按标表 37－2 和标图 37－3 的规定。丝网除沫器网块的网层厚度分为 100 mm 和 150 mm 两种规格。

标表 37－2 尺寸及质量 mm

公称直径 DN	主要外形尺寸			质量(kg)		
	H	H_1	D	丝网	格栅及定距杆	支承件
300	100	210	300	1.06	1.67	0.19
	150	260		1.59	1.72	0.19
400	100	210	400	1.83	2.27	0.19
	150	260		2.75	2.32	0.19
500	100	210	500	2.81	2.89	0.19
	150	260		4.22	2.94	0.19
600	100	210	600	3.99	3.47	0.19
	150	260		5.99	3.52	0.19

注：① 公称直径范围以外的规格，与制造厂协商。
② D 为丝网除沫器的有效直径，根据支承件的结构确定。
③ 丝网的质量系 SP 型气液过滤网网块的质量，如采用其他型式的气液过滤网，此值应进行调整。

5 标记和标记示例

5.1 标记

丝网除沫器的标记按下列规定：

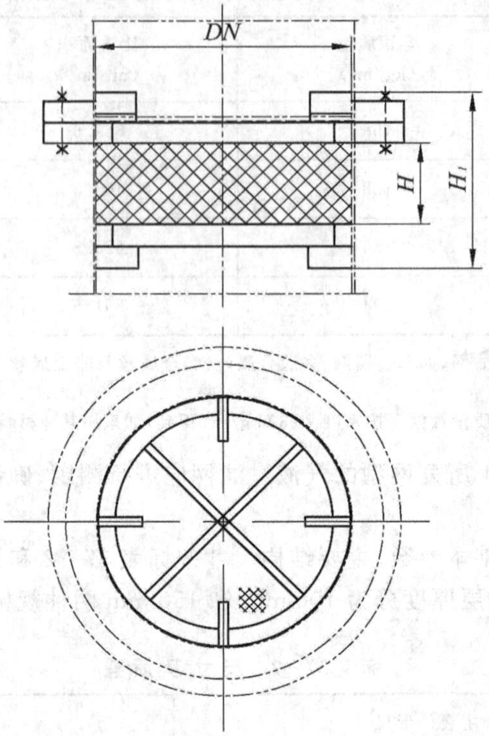

标图 37－3　*DN* 300～600 上装式丝网除沫器

HG/T21618　丝网除沫器 □□—□　□　□/□

- □/□ 中“/”后一格：格栅、支承件材料
- □/□ 中“/”前一格：网块材料
- 第四格：气液过滤网型式
- 第三格：网块高度 100 或 150 mm
- 第二格：公称通径，mm
- 第一格：丝网除沫器型式　　上装式 S，下装式 X
- HG/T21618：标准号

5.2　标记示例

例 1：*DN* 2 000 mm，*H*＝150 mm，过滤网型式为 SP 型，材料为 NS－80，格栅、支承件材料为 316 的上装式丝网除沫器，标记为：

HG/T21618　丝网除沫器 S2000—150　SP NS－80/316

例 2：*DN* 4 000 mm，*H*＝100 mm，过滤网型式为 DP 型，材料为 316 L，格栅、支承件材料为 304 的下装式丝网除沫器，标记为：

HG/T21618　丝网除沫器 X4000—100　DP 316L/304

标 38　耳式支座　JB/T4725—1992

1　适用范围

本标准适用于公称直径不大于 4 000 mm 的立式圆筒形容器。

2　型式特征及尺寸

型式特征及尺寸见标图 38－1～2 及标表 38－1～2。

标表 38－1　型 式 特 征

型　式	支 座 号	适用公称直径(mm)	结 构 特 征
A	1－8	DN 300～4 000	短臂、带垫板
AN	1－3		短臂、不带垫板
B	1－8		长臂、带垫板
BN	1－3		长臂、不带垫板

A 型、B 型支座的垫板厚度，一般与圆筒厚度相等，也可根据实际需要确定。

3　材料

筋板和底板材料为 Q235－A・F。

垫板材料一般应与容器材料相同，焊接材料的选用参照有关标准。

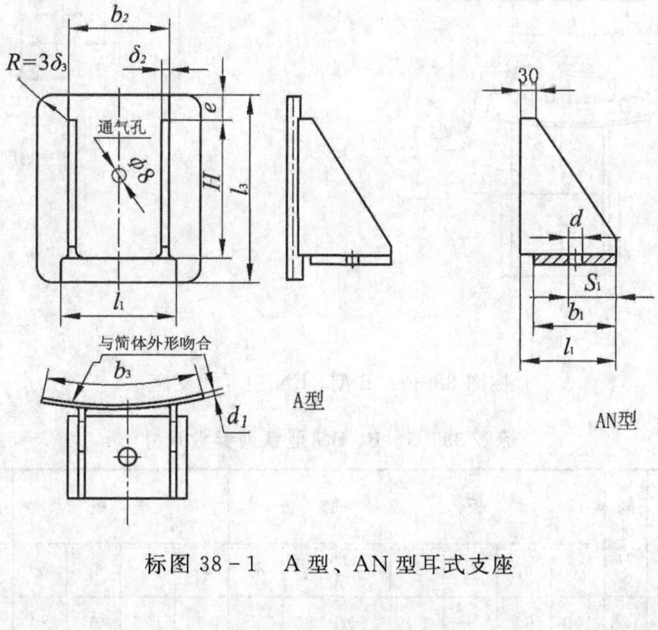

标图 38－1　A 型、AN 型耳式支座

标表 38－2　A、AN 型支座系列参数尺寸　　mm

支座号	支座本体允许载荷 Q(kN)	适用容器公称直径 DN	高度 H	底板				筋板			垫板				地脚螺栓		支座质量(kg)	
				l_1	b_1	δ_1	S_1	l_2	b_2	δ_2	l_3	b_3	δ_3	e	d	规格	A 型	AN 型
1	10	300～600	125	100	60	6	30	80	80	4	160	125	6	20	24	M20	1.7	0.7
2	20	500～1 000	160	125	80	8	40	100	100	5	200	160	6	24	24	M20	3.0	1.5
3	30	700～1 400	200	160	105	10	50	125	125	6	250	200	8	30	30	M24	6.0	2.8
4	60	1 000～2 000	250	200	140	14	70	160	160	8	315	250	8	40	30	M24	11.1	—
5	100	1 300～2 600	320	250	180	16	90	200	200	10	400	320	10	48	30	M24	21.6	—
6	150	1 500～3 000	400	315	230	20	115	250	250	12	500	400	12	60	36	M30	40.8	—
7	200	1 700～3 400	480	375	280	22	130	300	300	14	600	480	14	70	36	M30	67.3	—
8	250	2 000～4 000	600	480	360	26	145	380	380	16	720	600	16	72	36	M30	120.4	—

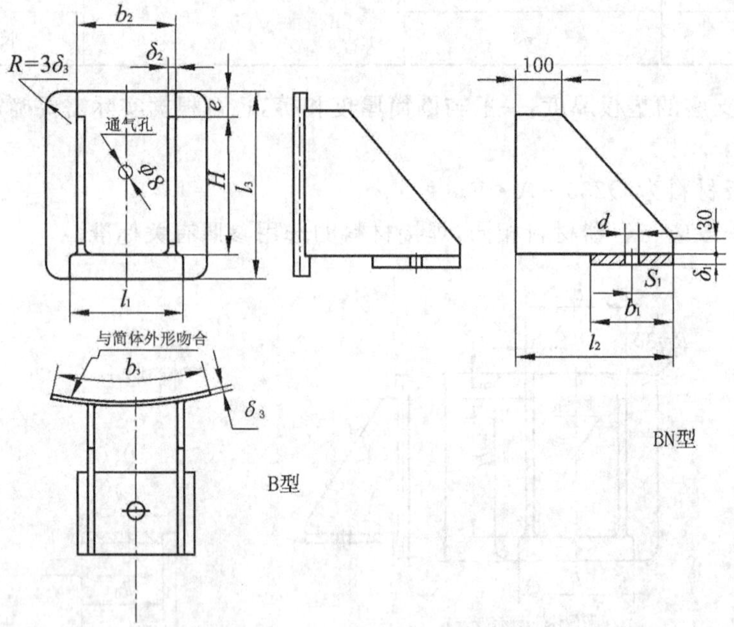

标图 38－2　B 型、BN 型耳式支座

标表 38－3　B、BN 型系列参数尺寸　　mm

支座号	支座本体允许载荷 Q(kN)	适用容器公称直径 DN	高度 H	底板				筋板			垫板				地脚螺栓		支座质量(kg)	
				l_1	b_1	δ_1	S_1	l_2	b_2	δ_2	l_3	b_3	δ_3	e	d	规格	A 型	BN 型
1	10	300～600	125	100	60	6	30	160	80	5	160	125	6	20	24	M20	2.5	1.6
2	20	500～1 000	160	125	80	8	40	180	100	6	200	160	6	24	24	M20	4.3	2.8

（续表）

支座号	支座本体允许载荷 Q(kN)	适用容器公称直径 DN	高度 H	底板				筋板			垫板				地脚螺栓		支座质量(kg)	
				l_1	b_1	δ_1	S_1	l_2	b_2	δ_2	l_3	b_3	δ_3	e	d	规格	A 型	BN 型
3	30	700～1 400	200	160	105	10	50	205	125	8	250	200	8	30	30	M24	8.3	5.2
4	60	1 000～2 000	250	200	140	14	70	290	160	10	315	250	8	40	30	M24	15.7	—
5	100	1 300～2 600	320	250	180	16	90	330	200	12	400	320	10	48	30	M24	28.7	—
6	150	1 500～3 000	400	315	230	20	115	380	250	14	500	400	12	60	36	M30	51.8	—
7	200	1 700～3 400	480	375	280	22	130	430	300	16	600	480	14	70	36	M30	81.5	—
8	250	2 000～4 000	600	480	360	26	145	510	380	18	720	600	16	72	36	M30	140.8	—

4　标记

标记方法

JB/T4725—1992，耳座 × ×

支座号(1 ～ 8)

型号(A，AN，B，BN)

注：① 若垫板厚度 δ_3 与标准尺寸不同，则在设备图纸零件名称或备注中注明，如 $\delta_3=12$。

② 支座及垫板的材料应在设备图样的材料栏内标注，表示方法如下：支座材料/垫板材料，无垫板时，只注支座材料。

4.2　标记示例：

例 1：A 型，不带垫板，3 号耳式支座，支座材料为 Q235 - A · F

JB/T4725—1992，耳座 AN3

材料：Q235 - A · F

例 2：B 型、带垫板，3 号耳式支座，支座材料为 Q235 - A · F，垫板材料为 0Cr19Ni9，垫板厚度 12 mm。

JB/T4725 - 1992，耳座 B3，$\delta_3=12$

材料：Q235 - A · F/0Cr19Ni9。

标 39　补强圈　JB/T4736—2002

1　适用范围

1.1　本标准用于钢制焊接压力容器壳体开孔采用补强圈结构补强时，应同时具备下列条件。

1.1.1　容器设计压力小于 6.4 MPa。

1.1.2　容器设计温度不大于 350℃。

1.1.3　容器壳体开孔处名义厚度不大于 38 mm。

1.1.4　容器壳体钢材的标准抗拉强度不大于 540 MPa。

1.1.5　补强圈厚度应不大于 1.5 倍壳体开孔处的名义厚度。

1.2　本标准不推荐用于铬钼钢制造的容器，也不推荐用于盛装毒性为极度危害与高度危害介质的容器。

1.3　本标准不适用于承受疲劳载荷的容器。

2　型式及尺寸

2.1　按照补强圈焊缝结构的要求，补强圈坡口分为 A、B、C、D 和 E 五种型式，如标图 39－1。

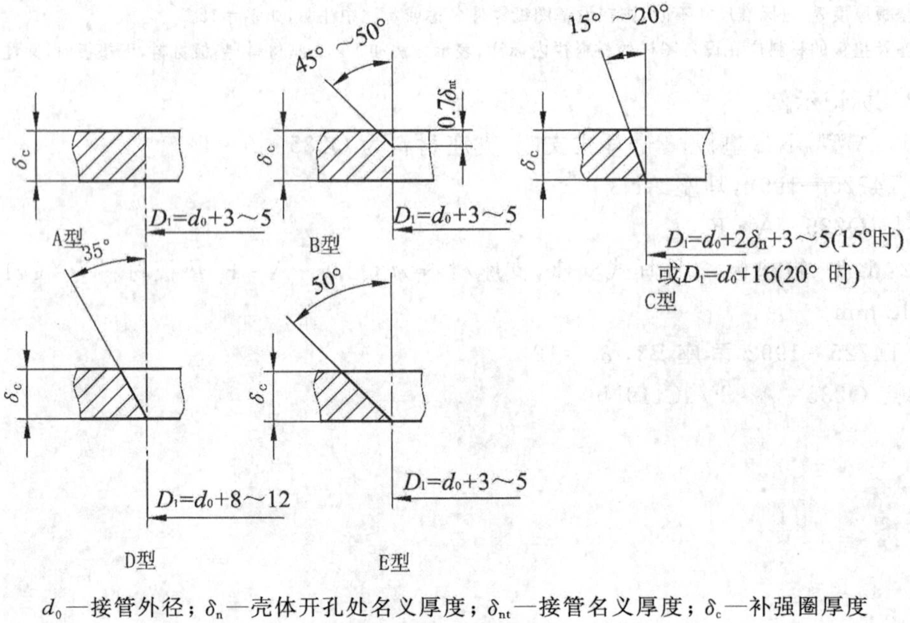

d_0—接管外径；δ_n—壳体开孔处名义厚度；δ_{nt}—接管名义厚度；δ_c—补强圈厚度

标图 39－1

除上述型式外，设计者可根据结构要求自行设计坡口型式。

2.2　各种坡口型式的适用条件如下：

A 型：适用于壳体为内坡口的填角焊结构；

B 型：适用于壳体为内坡口的非全焊透结构；

C 型：适用于壳体为外坡口的全焊透结构；

D 型：适用于壳体为内坡口的全焊透结构；

E 型：适用于壳体为内坡口的全焊透结构。

2.3　补强圈结构及尺寸见标图 39－2 及表 39－1。

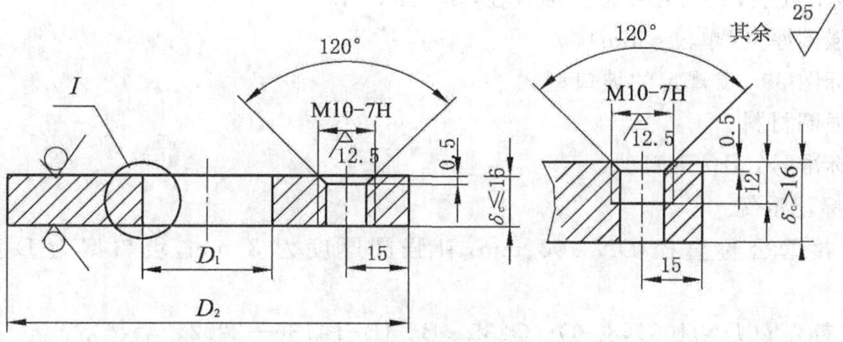

标图 39－2

标表 39－1　补强圈尺寸系列

接管公称直径 DN	外径 D_2	内径 D_1	厚度 δ_c(mm)													
			4	6	8	10	12	14	16	18	20	22	24	26	28	30
尺寸(mm)			质量(kg)													
50	130	按标图 39－1 中的型式确定	0.32	0.48	0.64	0.80	0.96	1.12	1.28	1.43	1.59	1.75	1.91	2.07	2.23	2.57
65	160		0.47	0.71	0.95	1.18	1.42	1.66	1.89	2.13	2.37	2.60	2.84	3.08	3.31	3.55
80	180		0.59	0.88	1.17	1.46	1.75	2.04	2.34	2.63	2.92	3.22	3.51	3.81	4.10	4.38
100	200		0.68	1.02	1.35	1.69	2.03	2.37	2.71	3.05	3.38	3.72	4.06	4.40	4.74	5.08
125	250		1.08	1.62	2.16	2.70	3.24	3.77	4.31	4.85	5.39	5.93	6.47	7.01	7.55	8.09
150	300		1.56	2.35	3.13	3.91	4.69	5.48	6.26	7.04	7.82	8.60	9.38	10.2	10.9	11.7
175	350		2.23	3.34	4.46	5.57	6.69	7.80	8.92	10.0	11.1	12.3	13.4	14.5	15.6	16.6
200	400		2.72	4.08	5.44	6.80	8.16	9.52	10.9	12.2	13.6	14.9	16.3	17.7	19.0	20.4
225	440		3.24	4.87	6.49	8.11	9.74	11.4	13.0	14.6	16.2	17.8	19.5	21.1	22.7	24.3
250	480		3.79	5.68	7.58	9.47	11.4	13.3	15.2	17.0	18.9	20.8	22.7	24.6	26.5	28.4
300	550		4.79	7.18	9.58	12.0	14.4	16.8	19.2	21.6	24.0	26.3	28.7	31.1	33.5	36.0
350	620		5.90	8.85	11.8	14.8	17.7	20.6	23.6	26.6	29.5	32.4	35.4	38.3	41.3	44.2
400	680		6.84	10.3	13.7	17.1	20.5	24.0	27.4	31.0	34.2	37.6	41.0	44.5	48.0	51.4
450	760		8.47	12.7	16.9	21.2	25.4	29.6	33.9	38.1	42.3	46.5	50.8	55.0	59.2	63.5
500	840		10.4	15.6	20.7	25.9	31.1	36.3	41.5	46.7	51.8	57.0	62.2	67.4	72.5	77.7
600	980		13.8	20.6	27.5	34.4	41.3	48.2	55.1	62.0	68.9	75.7	82.6	89.5	96.4	103.3

注：① 内径 D_1 为补强圈成形后的尺寸。

② 表中质量为 A 型补强圈按接管公称直径计算所得的值。

3　标记

3.1　标记的规定

补强圈标记如下规定：

①×②－③－④－⑤

① *DN*＋数字，数字为接管公称直径(单位：mm)

② 补强圈厚度(单位：mm)

③ 按标图 39 - 1 规定的坡口型式

④ 补强圈材料

⑤ 本标准号：JB/T4736

3.2　标记示例

示例：接管公称直径 *DN* 100 mm，补强圈厚度为 8 mm，坡口型为 D 型，材质为 Q235 - B。

标记：补强圈 *DN* 100×8 - D - Q235 - B　JB/T4736—2002。

标 40　普通平键型式尺寸　GB/T1096—1979

标记示例：

平头普通平键（B 型）　$b=16$ mm，$h=10$ mm，$L=100$ mm 键　B16×100 GB/T1096—1979（A 型不标出“A”）

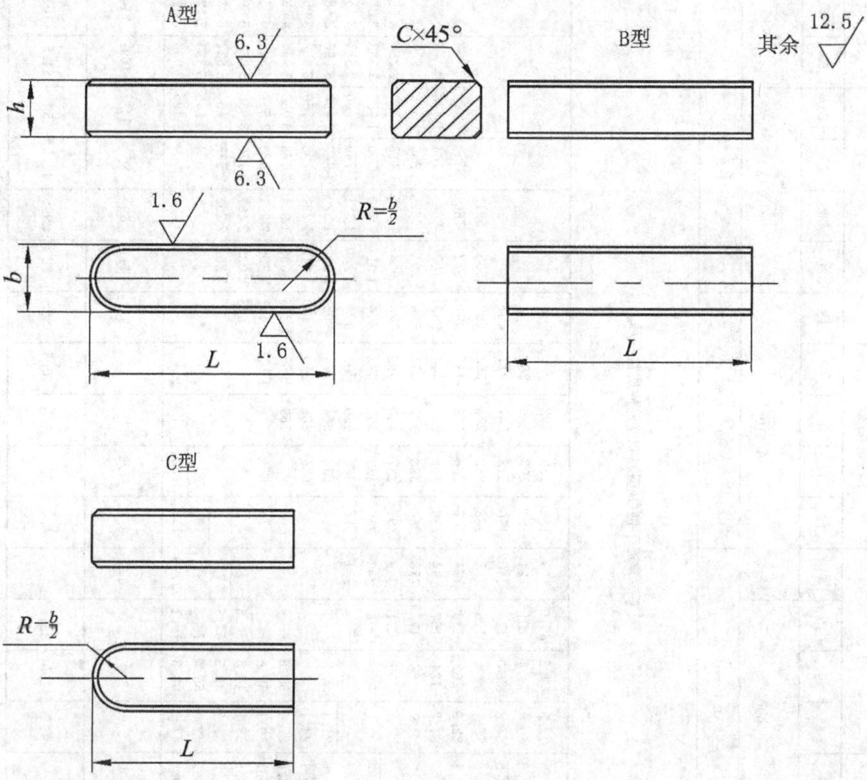

标图 40－1

标表 40-1　普通平键型式尺寸

mm

L公称	极限偏差(h14)																											L公称	极限偏差(h14)
宽度	b公称	2	3	4	5	6	8	10	12	14	16	18	20	22	25	28	32	36	40	45	50	56	63	70	80	90	100	b公称	宽度
宽度	极限偏差(h9)	0 −0.025		0 −0.030			0 −0.036		0 −0.043				0 −0.052				0 −0.062					0 −0.074				0 −0.087		极限偏差(h9)	宽度
高度	h公称	2	3	4	5	6	7	8	8	9	10	11	12	14	14	16	18	20	22	25	28	32	32	36	40	45	50	h公称	高度
高度	极限偏差(h11)	0 −0.06	0 (−0.025)	0 −0.075	0 (−0.030)		0 −0.090					0 −0.110						0 −0.130				0 −0.16						极限偏差(h11)	高度
C或r		0.16～0.25			0.25～0.40			0.40～0.60					0.60～0.80					1.0～1.2				1.6～2.0			2.5～3.0			C或r	
长度		平头普通平键(B型)1 000 件的质量≈/kg																										长度	
6	0 −0.36	0.188	0.424			19.8	30.8	44.0	52.8	69.2	87.9	109	132	169	192													70	0 −0.74
8		0.251	0.565	1.01			35.2	50.2	60.3	79.1	101	124	151	193	220	281												80	
10		0.314	0.707	1.26	1.96		39.6	56.5	67.8	89.0	113	140	170	218	247	317	407											90	0 −0.87
12	0 −0.43	0.377	0.848	1.51	2.36			62.8	75.4	98.9	126	155	188	242	275	352	452	565	691									100	
14		0.440	0.989	1.76	2.75	3.96		69.1	82.9	109	138	171	207	266	302	337	497	622	760	971								110	
16		0.502	1.13	2.01	3.14	4.52			94.2	124	157	194	236	302	343	440	565	707	864	1 104	1 375							125	0 −1.0
18		0.565	1.27	2.26	3.53	5.09	7.91		106	138	176	218	264	338	385	492	633	791	967	1 236	1 540	1 970						140	
20	0 −0.52	0.628	1.41	2.51	3.93	5.65	8.80			159	201	249	301	387	440	563	723	904	1 105	1 413	1 760	2 250	2 532					160	
22			1.55	2.76	4.32	6.22	9.67	13.8			226	280	339	435	495	633	814	1 017	1 243	1 590	1 980	2 532	2 850	3 560				180	
25			1.77	3.14	4.91	7.07	11.0	15.7				311	377	484	550	703	904	1 130	1 381	1 766	2 200	2 813	3 165	3 956	5 024			200	0 −1.15
28			1.98	3.52	5.50	7.91	12.3	17.6	21.1				414	532	604	774	995	1 243	1 520	1 943	2 420	3 095	3 485	4 352	5 526	6 994		220	
32	0 −0.62		2.26	4.02	6.28	9.04	14.1	20.1	24.1					604	686	879	1 130	1 413	1 727	2 208	2 750	3 517	3 956	4 946	6 280	7 948	9 813	250	
36			2.54	4.52	7.07	10.2	15.8	22.6	27.1	35.6					769	985	1 266	1 583	1 934	2 473	3 080	3 940	4 431	5 539	7 033	8 902	10 990	280	0 −1.30
40				5.02	7.85	11.3	17.6	25.1	30.1	39.6						1 125	1 447	1 809	2 211	2 826	3 517	4 502	5 064	6 330	8 038	10 174	12 560	320	
45				5.65	8.83	12.7	19.8	28.3	33.9	44.5	56.5						1 628	2 035	2 487	3 179	3 956	5 064	5 697	7 121	9 043	11 445	14 130	360	0 −1.40
50					9.81	14.1	22.0	31.4	37.7	49.5	62.8	77.7						2 261	2 763	2 533	4 400	5 627	6 330	7 913	10 048	12 717	15 700	400	
56	0 −0.74				11.0	15.8	24.6	35.2	42.2	55.4	70.3	87	106							3 974	4 945	6 330	7 122	8 902	11 304	14 307	17 663	450	0 −1.55
63						17.8	27.7	39.6	47.5	62.3	79.1	97.9	119	152							5 495	7 033	7 913	9 891	12 560	15 896	19 625	500	
对A型应减去的质量≈/kg		0.013	0.045	0.11	0.21	0.36	0.76	1.4	2.0	3.0	4.3	6.0	8.0	11.0	15	21	31	44	59	85	118	169	214	297	431	614	842	对A型应减去的质量≈/kg	
对C型应减去的质量≈/kg		0.007	0.023	0.055	0.105	0.18	0.33	0.7	1.0	1.5	2.15	3.0	4.0	5.5	7.5	10.5	15.5	22	29.5	42.5	59	84.5	107	148.5	215.5	307	421	对C型应减去的质量≈/kg	

注：1. 左边的 L 系列查粗黑线下方的质量，右边的 L 系列查粗黑线上方的质量。
2. 当键大于 500 mm 时，其长度应按 GB/T321—1980（优先数和优先数系）的 R20 系列选取。
3. 键高括号内的极限偏差为 h9，适用于 B 型键。
4. 在需要时，键允许带起键螺孔，起键螺孔的尺寸见本标准附录。
5. 键的材料采用抗拉强度不小于 600 MPa 的钢，一般为 45 号钢、薄型平键、导向平键、半圆键、楔键、钩头键和切向键均同。

标 41　螺柱许用应力　GB150—1998

标表 41－1　螺柱许用应力

钢号	钢材标准	使用状态	螺柱规格 (mm)	常温强度指标		在下列温度(℃)下的许用应力,MPa															
				σ_b (MPa)	σ_s (MPa)	≤20	100	150	200	250	300	350	400	425	450	475	500	525	550	575	600
碳素钢螺柱																					
Q235－A	GB700	热轧	≤M20	375	235	87	78	74	69	62	56	—	—	—	—	—	—	—	—	—	—
35	GB699	正火	≤M22	530	315	117	105	98	91	82	74	69	—	—	—	—	—	—	—	—	—
			M24～M27	510	295	118	106	100	92	84	76	70	—	—	—	—	—	—	—	—	—
低合金钢螺柱																					
40MnB	GB3077	调质	≤M22	805	685	196	176	171	165	162	154	143	126	—	—	—	—	—	—	—	—
			M24～M36	765	635	212	189	183	180	176	167	154	137	—	—	—	—	—	—	—	—
40MnVB	GB3077	调质	≤M22	835	735	210	190	185	179	176	168	157	140	—	—	—	—	—	—	—	—
			M24～M36	805	685	228	206	199	196	193	183	170	154	—	—	—	—	—	—	—	—
40Cr	GB3077	调质	≤M22	805	685	196	176	171	165	162	157	148	134	—	—	—	—	—	—	—	—
			M24～M36	765	635	212	189	183	180	176	170	160	147	—	—	—	—	—	—	—	—
30CrMoA	GB3077	调质	≤M22	700	550	157	141	137	134	131	129	124	116	111	107	103	79	—	—	—	—
			M24～M48	660	500	167	150	145	142	140	137	132	123	118	113	108	79	—	—	—	—
			M52～M56	660	500	185	167	161	157	156	152	146	137	131	126	111	79	—	—	—	—
35CrMoA	GB3077	调质	≤M22	835	735	210	190	185	179	176	174	165	154	147	140	111	79	—	—	—	—
			M24～M48	805	685	228	206	199	196	193	189	180	170	162	150	111	79	—	—	—	—
			M52～M80	805	685	254	229	221	218	214	210	200	189	180	150	111	79	—	—	—	—
			M85～M105	735	590	219	196	189	185	181	178	171	160	153	145	111	79	—	—	—	—

（续表）

钢　号	钢材标准	使用状态	螺柱规格 (mm)	常温强度指标 σ_b (MPa)	常温强度指标 σ_s (MPa)	在下列温度(℃)下的许用应力,MPa ≤20	100	150	200	250	300	350	400	425	450	475	500	525	550	575	600
低合金钢螺柱																					
35CrMoVA	GB3077	调质	M52～M105	835	735	272	247	240	232	229	225	218	207	201	—	—	—	—	—	—	—
			M110～M140	785	665	246	221	214	210	207	203	196	189	183	—	—	—	—	—	—	—
25Cr2MoVA	GB3077	调质	≤M22	835	735	210	190	185	179	176	174	168	160	156	151	141	131	72	39	—	—
			M24～M48	835	735	245	222	216	209	206	203	196	186	181	176	168	131	72	39	—	—
			M52～M105	805	685	254	229	221	218	214	210	203	196	191	185	176	131	72	39	—	—
			M110～M140	735	590	219	196	189	185	181	178	174	167	164	160	153	131	72	39	—	—
40CrNiMoA	GB3077	调质	M52～M140	930	825	306	291	281	274	267	257	244	—	—	—	—	—	—	—	—	—
1Cr5Mo	GB1221	调质	≤M22	590	390	111	101	97	94	92	91	90	87	84	81	77	62	46	35	26	18
			M24～M48	590	390	130	118	113	109	108	106	105	101	98	95	83	62	46	35	26	18

钢　号	钢材标准	使用状态	螺柱规格 (mm)	在下列温度(℃)下的许用应力,MPa ≤20	100	150	200	250	300	350	400	450	500	525	550	575	600	625	650	675	700
高合金钢螺柱																					
2Cr13	GB1220	调质	≤M22	126	117	111	106	103	100	97	91	—	—	—	—	—	—	—	—	—	—
			M24～M27	147	137	130	123	120	117	113	107	—	—	—	—	—	—	—	—	—	—
0Cr18Ni9	GB1220	固溶	≤M22	129	107	97	90	84	79	77	74	71	69	68	66	63	58	52	42	32	27
			M24～M48	137	114	103	96	90	85	82	79	76	74	73	71	67	62	52	42	32	27
0Cr18Ni10Ti	GB1220	固溶	≤M22	129	107	97	90	84	79	77	75	73	71	70	69	58	44	33	25	18	13
			M24～M48	137	114	103	96	90	85	82	80	78	76	75	74	58	44	33	25	18	13
0Cr17Ni12Mo2	GB1220	固溶	≤M22	129	109	101	93	87	82	79	77	76	75	74	73	71	68	65	50	38	30
			M24～M48	137	117	107	99	93	87	84	82	81	79	78	78	76	73	65	50	38	30

注：中间温度的许用应力，可按本表的数值用内插法求得。

标 42　地脚螺栓　GB/T799—1988

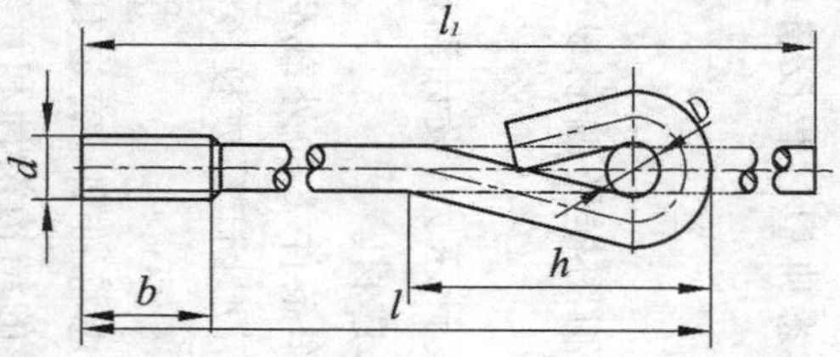

标图 42－1

标记示例：

螺纹规格 d=M20、公称长度 l=400 mm、性能等级为 3.6 级，不经表面处理的地脚螺栓：

螺栓　GB/T799　M20×400

标表 42－1　地 脚 螺 栓

mm

螺纹规格 d	M6	M8	M10	M12	M16	M20	M24	M30	M36	M42	M48
b　min	24	28	32	36	44	52	60	72	84	96	108
D	10		15	20		30		45	60		70
h	41	46	65	82	93	127	139	192	244	261	302
l_1	l+37		l+53	l+72		l+110		l+165	l+217		l+255
商品规格长度 l	80～160	120～220	160～300	160～400	220～500	300～630	300～800	400～1 000	500～1 000	630～1 250	630～1 500
100 mm 长质量≈/kg	0.024	0.043	0.075	0.123	0.225	0.430	0.619	1.238	2.151	2.945	4.327
l 系列	80，120，160，220，300，400，500，630，800，1 000，1 250，1 500										
技术条件	材　料	螺纹公差	性 能 等 级				产品等级	表 面 处 理			
	钢	8 g	d≤39：3.6 级；d>39：按协议				C	① 不经处理；② 氧化；③ 镀锌钝化			

注：由于结构的原因，地脚螺栓不进行楔承载及头杆结合强度试验。

附录1　过程设备课程设计的目的和内容

1　课程设计的目的

过程设备机械基础课程设计是针对工艺类专业学生在学习完过程设备机械设计基础课程后进行的一次综合设计训练，是训练学生机械设计方面的基本技能、培养分析和解决实际问题能力的重要教学环节。通过本课程设计，要求学生掌握以下内容：

(1) 系统地巩固和深化了解相关课程的基础知识和理论，培养综合运用这些基础知识解决工程实际问题的能力。

(2) 通过全面考虑设计内容及过程的参与，初步掌握过程设备机械设计的一般方法和步骤，掌握识图、制图、设计计算、编写设计说明书等设计基本技能，培养一定的工程设计能力，树立正确的设计理念，为今后的工作实践打下基础。

(3) 熟悉有关标准、手册、图册、规范及相关资料的查阅方法，在课程设计中能正确选用设计标准，培养运用设计资料的能力及独立的工作能力。

为达到以上课程设计目的，要求学生在设计中积极思考、深入钻研、独立工作，注重培养认真负责、踏实细致、积极主动的学习精神和工作作风及高质量高要求按时完成任务的工作习惯。

2　课程设计的内容

本课程设计要求每位学生在一周时间内完成一种典型过程设备的机械设计，设计内容包括：设备总装配图一张(1号图纸)、设计计算说明书一份，零部件图的张数可由指导教师安排指定。

3　课程设计的步骤和方法

本课程设计按设计步骤可分为三个阶段：

3.1　准备阶段

明确设计任务书中的设计要求和设计内容，阅读相关教材及课程设计指导书，准备设计资料、手册和图册，结合现场参观识读几张典型设备图，熟悉典型过程设备的结构、设计步骤和设计方法；准备绘图用具、图纸及设计计算报告纸。

3.2　设计计算阶段

设计阶段包括选材、零部件结构设计计算和选用、绘制图样及编制设计计算说明书等，具体可按下述步骤进行。

(1) 材料的选择　综合考虑过程设备的使用条件(设计压力、设计温度、介质特性和操作特性等)、材料的焊接性能、加工工艺性及经济合理性来选材。

(2) 主要部件的设计计算　计算过程设备在不同工作条件下的外载荷，根据结构形式、外载荷特点及材料的力学性能对强度、刚度和稳定性进行设计计算或校核，以确定合理的结构尺寸。

(3) 标准零部件的选用　零部件的设计使用首先考虑标准件，确定其公称参数在相关的标准和手册中选用；零部件无标准件时才进行非标准件的结构设计和计算。

(4) 提出技术要求　技术要求是以文字形式标注在总装图上对设备的制造、装配、检验和试车等方面提出的要求,可参考相关标准及有关设备的图面技术要求。

3.3 设备图的绘制

过程设备装配图表达设备的结构和尺寸、各零部件间的装配和连接关系。图样内容包括一组视图、必要的尺寸、明细表及标题栏、技术要求、技术特性表、管口表和图纸目录。在初步计算后,确定大致结构尺寸及表达方案,选定比例,分配图纸幅面,绘制视图底稿。绘图过程中结构设计计算、零部件选用和制图等交叉进行,直至结构和尺寸最后确定,检查无误后加深总图,并编制明细表和标题栏。填写技术特性表和管口表。对于非标准零部件,均应单独绘制零部件图。

3.4 答辩考核阶段

课程设计的图样及说明书全部完成后经指导教师审阅,得到认可后,参加考核或答辩。根据图样、说明书和考核答辩所反映出的设计质量和能力,以及设计过程中的学习态度,教师综合评定课程设计的成绩。

附录 2　过程设备设计条件表

设计单位 华东理工大学	工艺数据表 精馏塔设计条件表	工　程	
		装　置	
		工　序	
		阶　段	详细工程设计

修改	型　式	□锥顶　□平顶　□拱顶	设备名称	设备位号	T301
	安装地点	☑户外　□顶棚　□室内	文件号	台　数	1
	容积：V=　　m^3		外形尺寸：	设备净重：	kg

设　计　条　件

组　别		A	B	C	D
塔体内径(mm)		1 800	1 600	1 400	1 600
工作压力(MPa)		0.8	0.8	0.8	1.0
工作温度(℃)		120	120	120	150
介质特性	名　称	石油气	石油气	石油气	石油气
	毒性程度	低毒	低毒	低毒	低毒
	燃 爆 性	易燃	易燃	易燃	易燃
	密度(kg/m^3)	650	650	650	650
腐蚀裕量(mm)		2.0	2.0	2.0	2.0
塔板	精馏段板数	35	31	28	31
	提馏段板数	19	17	15	17
	板间距(mm)	600	600	500	600
	堰长(mm)	1 200	1 120	980	1 120
基本风压(N/m^2)		450	450	450	450
场地土类型/地面粗糙度类别					
保温材料/厚度(mm)		岩棉/100	岩棉/100	岩棉/80	岩棉/100

管　口　表

符号	*DN*	*PN*	连接面	连接标准	用　途
a1，2	450				裙座人孔
b1，2	32	1.6	S0/RF	HG20592	温度计接口
c	450	1.6	S0/RF	HG20592	气体进口
d1，2	100	1.6	S0/RF	HG20592	加料口
e1，2	25	1.6	S0/RF	HG20592	压力表接口
f	450	1.6	S0/RF	HG20592	气体出口
g	100	1.6	S0/RF	HG20592	回流口
h	25	1.6	S0/RF	HG20592	取样口
i	15	1.6	S0/RF	HG20592	液位计接口
j	125	1.6	S0/RF	HG20592	出料口
k	450	1.6	S0/RF	HG20592	人　孔

设计、制造、检验要求

设 计 规 范		GB150—1998，JB/T4710—2005			
制造、检验技术规定		HG20584—1998			
焊接接头无损检测	检测标准	JB/T 4730—2005			
	检测方法		检测率　%	合格级别	
	AB	RT	20	Ⅲ级	
	CD	RT	20	Ⅲ级	
焊后热处理					
其他检验要求					
涂漆、包装、运输					

主　要　材　料

壳　体		螺栓(外)	
接　管		螺母(外)	
接管法兰		螺栓(内)	
内　件		螺母(内)	
垫　片			

主　要　焊　接　材　料

母材牌号	
焊接材料牌号	

版　次	说　明	日　期	编　制	校　核	审　核	

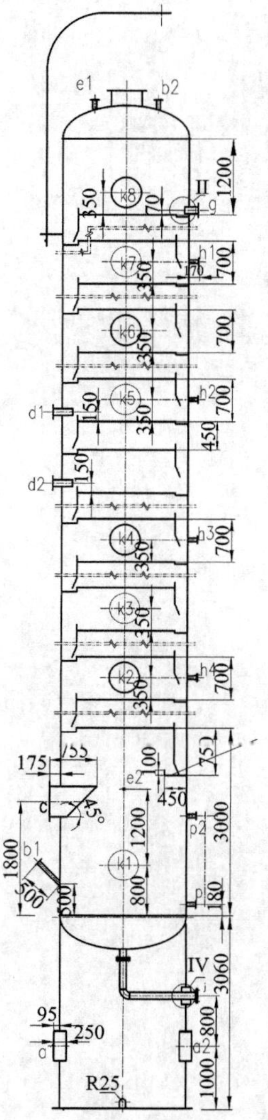

精馏塔设计条件图

设计单位 华东理工大学	工艺数据表 反应釜设计条件表	工　程	
		装　置	
		工　序	
		阶　段	详细工程设计

修改	型　式	□锥顶　□平顶　□拱顶	设备名称		设备位号	R402
	安装地点	□户外　□顶棚　☑室内	文件号		台　数	1
	容积：V=　　　m^3		外形尺寸：		设备净质量：	kg

设　计　条　件

组　别		A	B	C	D
工作压力(MPa)	釜　内	−0.1～0.55	−0.1～0.55	−0.1～0.55	0.3
	夹　套	0.3	0.3	0.6	0.6
工作温度(℃)	釜　内	80	80	120	120
	夹　套	140	140	165	165
工作介质	釜　内	无腐蚀性物料			
	夹　套	水或蒸汽			
传热面积(m^2)		3.5	7.1	5.4	7.5
设备容积(m^3)		1.0	3.25	2.4	3.5
腐蚀裕量(mm)		2	2	2	2
搅拌器型式		平桨式	平桨式	平桨式	平桨式
搅拌轴转速(rpm)		85	85	65	65
电机功率(Kw)		1.5	4.0	2.0	2.5
保温材料/厚度(mm)		岩棉/50	岩棉/50	岩棉/50	岩棉/50

管　口　表

符号	*DN*	*PN*	连接面	连接标准	用　途
a	25	0.6	S0/RF	HG20592	蒸汽入口
b	25	0.6	S0/RF	HG20592	反应物料进口
c	450	0.6	S0/RF	HG20592	人　孔
d	40	0.6	S0/RF	HG20592	温度计管口
e	25	0.6	S0/RF	HG20592	压力表接口
f	25	0.6	S0/RF	HG20592	备用口
g	50	0.6	S0/RF	HG20592	压料管接口
h	80	0.6	S0/RF	HG20592	视　镜
p	40	0.6	S0/RF	HG20592	冷凝水出口
j	25				物料排放口

设计、制造、检验要求

设计规范			GB150—1998	
制造、检验技术规定			HG20584—1998	
焊接接头无损检测	检测标准			
	检测方法		检测率　%	合格级别
	AB	RT	20	Ⅲ级
	CD	RT	20	Ⅲ级
焊后热处理				
其他检验要求				
涂漆、包装、运输				

主　要　材　料

壳　体		螺栓(外)	
接　管		螺母(外)	
接管法兰		螺栓(内)	
内　件		螺母(内)	
垫　片			

主　要　焊　接　材　料

母材牌号	
焊接材料牌号	

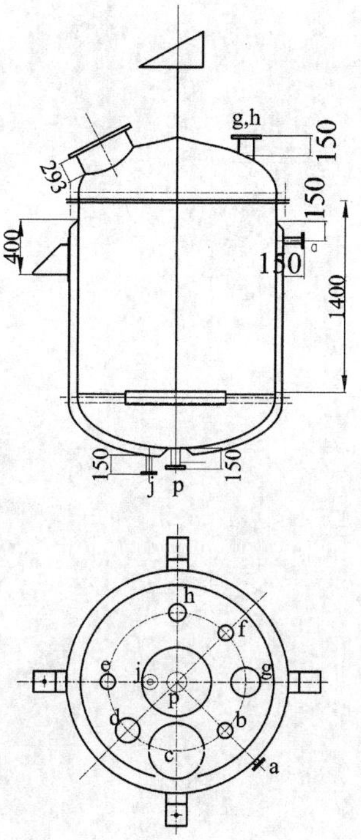

反应釜设计条件图

版　次	说　明	日　期	编　制	校　核	审　核

设计单位 华东理工大学	工艺数据表 换热器设计条件表	工　程	
		装　置	
		工　序	
		阶　段	详细工程设计

修改

型　式	□锥顶　□平顶　□拱顶	设备名称		设备位号	E503
安装地点	□户外　□顶棚　√□室内	文件号		台　数	1
容积：V=　　m^3		外形尺寸：		设备净质量：　　kg	

设计条件					
组　别		A	B	C	D
工作压力（MPa）	管　程	0.45	0.45	0.45	0.45
	壳　程	0.3	0.3	0.6	0.6
工作温度（℃）	管程	70	70	40	40
	壳程	250	250	120	120
工作介质	管　程	循环水			
	壳　程	原料气			
传热面积（m^2）		58	71	125	160
换热管长度（Φ25）		2.0	2.5	3	3.5
腐蚀裕量（mm）		2	2	2	2

设计、制造、检验要求			
设计规范		GB150—1998，GB151—1998	
制造、检验技术规定		HG20584—1998	
焊接接头/无损检测	检测标准	JB/T4730—2005	
	检测方法	检测率　%	合格级别
	AB　RT	20	Ⅲ级
	CD　RT	20	Ⅲ级
焊后热处理			
其他检验要求			
涂漆、包装、运输			

管口表					
符号	*DN*	*PN*	连接面	连接标准	用　途
a	200	0.6	SO/RF	HG20592	蒸汽入口
b	200	0.6	SO/RF	HG20592	反应物料进口
c	25	0.6	SO/RF	HG20592	手孔
d	80	0.6	SO/RF	HG20592	温度计管口
e	25	0.6	SO/RF	HG20592	压力表接口
f	200	0.6	SO/RF	HG20592	备用口

主要材料			
壳　体		螺栓（外）	
接　管		螺母（外）	
接管法兰		螺栓（内）	
内　件		螺母（内）	
垫　片			

主要焊接材料	
母材牌号	
焊接材料牌号	

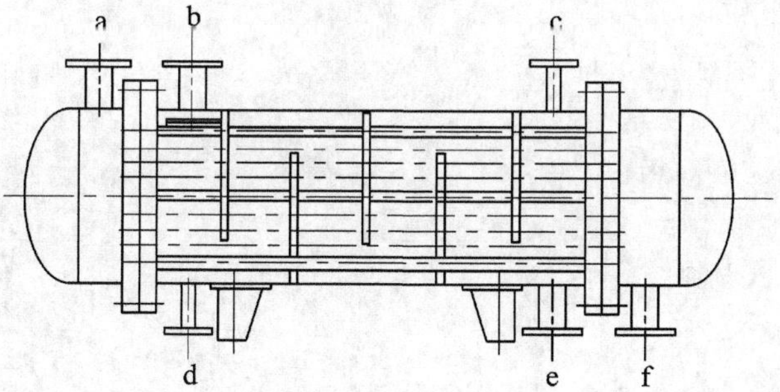

换热器设计条件图

版　次	说　明	日　期	编　制	校　核	审　核

附录3　过程设备设计常用图面技术要求

附录3-1　带有搅拌器的设备的基本图面技术要求

1　带有搅拌器设备装配图

容器部分按相应材料的容器技术要求，参见表3-9，此外还需增加下列要求：

(1) 设备上减速机支座凸缘和机械密封底座凸缘应在组焊后一次加工。

(2) 设备组装后，在搅拌轴上端密封处测定轴的径向摆动量，不得大于________，搅拌器下端摆动量不大于________。

(3) 组装完毕后，应进行试运转(以水代表)，不得有不正确的噪音和较大振动等不良现象。

(4) 搅拌轴旋转方向应和图示相符，不得反转。

(5) 采用机械密封时还应该增加下列要求：

对于单面机械密封，

(1) 在设备水压试验条文后增加：密封处泄漏量不超过10 ml/h为合格。

(2) 设备若做气密性试验，要求条文后增加：周运转状态下，在端面密封的油槽中不产生连续小气泡为合格，对于双端面机械密封，增加下列一条要求：

端面密封以________MPa进行水压试验，泄漏量不大于10 ml/h，(试验压力等于1.5倍设计压力，但不小于0.3 MPa。)

2　带有搅拌器设备零件图

搅拌器	(1) 加工面自由尺寸公差________，非加工面自由尺寸公差________。 (2) 搅拌器应进行静平衡试验，(n小于100 rpm时不要求此条)。 (3) 搅拌器的轴线应与桨叶垂直，其允许偏差为桨叶总长度的4/1 000，且不超过5 mm。	填料箱	(1) 本体和压盖接盘上螺孔及钻孔的中心圆直径的允许偏差为±0.6 mm，孔的中心位置对其接盘中心线的不对称偏差不得大于±0.6 mm，相邻两孔中心距允许偏差为±0.6 mm，任意两孔中心距允许偏差为±1 mm。 (2) 加工面自由尺寸公差________，非加工面自由尺寸偏差________。 (3) 本体下接盘的紧密面应该垂直于轴线，其余允许偏差小于其外径的0.4/1 000。
搅拌轴	(1) 轴的不垂直度不大于________，总不垂直度不大于________。 (2) 轴上装配图应保持同心。 (3) 进行________热处理，硬度HB=________。	联轴节	(1) 相邻两螺栓孔中心距和螺栓孔中心圆直径偏差为±0.6 mm，任意两螺栓孔中心距允许偏差为±1 mm。 (2) 同填料箱第2条。 (3) 对旋转偏摆量要求严格或转速高时，应添加进行静平衡试验的要求。

附录 3-2 一般贮运容器基本图面技术要求

1 碳钢及普通低合金钢焊制容器

	说　明
(1) 本设备按 GB150—1998《钢制压力容器》及国家劳动总局《压力容器安全监察规程》进行制造、试验和验收。 (2) 焊接材料、对接焊接接头型式及尺寸可以按GB985—986—80 中规定。(新标准) (3) 壳体焊缝应进行无损探伤检查,探伤长度:纵焊缝占总长度的______%,环焊缝占总长度的______%。 (4) 设备制造完毕后,盛水试漏(常压设备用)进行煤油渗漏试验(不便进行盛水试漏的常压设备用)。 以______MPa 表压进行水压试验,或以______MPa 表压进行水压试验,合格后再以______MPa 表压进行气密性试验。 (当设备不能进行水压试验时,以______MPa 表压空气(或其他惰性气体)进行气压试验)。 (5) 管口及支座方位见管口方位图,图号 XX-XX.(当方位与俯视图一致时写:管口及支座方位按本图)。	(1) 焊缝系数 φ,根据钢制石油化工压力容器设计规定(自动焊、半自动焊和手工电弧焊的焊缝系数相同)。焊缝系数可写在装配图上技术特性表之类的表中。 (2) 对于设计温度低于-20℃,且容器材料和焊接接头都要做低温冲击韧性试验的容器,第 2 条可以写成:焊接材料,对接焊缝破口型式及尺寸可以按照 JB/Z 105—1973 中的规定。对接接头要求双面焊,或采用单面焊双面焊透工艺。 特殊要求: (1) 设备焊接完成后,进行消除应力热处理。 (2) 焊接接头作冲击韧性试验。 (3) 焊接接头做金相检验。 (4) 设备设计温度低于-40℃,钢板厚度>12 mm 时,可以考虑增加对钢板超声波探伤的要求。 (5) 钢板低温冲击韧性试验。 (6) 其他。

2 不锈钢焊制容器与铝材焊制容器

不锈钢焊制容器	基本要求:同碳钢及普通低合金钢焊制容器 特殊要求: (1) 焊接采用电焊,焊条型号: 不锈钢之间的焊接为:______。 碳钢之间的焊接为:______。 不锈钢与碳钢制之间的焊接为:______。 (2) 焊缝作晶间腐蚀试验,按 YB44—64 中的方法进行。	铝材焊制容器	(1) 本设备按Q/TH45—68《铝及铝合金焊制容器技术条件》进行制造试验和验收。 (2) 焊接采用氩弧焊(或气焊),焊条采用与设备材料相同或比设备材质高一级牌号的铝。 (3) 其余同碳钢及普通低合金钢焊制容器。

附录 3-3 换热器设计图面技术要求

换热器一般技术要求

管壳式换热器装配图	(1) 本设备按 GB151—1999《管壳式换热器》进行制造、试验和验收。 (2) 换热管的标准为______,其外径偏差为______,其壁厚偏差为______mm。 (3) 管板密封面与壳体轴线垂直,其公差为 1 mm。 (4) 管口及支座方位按本图或见工艺管口方位图。
管　板	(1) 管板密封面应与轴线垂直,其垂直度公差为______mm。 (2) 管孔应严格垂直于管板密封面,其垂直度公差为______mm,孔表面不允许存在贯通的纵向条痕。 (3) 管板钻孔后>=96%允许孔桥宽度必须>=______mm,允许最小孔桥宽度(<=4%的孔桥数)为______mm。 (4) 螺栓孔中心圆直径和相邻两螺栓孔间弦长极限偏差为±0.6 mm。任意两螺栓孔弦长极限偏差为______mm。
折流板、支持板	(1) 折流板(支持板)应平整,平面度公差为 3 mm。 (2) 相邻两孔中心距离极限偏差为±0.3 mm,允许有 4%相邻两孔中心距极限偏差为 0.5 mm。钻孔后应去除管孔周边毛刺。

附录 3-4　塔器设计图面技术要求

常用塔器一般技术要求	
板式塔装配图	(1) 本设备按 JB4710—2005《钢制塔式容器》进行制造、试验和验收。 (2) 塔体直线度公差为_______mm。塔体安装垂直度公差_______mm。 (3) 裙座(支座)螺栓孔中心圆直径以及相邻两孔和任意两孔之间弦长极限偏差为 2 mm。 (4) 塔盘的制造、安装方位按 JB1205080《塔盘技术条件》进行。 (5) 管口及支座方位按本图或见工艺管口方位图。 (6) 筒体与裙座连接的焊接接头需要进行磁粉探伤或渗透检查,并符合 JB4730—1994 MT-Ⅰ级或 PT-Ⅰ级。 (7) 塔的裙座螺栓采用模板定位,一次浇灌基础。 (8) 塔体应按图中标注分段制造,现场组焊和热处理。 (9) 当保温圈与塔体附件(如接管、人手孔等)相碰时,应将保温圈移开或断开。
板式塔塔盘部件图	(1) 根据 JB1205—1980《塔盘技术条件》进行制造、试验和验收。 (2) 加工面和非加工面线性尺寸未注公差按 GB/T1804—1992 的 m 级和 c 级。
板式塔塔板零件图	塔板按 JB1205—1980《塔盘技术条件》进行制造和验收。
填料塔装配图	(1) 本设备按 JB4710—2005《钢制塔式容器》进行制造、试验和验收。 (2) 塔体直线度公差为_______mm。塔体安装垂直度公差_______mm。 (3) 裙座(支座)螺栓孔中心圆直径以及相邻两孔和任意两孔之间弦长极限偏差为 2 mm。 (4) 支撑栅板应平整,安装后的平面公差 0.2% D_i,且不大于 4 mm。 (5) 喷淋装置的平面度公差为 3 mm,标高极限偏差 3 mm,其中心线同轴度公差为 3 mm。 (6) 管口及支座方位按本图或见工艺管口方位图。

参考文献

1 郑晓梅主编.化工制图.北京：化学工业出版社，2002

2 史法训.化工管道.北京：化学工业出版社，1983

3 化工部化工配管设计技术中心站.化工管路设计手册.北京：化学工业出版社，1986

4 茅晓东，李建伟编著.典型化工设备机械设计指导.上海：华东理工大学出版社，1995

5 化工设备设计全书.化工容器.北京：化学工业出版社，2003

6 钱颂文主编.换热器设计手册.北京：化学工业出版社，2002

7 化工设备设计全书.换热器.北京：化学工业出版社，2003

8 魏兆灿，李宽宏主编.塔设备设计.上海科学技术出版社，1988

9 化工设备设计全书.塔设备.北京：化学工业出版社，2003

10 化工设备设计全书.搅拌设备.北京：化学工业出版社，2003

11 李继和等合编.机械密封技术.北京：化学工业出版社，1988

12 陈志平，章序文，林兴华等编著.搅拌与混合设备设计选用手册.化学工业出版社，2004

图书在版编目(CIP)数据

过程设备机械设计/潘红良,郝俊文主编. —上海:华东理工大学出版社,2006.7(2023.7重印)
ISBN 978-7-5628-1898-4

Ⅰ. 过… Ⅱ. ①潘… ②郝… Ⅲ. 化工过程-机械设备-机械设计-高等学校-教材 Ⅳ. TQ051.02

中国版本图书馆CIP数据核字(2006)第048971号

过程设备机械设计

主　　编/潘红良　郝俊文
责任编辑/徐知今
封面设计/王晓迪
责任校对/张　波
出版发行/华东理工大学出版社有限公司
地址:上海市梅陇路130号,200237
电话:(021)64250306(营销部)
传真:(021)64252707
网址:www.ecustpress.cn
印　　刷/江苏凤凰数码印务有限公司
开　　本/787×1092　1/16
印　　张/18.25　插页3
字　　数/482千字
版　　次/2006年7月第1版
印　　次/2023年7月第10次
书　　号/ISBN 978-7-5628-1898-4/TH·70
定　　价/28.00元